读懂人生全集

DuDong　RenSheng　QuanJi

李俊杰　蒋二彪　著

花山文艺出版社

图书在版编目(CIP)数据

读懂人生全集 / 李俊杰, 蒋二彪编著. -- 石家庄：
花山文艺出版社, 2006(2021.8 重印)
ISBN 978-7-80673-902-0

Ⅰ.①读… Ⅱ.①李… ②蒋… Ⅲ.①人生哲学－通
俗读物 Ⅳ.①B821-49

中国版本图书馆 CIP 数据核字(2006)第 112090 号

书　　名：**读懂人生全集**
著　　者：李俊杰　蒋二彪

策　　划：张采鑫
责任编辑：郝卫国
责任校对：于怀新
特约编辑：李文生
装帧设计：红十月工作室
出版发行：花山文艺出版社(邮政编码：050061)
　　　　　(河北省石家庄市友谊北大街 330 号)
销售热线：0311-88643221
传　　真：0311-88643234
印　　刷：永清县晔盛亚胶印有限公司
经　　销：新华书店
开　　本：720×1020　1/16
字　　数：450 千字
印　　张：21.75
版　　次：2006 年 10 月第 1 版
　　　　　2021 年 8 月第 2 次印刷
书　　号：ISBN 978-7-80673-902-0
定　　价：78.00 元

目 录

读 懂 成 功

读 懂 情 感

读 懂 心 理

读懂成功

人生就是这样,心中要始终有一个坚定的信念,永不放弃,在艰难的人生道路上,你永远也不会被打垮!

央视门外三天等待
换来一朝春暖花开

十一年前,原本在兰州电视台工作的他,在杨澜不经意的一个提议下,毅然决然地辞去了那份体面的工作,怀揣当时家里的所有积蓄 2000 元到北京成为"北漂"一族。

来到北京,他住在北京菜户营一间阴暗的地下室里,酷爱电视事业的他每天只能面对着一个 17 英寸黑白电视,那个电视雪花飞舞,需要他不断敲击才能出现图像;电视没有遥控器,也没有开关的旋钮,他用一根竹竿代替遥控。那时候赵忠祥是北漂的他心目中的偶像,他要看赵忠祥的时候就用竹竿捅开电视。他经常饥肠辘辘在雪花飞舞的电视中跟赵忠祥神会,在饿得头晕眼花的时候走出地下室买一包方便面用开水泡了充饥。

为了进中央电视台找熟人帮忙,他在有警卫把守的大门外整整站了三天。

刚进电视台到的是孟欣的《东西南北中》栏目,初来乍到,他的第一份固定工作就是早上到 14 楼打开水,中午到食堂买盒饭。当时全办公室的人中午吃什么都是由他决定。他去得早,同事就可以吃上排骨或红烧肉一类的好菜。所以上午 11 时 30 分之前他就开始惦记这件事情。打回饭,帮他们送到桌上,看着他们吃得开心,自己就有一种满足感。

打了半个月杂工后,他开始担任剧务,也是做一些琐碎的事。不过,正是在这段时间里,他的业务能力和才华得到了孟欣的赏识,并最终提拔他做了《东西南北中》栏目的主持,从此,他的艺术人生翻开了新的篇章。他就是中央电视台著名节目主持人朱军。

一个人价值的体现从某种程度上就是实现自我的思考力和行动力的体现。相信自己,志在必得,而后通过事在人为的努力,以虽九死而犹未悔的意志去坚持,在付出之

后必然是别有洞天,这是成功者必须经历的过程。

所以,当你对一份工作产生兴趣时,一定要多几分坚持,坚持的背后就是成功的可能。如果你的耐力与意志力无法让你学会坚持,你千万不要轻言辞职;如果你的心态不能做到能大能小,无法做到"得之淡然,失去坦然",你也千万不要轻言"漂泊"。

成功是一种心态,更是一种坚持,据此我们可以得出这样的结论:成功与失败往往只是一线之隔。人生就是这样,心中要始终有一个坚定的信念,永不放弃,并拥有一份拈花一笑的心态,在艰难的人生道路上,你永远也不会被打垮!

成功是个漫长的、循序渐进的过程,在此过程中,经历不同的事物、感受不同的生活层面,是成功人生不可或缺的一种体验。

从插队知青
到硅谷英雄

朱敏,浙江宁波人。他读高二时,正值"文化大革命"爆发,他到宁波郊区插队,一干就是 8 年。1976 年,他被调到宁波市内做了一年的建筑工人。1977 年,刚恢复高考,他就考入浙江大学拖拉机机械制造系,毕业后被分配到一家冰箱厂,随后又考上了浙江大学研究生。1984 年,他以浙江大学管理系第一名的成绩获得公派留学斯坦福大学的机会。留学期间,朱敏一个月只有 360 美元的补助,而学校一个月的住宿费就要 355 美元,再加上太太、孩子的生活所需,他面临着巨大的经济压力。迫不得已,他给别人管理公寓,以获得一套免费居住的公寓。

在斯坦福大学读书时,他努力刻苦,只用了一年时间就读完了别人需要两年才能读完的博士课程,且他的平均成绩在 A 以上,一半是 A+。

有一年夏天,他看到一则 IBM 急聘高级电脑工程师的消息,以前他没学过电脑,但迫于经济压力,朱敏决定无论如何都要去试一试。很顺利,他不但被录取而且还做了IBM 研究组组长。从这时,他才算接触到电脑。

由于没有电脑基础,朱敏面对的难题和压力可想而知。他只好拼命学,遇到不明白的地方,也不敢问人。于是他自己摸索,边学边干,终于把 IBM 的研究课题成功地解决了。

当时有一个大公司要找一个专家做顾问,他们知道朱敏是 IBM 的,又是斯坦福出来的,料想是专家,就去聘请他。虽然对做顾问一行很陌生,但是他认为机会来了,就应努力抓住。他依然拼命学,努力干。他很辛苦,这16年来都没能休过假,慢慢地他内心越来越渴望自由。

1991年,他决定辞职创办自己的公司。创业时,他没有什么经济实力,全凭一腔热忱与过人的勇气胆识,实实在在是白手起家。他和朋友创立了第一家属于自己的公司——Future Labs,开始进行网络技术研发。当时,中国内地留学生在美创业的很少,朱敏却敢为人先,踏入硅谷风险创业。公司创立初期,大家都没有薪水拿,压力很大。经过三年艰苦奋斗,Future Labs公司成了小气候,便将其变卖给一家大公司,并获得了300万美元。

公司卖掉后,他毅然投入巨资再次创业,1996年他与朋友在硅谷共同创立了WebEx。四年后,WebEx在纳斯达克上市,市值超过16亿美元。目前,WebEx的职员由原来的几十人发展为现在的400多人,客户达1800家,在IT行业中一路攀升,拥有很大的名气。

现实生活中,很多人一心只想一鸣惊人,却忽略了"不积跬步无以至千里"的道理,不愿去做埋头苦干的工作。直到自己再也无力去向目标冲刺而无法获得成功时,他才明白,"不是上天没有给他理想或志愿,而是他一心只等待丰收,可是忘了播种"(罗兰语)。

成功是个漫长的、循序渐进的过程,在此过程中,经历不同的事物、感受不同的生活层面,是成功人生不可或缺的一种体验。就像朱敏所说:"我觉得成功是没有什么捷径的。像我以前考托福出国,两万多个单词是一个个地背下来的。在中国念书拿100分,在斯坦福读书拿A和A+,因为几千道习题我也是一一做过来的,从不偷懒。我相信天下没有免费的午餐,成功要靠人一点点努力得来。"

的确,成功是彼岸,现实条件是此岸,中间隔着湍急的河流,为成功而进行不屈不挠的奋斗的过程则是在河上建设桥梁的过程。我们要想达到彼岸,必须建设一座稳固的桥梁。

所谓"登高必自卑,行远必自迩"。正如爬山,你只能低着头,认真坚忍地去攀登。在你付出相当的辛劳努力之后,登高下望,你才可以看见你已经克服了多少困难,走过来多少险路。这样一次次的小成功,慢慢才会累积成大的更接近理想目标的成功。

读懂成功

> 时间就像土地，不经过耕耘便不会生产，只有勤奋的劳动才有丰足的报酬。

"千手观音"背后
无声的美丽

邰丽华两岁时，因一次高烧失去了听力。没过多久，她甜美的歌喉也关闭了。那以后，她陷入了无声世界，自己却茫然不知。直到5岁，幼儿园的小朋友轮流蒙着眼睛，玩辨别声音的游戏，她才意识到自己与别人不一样，她伤心地哭了。

她只能在聋哑学校就读，将自己深锁在一片孤寂的世界里。一次律动课让她有过从未有过的兴奋与喜悦，她突然发现，这是一种属于她的语言，是唯一能够使她酣畅淋漓地表达对生命感悟的一种语言。从此，她爱上了舞蹈。

15岁那年，中国残疾人艺术团的艺术家们挑中了她，让她到该团学习舞蹈。从此，她开始正式接受舞蹈训练。刚进团的那会儿，她的舞蹈基本功是最差的，甚至连踢腿都不会。老师考验她的第一个舞就是《雀之灵》。结果，没有专业基础的邰丽华压腿不到位，提腿不准确，手位不协调——在老师看来，她关于舞蹈的一切似乎都不尽如人意，尽管邰丽华已付出努力。最后，老师干脆将她一个人扔在了排练室里，自己拂袖而去。

此后的半个月，她将自己变成了一只旋转的陀螺，24小时中除了基本的吃饭和睡觉时间，其他一切时间都是在练习舞蹈。开始的时候她只能原地转几个圈，半个月以后就转到二三百个。她只用半个月的时间就让赵老师对她重新燃起了希望的火焰。以后她每天都要挤时间练舞蹈，练得身上总是青一块、紫一块。她怕母亲看见了心痛，夏天总是捂着一条长裤子。有一天，妈妈趁女儿午睡时，悄悄地卷起她的长裤，震惊地发现女儿腿上伤痕累累，母亲心疼得哭了，而邰丽华却笑着指着自己的胸口告诉母亲："我喜欢跳舞，一点儿不觉得疼。"

一曲《雀之灵》有多少节拍，她没有仔细计算过，但老师作过一次测试，邰丽华凭着感觉舞完这700多个节拍，竟丝丝入扣。她唯一的方法就是记忆、重复、再记忆。

第一次出国表演时，艺术团集训恰巧在冬天，邰丽华身穿棉袄进场，训练时只穿一件单衣仍汗流浃背，膝盖被磨得流血、红肿，可她却从不叫苦。她知道，自己没有语言能力，希望舞蹈能成为自己的一种语言。

正是凭着这种执著和天赋，邰丽华在众多的舞者中脱颖而出，她获得了一个又一个舞蹈大奖,《雀之灵》成了她的生命诠释,而由她领舞的《千手观音》在雅典和春节晚会上演出以后,全世界的人都被她和她的队友们在无声世界里精彩绝伦的表演折服了、感动了。

记得席勒有篇诗作《大地的瓜分》,诗中宙斯对人类说:"把世界领去!"于是农夫、贵族、商人和国王纷纷领走了一切。等到全部瓜分完毕,来了一位诗人,但他已经无任何东西可拥有了。也许,你会为诗人遗憾,但诗人之所以为诗人,正是在大家都瓜分大地时,他却只盯着宙斯,他以对宙斯的景仰和虔诚以及孩子般的纯粹成为浪漫主义的标尺。他虽然失去了物质,但却得到了精神。

邰丽华就是这样,当上帝封住她生命的一道门时,同时又给了她一扇窗,并赋予了一种伟大的内在的精神,对生命价值的不懈创造和对艺术的无悔追求。

现实生活中的机遇是富有神奇色彩的,一个人的成功有一半是机遇。如果忽视了它,这种机遇对你来说,可能就毫无意义;可有时候一旦失去了机遇,那将终身遗憾。机遇,是要用心去发现的。

老 鼠
拯救了他

一个孤独的年轻画家,除了理想,他一无所有。他贫穷,无钱租房,借用一家废弃的车库作为画室,夜里常常听到老鼠吱吱的叫声。一天,疲倦的他抬起头,看见在昏暗的灯光下有一双亮晶晶的小眼睛。他没有想到设法去捕杀这只小精灵,磨难已使他具有艺术家悲天悯人的情怀。他与小老鼠互相信任,甚至建立了友谊。

不久画家离开堪萨斯城,被介绍到好莱坞去制作一部卡通片。然而他再次失败,穷得身无分文。多少个不眠之夜,他在黑暗中苦苦思索,怀疑自己的天赋。突然,他想起了那亮晶晶的小眼睛,灵感就在黑夜里闪现了:全世界儿童所喜爱的卡通形象——米老鼠就这样诞生了。这位画家就是美国最负盛名的人物之一——沃尔特·迪斯尼。

感悟

生活给沃尔特·迪斯尼的并不多,只给他一只老鼠,然而他"抓"住了。

对沃尔特·迪斯尼来说,这只小老鼠是价值连城的。

的确,现实生活中的机遇是富有神奇色彩的,它就像一道美丽的彩虹,必须等待雨季才可一见,但即使已是雨季,也未必能见。有的人,遇到一些挫折,便唉声叹气,感慨生不逢时,命运不济,而不思进取,甘于平庸。其实你的挫折,你的不幸,你的失败,都是你的机遇。它只不过是化作另外一种形式呈现在你面前。你若能识别它,把握住它,必能创造辉煌的人生,成就伟大的事业;你若为这表面现象所迷惑,那只能是庸庸碌碌,苟且一生。

古往今来成大事业者大多是在逆境中一展宏图的。古之司马迁忍腐刑之辱作《史记》;贝多芬是在当时不为世人理解的嘲笑声中谱写了一首首撼人心魄的传世名曲;海伦·凯勒是在失明的不幸中,成为拥有世界读者的作家。可见,顺境出人才,逆境更是出奇才,而你能否成为奇才,关键在于在逆境中能否把握机遇。

把困难当做机遇吧!因为这是你设计人生的最佳时机。不经风雨,怎能见彩虹;没有苦寒,又怎能得梅香。

"我的生命不知道何时结束,但我会善用每一分钟。我不能停息,我的生命是无数人爱心的结晶,我不能辜负大家。"

在生命的低谷中
演绎神话

他颈椎以下的部位全部瘫痪,四肢已经变形、僵硬、泛黑。在木床上躺了近30年的身体,只有头部还听使唤。但他还是庆幸自己能拥有一天又一天。

他叫林豪勋,台湾东卑南人。他28岁那年无意中从二楼摔下,造成颈椎以下全身瘫痪,这打乱了他的人生布局,生命顿时乱了谱。

卧床的头两年,林豪勋几乎绝望。姐姐告诉他:"自怨自艾只不过是在践踏自己。真正的男子汉应该有勇气开创未来。"他的心灵受到很大的触动。

1990 年底,朋友送他一台淘汰的 286 电脑。从此,林豪勋开始成为"啄木鸟"——躺在床上,咬着加长的筷子敲击键盘。尽管门牙咬得缺了半截,舌头经常磨破皮,但他仍然顽强地在电脑上"啄"着生命的乐章。

他搜集了 5000 个单字,整理了当地卑南部落 260 户族谱。接着又编写了工程浩大的《卑南字典》,以 16 个子音、4 个元音,完成了 5000 个族语的记录。1993 年接触到电脑音乐后,便又以饱满的热情投入到创编卑南族古老歌谣之中,他多次成功举办怀乡歌谣演唱会,还在台湾省巡回演出,甚至远赴日本、加拿大等国演出。他还完成了气势磅礴、深富意境的第二张个人计算机音乐专辑。

他的毅力和精神让很多人湿了眼眶,他也因此获得杰出残疾人士金毅奖。

感悟

一个全身瘫痪的人,凭着一张嘴、一根竹棒和一台电脑,一路敲出了他的新生命。我一直为他那残而不废、珍惜生命、珍惜创造力的精神所感动,但也一直在纳闷儿:"面对极大的困境却未被生命击倒,反而活得更精彩,哪来那么大的勇气和毅力啊?"

直到看到林豪勋网上的留言("我的生命不知道何时结束,但我会善用每一分钟。我不能停息,我的生命是无数人爱心的结晶,我不能辜负大家。"),才恍然大悟:他一直在追求生命的意义。

我们的生命意义在哪里或者说生命存在的意义是什么?这是千百年来,每个懂得思考的人们都或多或少会想到的问题。这使我想起了保尔对生命意义的经典论述:"人最宝贵的是生命。生命对每个人只有一次,每当回忆往事的时候,不因虚度年华而悔恨,不因碌碌无为而羞耻。"

还有,从林豪勋身上,我还看到生命的意义还在于对社会永恒的奉献。做一两件对社会有益的事是容易的,但生命的意义贵在能不能永远对社会做贡献。只有永恒的才是最动人的,正所谓"只在乎天长地久,不在乎曾经拥有"。

一个全身瘫痪的人还不忘燃烧生命为社会做贡献,作为健康的人,我们更应该认真为社会做出更大贡献。谨记:生命的意义在于对社会永恒的奉献。

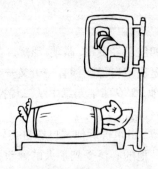

有时候，面对命运的无情，你已经没有捷径可走时，你只有去面对、去战胜、去扼住它的咽喉。唯如此，你才能牢牢把握命运的舵盘，才能使生命之舟扬帆远航。

在缺陷中
他拯救了世界

1921 年 8 月，正当富兰克林·罗斯福准备在政坛大展身手的时候，一场无情的灾难突然降临到他的身上：他染上了可怕的脊髓灰质炎！

那一年，罗斯福才 39 岁，年富力强，雄心勃勃、踌躇满志的他准备重整旗鼓大干一番。然而，出师未捷，他却患上这该死的病，要永远瘫痪在床。

高烧、疼痛、麻木以及终生残疾的前景，并没有使罗斯福放弃理想和信念，他一直坚持不懈地锻炼，企图恢复行走和站立能力。

在养病期间，这位美国未来的"船长"有一个嗜好就是制作船模，他在朋友的帮助下划上小船到河里去试航。同时，他阅读了大量美国历史、政治方面的书籍。在这段时间里，罗斯福的性格也发生了重大的变化，他变得温和、谦虚、平易近人。他把与疾病斗争、积极锻炼身体看做是一件非常愉快的事情。工作之余，他竭尽全力地进行体育锻炼，对自己要求之严格几近苛刻。就连他的一位好朋友、当时的美国拳击冠军都说：罗斯福的肩部肌肉是我所见过的人当中最强健的。

经过这段挫折的锤炼，罗斯福的眼界和思路更开阔了。他学会尊重并理解与自己不同的观点，对那些受折磨又极需要帮助的人充满了深切的同情。他躺在那里一天天地成熟起来，从一个轻浮的年轻贵族变为一个能理解下层人民的人道主义者，而正是这一点使他最终入主白宫。

1932 年 11 月 8 日，罗斯福以 2280 万票对 1575 万票的优势，入主白宫。这位坐在轮椅上的"船长"终于把握住了巨轮的舵盘。

面对经济危机，罗斯福表现出一种压倒一切的自信，他在宣誓就职时发表了一篇富有激情的演说，告诉人们：我们唯一害怕的就是害怕本身。在 1933 年 3 月 4 日那个阴冷的下午，新总统的决心和轻松愉快的乐观态度，"点燃了举国同心同德的新精神之火"。

日本法西斯偷袭珍珠港的第二天，罗斯福代表美国对日宣战。他发表了 6 分半钟的演说，这个简短的演说，对美国和世界都产生了深远的影响，他说："不论要用多长的时

间才能战胜这次预谋的入侵,但美国人民以自己的正义力量一定要赢得绝对的胜利。"

这个坐了二十多年轮椅的伟人,战胜了残疾、战胜了对手、战胜了经济萧条、战胜了法西斯。对于美国人来说,他使美国成为世界超级大国。

富兰克林·罗斯福是带领美利坚合众国这艘巨轮渡过严重经济危机、走向繁荣、赢得战争胜利、成为超级大国的"坐在轮椅上的船长",被公认为可以同华盛顿和林肯相比肩的美国历史上最伟大的总统之一。对于世界来说,他参与奠定了一个新的全球政治格局。对于残疾人来说,他用一生告诉我们:无论是总统还是平民,当厄运到来时要牢牢把握住自己命运的舵盘,让生命之舟扬帆远航。

由于罗斯福没有在缺陷面前退缩和消沉,而是充分、全面地认识自己,在意识到自我缺陷的同时,能正确地评价自己,在顽强之中抗争。不因缺憾而气馁,他不是在掩盖缺陷,而是将它加以利用,变为资本,变为扶梯而登上成功的巅峰。一个人缺陷的地方太多,五音不全是缺陷,色感不强是缺陷,但这些还不是最残酷的缺陷;最残酷的莫过于有腿不能走,有眼不能看,有耳不能听,有嘴不能说。对于人生来说,重要的在于你对待缺陷的态度。

其实,缺陷是生命蜕壳时的伤痛,是由幼稚走向成熟交的税。当伤痛过后,你会发现是生命中的缺陷让你变得成熟,变得完善,变得坚强,也是它让你懂得把握自己,珍惜这似水的流年。人生就是这样:出生是上帝安排的,命运却要靠自己来主宰!你就是上帝,唯一能把握住自己命运的人就是自己。

忍耐不是逆来顺受,也不是消极颓废,而是意志的磨炼、爆发力的积蓄,是用无声的奋斗冲破罗网,用无形的烈焰融化坚冰。没有人能屈辱你或打败你,除了你自己。

忍耐中他用能力
征服了钞票

有一位青年画家,在还没成名前,住在一间狭隘的小房子里,靠画人像为生。

有一天,一个富人经过,看他的画工细致,很喜欢,便请他帮忙画一幅人像,双方约

读懂成功

好酬劳是1万元。一个星期后,人像完成了,富人依约前来拿画。这时富人心里起了歹念,欺他年轻又未成名,不肯按照原约定付给酬劳金。富人心中想着:"画中的人像是我,这幅画如果我不买,那么绝没有人会买。我又何必花那么多钱来买呢?"

于是富人赖账,他说只愿花3000元买这幅画,青年画家呆住了,他从来没碰到过这种事,心里有点儿慌,费了许多唇舌,向富人据理力争,希望富人能遵守约定,做个有信用的人。"我只能花3000元买这幅画,你别再啰唆了。"

富人认为自己居上风,最后再问了一句:"3000元,卖不卖?"画家以坚定语气说:"不卖!我宁可不卖这幅画,也不愿受你的屈辱。今天你失信毁约,将来一定要你付出20倍的代价。"青年画家知道富人故意赖账,心中愤愤不平……"笑话!20倍是20万耶!我才不会笨得花20万元买这幅画。""那么,我们等着瞧好了。"青年画家对悻悻然离去的富人说。

经过这一个事件的刺激后,画家搬离了这个伤心地,重新拜得名师,日夜苦练。

皇天不负苦心人,十几年后,他终于闯出了一片天地,在艺术界,成为一位知名的人物。那个富人呢?自从离开画室后,第二天就把画家的画和话淡忘……直到那一天,富人的好几位朋友不约而同地来告诉他:"好友!有一件事好奇怪哦!这些天我们去参观一位成名艺术家的画展。其中有一幅画不二价,画中的人物跟你长得一模一样,标示价格20万元。好笑的是,这幅画的标题竟然是'贼'"。

富人好像被人当头打了一棍,富人想起了十多年前画家的事。这件事对自己伤害太大了。他立刻连夜赶去找青年画家,向他道歉,并且花了20万元买回那幅人像画。

青年凭着一股不服输的志气,让富人低了头。这个年轻人名叫毕加索。

感悟

生活中,我们难免身陷逆境,当我们不甘做命运的奴仆而又未能扼住命运的咽喉、扭转面临的困境时,那么最好的选择就是暂时忍耐。事情总是在不断地变化和发展,在忍耐中等待命运转折的时机。

毕加索的忍耐在心灵上是从容的,他从没敢忘记自己的理想和责任。在现实生活中,忍耐很容易被人视为怯懦,有些人畏惧人言,所以从来不愿忍耐。

忍耐不是逆来顺受,也不是消极颓废,而是意志的磨炼、爆发力的积蓄,是用无声的奋斗冲破罗网,用无形的烈焰融化坚冰。在忍耐中发愤,在忍耐中拼搏。

忍耐能平息怒气和纷争,化干戈为玉帛,避开大祸而保自身安全。就因如此,一个处处能忍耐的人,其与人交往必定非常融洽,少有摩擦,以至于许多事不但对他无害,反而有利于他,最后所累积的能量必像一条不断有支流注入的大河川一样,拥有着远大的前途。

人活着要争气,不要泄气!把挫折当成阶梯,努力不懈,最后一定能达成理想,完成

心愿。你相信吗？没有人能屈辱、打败你，除了你自己。输得起但又不服输的人才是真正的强者。

追求真理的道路是崎岖不平的，挫折和失败在所难免，这就要求我们必须具有锲而不舍、百折不挠的精神，敢于冲破各种困难险阻，朝着真理的方向奋勇前进。

偷尸背后的
科学精神

安德烈·维萨里是比利时的医生、伟大的生物学家、近代人体解剖学的创始人。

维萨里在巴黎大学读书时正值文艺复兴时期，当时的医学教育仍然没有完全摆脱中世纪的精神桎梏。他的老师讲述的还是过时的漏洞百出的"解剖学"教材。教学过程中，实验课用的解剖材料只是小兔子、狗或猴子等动物尸体，而且试验还不准学生们亲自动手操作，所以教学和实践严重脱节。

本来就对人体构造有极大兴趣的维萨里对此现象极为不满。为了揭开人体构造的奥秘，维萨里常在严寒的冬夜，悄悄地溜出校门，来到郊外无主坟地盗取残骸；或在盛夏的夜晚，偷偷地来到绞刑架下，盗取罪犯的遗体。他全然不顾被抓、被杀的危险，也不考虑严冬的寒冷、盛夏的炎热和腐烂的尸体冲天的臭气，专心地挑选其中有用的材料，对于所得到的每一块骨头，都如获至宝，精心地包好带回学校。回来后，又在微弱的烛光下偷偷地彻夜观察研究，直到弄明白为止。维萨里就是用这种不怕困难、不怕牺牲的精神和超人的毅力，长期坚持工作，终于掌握了精湛熟练的解剖技术和珍贵可靠的第一手材料。

他的行为触犯了旧的传统观念，冲击了校方的陈规戒律，引起了守旧派的仇恨和攻击，学校当局开除了他的学籍。他被迫离开了巴黎，但他没有放弃对人体构造的探索，充分利用种种条件，继续进行解剖学研究。

经过 5 年的努力，年仅 28 岁的维萨里完成了人类史上第一部科学的解剖学巨著——《人体机构》。它的发表引起了当时的解剖学家和医生们的震惊，也奠定了他在人体解剖学的地位。

读懂成功

感悟

维萨里这种勇于实践、寻求真理的精神让人真切地感受到一个大师卓越的品格。

追求真理的道路是崎岖不平的,挫折和失败在所难免,这就要求我们必须具有锲而不舍、百折不挠的精神,敢于冲破各种困难险阻,朝着真理的方向奋勇前进。

同时,追求真理还要发扬实事求是、脚踏实地的作风,一步一个脚印地向真理靠近;也要弘扬艰苦奋斗、不怕困难、不畏艰险、勇于超越自我的精神;坚决抵制沽名钓誉、弄虚作假、剽窃他人成果等不道德行为,要有敢于同邪恶势力作斗争的勇气。

我们一旦在心中形成追求真理的信念,我们的行为就会获得巨大的精神支撑和动力源泉,我们的生活会更加有目标,更有意义。

朋友们,追求真理,真理就会在你胸中燃烧。为真理而斗争,这是人生最大的乐趣。

敬业是一种本分、一种美德、一种涵养、一种修炼,也是社会对我们的最基本要求。

坚持到生命的
最后时刻

一个白发苍苍的老人在实验室里仔细地观察锁在笼子里的南美洲毒蛇。当他抓住蛇头把它拿出来,准备抽血化验时,突然毒蛇咬伤了他,殷红的鲜血从伤口流了出来。他抓起身旁的电话机,却打不通,身边又没有别人。这时他的头脑十分清醒,觉得他应该做些什么。

于是,他找到一些绷带,把伤口包好,拿出实验记录本,把体温表夹在腋下,看着手表,记录下每分每秒的感觉。"体温很快升到了 39.5 摄氏度……胃剧痛……"汗水,在他那布满皱纹的脸上淌着,脸上的肌肉不断地抽动。他感觉到从来没有过的燥热,想喝口水……突然,他什么也听不见了,耳朵里像有什么东西在发出噪音,但他还是顽强地记录着:"睁开眼时,眼皮疼……快 4 个小时了……"老人的伤口、鼻和嘴开始淌出血来。"我已经看不见体温表了,情况十分严重……血从鼻子和嘴里淌出来,疼痛消失了,软弱无力,我想脑开始充血了……"

在被蛇咬伤5个小时以后，这位老人完成了自己悲壮的人生。这篇用生命写成的日记，为后人鉴别诊断蛇毒提供了极为珍贵的第一手资料，它是一曲为科学而献身的壮丽史诗。

这位可敬的老人就是美国芝加哥自然历史博物馆研究员、著名的动物学家卡尔·施密特博士。

感悟

卡尔·施密特在弥留之际，没有留下其他遗言，却以惊人的毅力记下了毒蛇咬伤后自身的反应，为人类留下了宝贵的财富。他以此种方式结束了自己的生命，给人的心灵产生了巨大的震撼。

他这种为了人类事业而献身的精神怎不令人佩服？他的敬业精神怎不让人感动？

敬业，是一种对工作、对事业的执著和全身心的投入，它既是对社会的奉献，也是个人自我价值的体现。高尔基曾说过："天才，就其本质来论——只不过是对事业、对工作的热爱而已。"而敬业正是对事业、对工作的热爱。敬业，需要果断地放弃身边一些诱惑和挑战，做到心无旁骛；敬业，需要一份痴迷和专注。

其实敬业是一种本分、一种美德、一种涵养、一种修炼，也是社会对我们的最基本要求。我们不一定学春蚕吐丝、蜡烛流泪，但一定要学精卫填海、杜鹃泣血。

只有在勤勤恳恳、兢兢业业的工作中，才能不做碌碌无为、虚度年华的人，才能使我们的人生更加充实，更加壮美。

人生是个积累的过程，你总会有摔倒，即使跌倒了，你也要懂得抓一把沙子在手里。

生命的过程是
实现自我的不懈努力

丁磊从小就喜欢无线电，很大程度上，他是受了父亲的影响，他认为自己将来最骄傲的职业，就是成为一个电子或者电气工程师。高考时，他填报了成都电子科技大学。

毕业后，丁磊回到家乡，在宁波市电信局工作。电信局旱涝保收，待遇很不错，但丁

磊觉得那两年工作非常地辛苦,同时也感到一种难尽其才的苦恼。1995年,他从电信局辞职,遭到了家人的强烈反对,但他去意已定,一心想出去闯一闯。

他在Sebyse广州分公司找了一份工作。但一年后,丁磊就又想跳离去,萌发了离开那里和别人一起创立一家与Internet相关的公司的念头。在当时他已经可以熟练地使用Internet,而且成为国内最早的一批上网用户。

离开Sebyse也是丁磊的一个重要选择,因为当时他要去的是一家小得可怜的公司。但他当时非常有信心,相信它将来对国内的Internet会产生影响,他满怀着热情。当时,除了投资方外,公司的技术都是他在做。他最后发现这家公司与他当初的许多想法发生了背离,他只能再次选择离开。

1997年5月,丁磊决定创办网易公司。

每天工作16个小时以上,其中有10个小时是在网上,他的邮箱有数十个,每天都要收到上百封电子邮件。

2001年9月4日。这是丁磊人生当中最苦的一天。网易终因误报2000年收入,违反美国证券法而涉嫌财务欺诈,被纳斯达克股市宣布暂停交易。随后又出现人事震荡。丁磊经历了无数个不眠之夜,但苦难并没有把他压倒。

接下来,丁磊很快调整自己,通过他的努力,从垃圾股到今日的中国概念"明星"。在2004年福布斯中国财富排行榜中,丁磊以中国首富身份荣登榜首。

感悟

衡量一个人成功与否,与金钱无关,与年龄无关,关键在于你是否战胜了自我。自我是一条可以无限深入、不断扩张的精神通道,它通向那个无边的人类精神的宇宙。人,只要他一天不满足于自己的动物本能,只要他一天不放弃精神的追求,自我就与他同在。每个追求自我的人以其特殊的方式对这个世界不断加以认识和开拓,认识越深入,境界就越宽广,直到最后与人类精神的宇宙连为一体。

我们大家都有很多矛盾的心态,常常会失落"自我"。在单位里,我是"服从",领导叫我干啥就干啥;在家里,我是"顺从",老婆叫干啥就干啥;在社会上,我是"听从",朋友叫干啥就干啥;退休了我是"跟从",孙子叫干啥就干啥。我们每个人都应该问一下,"我有真正的自我吗?"

丁磊的成功,给我们最大的启示就是他能够在生命中循着自身的潜力,敢于放弃,勇于折腾,因为在这个过程中,你最能体现你自己的能力,最能看清你自己的面貌。在路上,我们最怕自己得过且过,最怕自己失去自我。对于一个有追求的人来讲,失败了,我们可以有重新爬起来的可能,甚至倒下了,手中依然有抓一把沙子的获得。自我的形象不受损失,但失去自我就不一样了,没有个性,人云亦云,那就意味着失去生命应有的光彩与景致。

每一个人都有不同的才能，每一个人在生命的长河中都会找到属于自己的星座。如果你觉得自己笨，那是因为你还没有寻找到属于你自己的星座。

用"相对论"
找准人生坐标

现代物理学的创始人和奠基人阿尔伯特·爱因斯坦曾经被校长认为"干什么都不会有作为"的笨学生，但经过艰苦的努力，他成了现代最杰出的物理学家。

小时候的爱因斯坦给别人最大的印象就是"笨"。他3岁时才开始咿呀学语，当他的妹妹能够用语言与人很流利地交流时，他说起话来却还是支支吾吾，前言不搭后语，而且举止十分迟钝。直到10岁时，他才上学。在学校里，爱因斯坦受到了老师和同学的嘲笑，大家都称他为"笨家伙"。有的老师甚至指着他的鼻子骂："这鬼东西真笨，什么课程也跟不上！"

在讥讽和侮辱中，爱因斯坦慢慢地长大了。在中学里，孤独的他开始在书籍中寻找寄托，寻找精神力量，尤其是对物理学特有兴趣。在这过程中，他经常被自己设想的一个个问题苦苦折磨。有一次，爱因斯坦上物理实验课时，不慎弄伤了右手。老师看到后叹了口气说："唉，你为什么非要学物理呢？为什么不去学医学、法律或语言呢？"爱因斯坦回答说："我觉得自己对物理学有一种特别的爱好和才能。"

就是因为对物理有着特殊的感情，促使他对传统物理学进行了反思，取得了巨大的成果，相继提出了狭义相对论和广义相对论等一系列带来物理学革命的伟大理论，从而推动物理学向前迈进了一个又一个里程碑。

从爱因斯坦的回答可以看出，他对自己有充分的认识和把握。也正因为他能够充分认识自我，看到自己的短处和长处，才使他扬长避短，充分地把握自我，并取得巨大的成就。可以说，爱因斯坦找准了自己的人生坐标，才使他实现了人生的最大价值。

可见，如果你想在自己选择的领域内出类拔萃，并获得持久的满足，就必须了解自

身的优势。你必须精于发现、描述、应用、发挥和增强你的优势，停止关注和纠缠于你的弱点，转而细细探究并发挥你的优势，找准了自己的人生的坐标，才可能取得成功。

在人生的坐标中，一个人如果站错了位置——用他的短处而不是长处去谋生的话，那是非常可怕的，你可能会在永久的卑微和失意中沉沦。松下幸之助曾说：人生成功的诀窍在于经营自己的个性长处，经营长处能使你的人生增值，否则，必将使你的人生贬值。富兰克林说：宝贝放错了地方，便是废物。

每一个人都有不同的才能，每一个人在生命的长河中都会找到属于自己的星座。如果你觉得自己笨，那是因为你还没有寻找到属于你自己的星座。正如爱因斯坦对别的事物迟钝，却对物理和数学特别喜爱一样，当你找到自己的星座时，你定会放射出与众不同的异彩。

只有启程，才会到达理想的目的地；只有拼搏，才会获得辉煌的成功；只有播种，才能有收获；只有奋斗，才能品味幸福的人生。

从"卖药仔"到
香港特首

当温家宝总理向新当选的香港特别行政区长官曾荫权颁发中央人民政府任命书时，举世在关注着这位新特首，也许是佩服，也许是羡慕，也许是好奇。可是，你可知道这位新特首没有高学历，也没有显赫的背景，全凭个人努力从卖药仔拼到香港特首的宝座上吗？

曾荫权的家境并不好，自幼生活困苦，而且是在父亲"藤条式教子"的教育方法下度过童年生活的。在上小学时，他的成绩十分不理想，经常被同学唤作"肥佬"（劣等生和不及格的代称）。到了中学，他的成绩还经常不及格，直到最后一学年，他的成绩才有点儿转机。后来他考取了香港大学，但迫于不富裕的家庭状况，被迫放弃读大学的机会，这加深了他的自卑感。

于是他开始了艰辛的求职路。他想找一份适合自己的职业，但一连跑了十几天，也没有寻到一个。眼看着上天要剥夺他吃饭的权利，他很是郁闷。后来通过父亲朋友的介绍，在一家医药公司做推销员。

曾荫权曾这样回忆这段最为艰难的日子："拿着各式各样的药物，逐家医院拍门，向医生费尽口舌推销产品，日晒雨淋，很不好受，汗水不知流过几多，冷眼千百回，整天

在大街上疲于奔命,经常遭到英国经理的责骂……"

近一年时间的奔波,曾荫权对于港岛上的每一条里弄几乎都烂熟于心,那些药房,几乎每家都去过,每种时髦的西药和进口药品,曾荫权都能信口说出它们的性能和价格。他学会了看各种各样的脸孔,也学会了与各种市侩商贩们打交道。

经过一年多的打拼,曾荫权对于推销药品的职业渐渐由不适应转向适应,甚至还产生了一种淡淡的好感,不过,他的心里仍然怅惘——他毕竟是一个有远大抱负的人。

1965年,一个偶然的机会,有人劝说他通过考取公务员来实现自己的梦想。于是,经过慎重思考,他参加了当年的公务员考试,很遗憾,他没有考中。初闯官场的门槛就吃了闭门羹,他的勇气与锐气都遭到了挫伤,他想退出。"如果遇到一点儿挫折就丧失信心,你将来就只能当卖药仔了。你想成就一番辉煌的人生,没有失败挫折是不可能的。所以,我希望你再闯一次!"他的父亲鼓励他。经过充分的准备,第二年,他如愿以偿,被录取为香港华裔政务官。1967年,他正式加入港英政府,踏上政坛,经过三十多年的努力,走到了今天。

一个出生于寻常百姓家的穷小子,一个没有高等学历的平凡学生,曾经为生活而劳碌奔波的"孤单的推销员",如今却成为了香港的特首。从他的人生经历中,我们可以看到一个虽历经种种困难和挫折,但仍能凭借自己实力向命运挑战并最终取得成功的美好形象树立在我们的眼前。

其实,曾荫权的经历所体现的,正是一种刻苦耐劳、勤奋拼搏、开拓进取、灵活应变、自强不息的中华民族的传统美德。在现实生活中,有多少人曾经是身无分文、白手起家,靠自己的聪明才智,历尽千辛万苦,创造了辉煌的业绩;又有多少人的成功不经过重重磨难?可是,有的人胸怀远大理想,却因为暂时的绊脚石而望而却步,彷徨无计,止步不前。殊不知每一个成功的人在起步时都会面临同样的问题。

人生是一条崎岖的大道,它必然会布满荆棘。当面对这些困难时,你若能够做到高高昂起高贵的头颅,傲视羁绊自己的坎坷,奋力迈出铿锵的步伐,踏出坚实的印迹,我相信,风雨之后必有彩虹。相反,当你身处困境却不懂得拼搏或者是向困难低下头颅时,你的生活必将平淡无奇、黯淡无光,你的人生注定是失败的人生!

要相信:只有启程,才会到达理想的目的地;只有拼搏,才会获得辉煌的成功;只有播种,才能有收获;只有奋斗,才能品味幸福的人生。

梦想的力量是伟大的。敢于梦想的人，无论怎样贫苦、怎样不幸，他总有自信，甚至自负。他蔑视命运，他相信好日子终会到来。

梦　想
成就大总裁

一个 17 岁的男孩在高中时代就经常梦想着有朝一日能成为一家大公司的首脑。

在耶鲁大学读一年级时，他的父母由于生活拮据而无法再继续供他念书，但因为有自己的梦想，他决定：无论如何都要坚持到毕业。他靠着获得的奖学金和打零杂工挣得的钱解决了学费与伙食费的问题。三年后，他以极其优异的成绩毕业并争取到在牛津大学继续攻读硕士的机会。

硕士毕业后，他前往纽约，正式开始追求自己的目标。他受聘于一家颇具规模的证券公司在投资咨询部做办事员。

不久，朋友告诉他有一家石油勘探公司正在征聘年轻上进的财务经理。他听说之后，便前往应聘，因为他认为这家公司可让他进一步学到许多有关财务经营方面的东西，于是他就进了这家公司，一干就是四年。四年之后，虽然这家公司业务非常稳定，而且他的表现也不错，但是他觉得能学的也学得差不多了，他又开始怀念起老本行了。于是，一咬牙，他又回到早先的那家证券公司工作，并等待机会。最后，机会终于被他等到了，一名资深职员即将退休，这个人拥有 8 个相当有实力的客户，欲以 5000 美元出让。

5000 美元相当于他的全部财产，但早怀有自立门户梦想的他决定背水一战，虽然他知道若此举失败，将会变得一贫如洗；而且，这些客户接下来之后，能不能留住还是问题。他接下了这 8 个客户，并且立即一一前往拜访，十分坦率而且诚挚地向他们说明自己的理想与计划，客户们皆被他的热情与直率所感动，都表示愿意留下观察一段时间。当时，他才 28 岁。

在刚接任的两年里，他被员工薪金及管理费用的问题弄得焦头烂额，甚至他把自己的薪金都投注里面了。两年间，公司就是在这种拮据的情形下惨淡经营着。熬到第三年，终于苦尽甘来，公司业务开始蒸蒸日上，客户有显著增加，他自立的梦想终于实现了。

今天，他已经是一家拥有近 1 亿美元资产的投资咨询公司总裁，并兼任某大型互

助银行的常务董事及数家公司董事,这位很牛的人就是约翰·坦普登。

感悟

可以说,是梦想的力量促使了约翰·坦普登在17岁读高中时的梦想在不到40岁就实现了。

梦想的力量是伟大的。敢于梦想的人,无论怎样贫苦、怎样不幸,他总有自信。他藐视命运,他相信好日子终会到来。一个伙计,会梦想到住在他自己的店铺中;一个贫苦的女工,会梦想着购置一所美丽的住宅。这种希望,这种永远期待着好日子的到来,使我们可以维持勇气,可以减轻负担,可以肃清横在我们道路上的困难、挫折。

有了梦想,同时还须有实现梦想的坚毅意志与决心。我们愈坚持实现我们的梦想,则我们的能力,也会愈强大,会愈有效能。一个人的梦想的实现,往往可以感应起一串新的梦想的努力。

身处迷茫的人们,很多事物等着我们去挑战,贫困、疾病、危机、缺乏爱意等各种社会现象令人不寒而栗,拥有梦想才能拯救自己。所以,不要阻止你的梦想,努力使之实现!这种使我们向前展望、向高处攀登的能力,是指引我们走上至善至美之路的指南针。

你大可不必渴望人家给你机会,如果你有实力,不管你出身贵贱,终将有人来找到你。这就应了中国的一句谚语:"是金子,在哪儿都会发光的。"

从小乞丐
到股票大王

美国股市奇才贺希哈,被人们称之为"手摸到的东西就会变成黄金的人"。可曾知道,他在6岁的时候就因家庭不幸而沦落到街头与乞丐为伍,靠着捡垃圾和别人的施舍生存,和今天的流浪汉的生活没什么两样。

小贺希哈在觅食的过程中,往往能够得到几张别人丢弃的废报纸。每当捡到报纸时,他都如获至宝,坐在地上看个不停,以此来打发无聊的时光。久而久之,小贺希哈就

对报纸上的经济信息、股市行情等产生了浓厚的兴趣。从此,他决心在股市上有所发展。当他向他身边的流浪汉们讲起他的志愿时,引起了他们的讥笑和蔑视。然而,小贺希哈却开始努力了。

1914年,第一次世界大战爆发,证券交易市场惨淡经营、岌岌可危,但他却到证券交易所找工作,受到了很多证券交易所员工的嘲笑和奚落。为了糊口,他只好来到爱默生留声机公司随便找到一份工作。

在工作期间,他仍然充分抓住每一个机会认真研究股票行情。一个偶然的机会,他留意到爱默生留声机公司发行和经营股票,于是他用心研究公司的股票经营状况。他非常想做爱默生留声机公司的股票经纪人。终于有一天,贺希哈敲开了总经理办公室的门,依靠自己多年钻研股票的知识,说服了总经理。从此,他成为爱默生留声机公司股票行情的绘制员,这一年,他才14岁。

在绘制员的岗位上,他一干就是三年,在这三年里,他积累了更丰富的股票知识和行情资料,为他以后的发展打下了坚实的基础。在这三年里,他还节衣缩食,积攒了250美元。不久他根据自己的计划,成为公司的一名股票经纪人。不到一年时间,他已经拥有16.8万美元的资产。从此,他的事业飞黄腾达,开创了辉煌的人生。

感悟

股市奇才贺希哈从小乞丐走到股票大王,让人看到他的许多优点:理想、奋斗、机遇等等,但给人印象最深刻的还是他在股票方面拥有的坚实实力。可以说,实力是他赢取胜利的最大本钱,实力铸就了他的未来。

所谓实力,简单地说就是具备较好的综合素质,它包括较好的专业素养、人文素养、实践能力和健康体魄等。当今世界的竞争是综合国力的竞争,归根到底是人才的竞争。人才竞争的关键是实力的竞争。

拿破仑说过:"不想当将军的士兵不是好士兵。"是的,有谁不想去当一位"将军",而要做一名小小的"士兵"呢?但是,将军不是任何人都能够胜任的。没有当将军的实力,一切都是空谈。

所以,关键在于"实力"。你大可不必渴望人家给你机会,如果你有实力,不管你出身贵贱,终将有人来找到你。这就应了中国的一句谚语:"是金子,在哪儿都会发光的。"

可见,只有苦练内功,打好基础,才可能抓住机遇,迎接挑战。

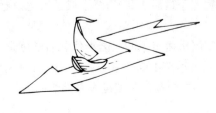

> 我们每一个人都有身处逆境的时候,只有在逆境中努力求得
> 生存发展才会尝到一些人生的真味。

从咖啡馆跑堂
到奥运会冠军

他出生在一个贫寒的家庭,一日三餐都难以保证,连鞋子也没得穿,经常光着脚踢足球,他最爱好的还是长跑。

11岁时,他辍学了。迫于糊口的压力,就去咖啡馆当了跑堂。他每天都要工作到深夜,但还是坚持锻炼长跑。为了能进行锻炼,每天早上5点钟就起来了,他的脚跟发炎脓肿了。

为了生活,他报名参加了法国田径冠军赛。他先是参加了10000米冠军赛,只得了第三名。后来,他决定再参加5000米比赛,这次他取得了第二名。很幸运,他被选中并被带进了伦敦奥林匹克运动会。在当时,他还不知道什么是奥林匹克运动会,当看到奥运会是如此宏伟壮观时,他异常惊讶。他虽然是法国人并代表法国队,但没有人认为他是一名法国选手,没有一个人看得起他。比赛前,他想请专为运动员做按摩的按摩师给自己按摩,但遭到了按摩师的拒绝。按摩师看不起这名从咖啡馆里走过来的小跑堂。

那天下午,他参加了10000米决赛。在糟糕的天气里,同伴们一个接一个地落在他的后面。他成了第四名,随后是第三名。很快,他发现,只有捷克著名的长跑运动员扎托倍克一个人跑在他前面进行冲刺,他终于得了第二名。就这样,他为法国、也为自己争得了第一枚世界银牌。获奖后,人们并没有看起他,而且把他的成功归因于糟糕的天气。这使他感到异常难受。

令他感到欣慰的是,在伦敦奥运会四年以后,他又被选中代表法国去赫尔辛基参加第15届奥运会了。在那里,他打破了10000米法国纪录,并在被称之为"本世纪5000米决赛"的比赛中,再一次为法国赢得了一枚银牌。随后,在墨尔本奥运会上,他参加了马拉松比赛。他以1分40秒跑完了最后400米,终于成了奥运会冠军!从此,他再也不用去咖啡馆当跑堂了。

这位历经辛酸从社会最底层拼搏出来的法国当代著名长跑运动员、法国10000米长跑纪录创造者、第14届伦敦奥运会10000米赛亚军、第15届赫尔辛基奥运会5000米亚军、第16届墨尔本奥运会马拉松赛冠军就是大名鼎鼎的阿兰·米穆。

阿兰·米穆,从咖啡馆跑堂到奥运会冠军,给我们上了一堂特有意义的励志课。他告诉我们:只要自己的信心不倒,不利的环境并不能阻碍一个人的发展。在逆境中,在得不到人们支持的情况下实现自己的理想,是一种更大的成功。

戴维说过:"逆境,是倾覆弱者生活之舟的波涛;它又是锤炼强者钢铁意志的熔炉。"人一旦身处逆境,与其悲伤流泪、妥协退让,倒不如以自己既有的条件去耕耘、去奋斗。一旦机会来临,自己也有了足够的条件去应付了,境遇就会好转了。

我们每一个人都有身处逆境的时候,只有在逆境中努力求得生存发展才会尝到一些人生的真味;才会真正懂得人生的苦是怎样的苦法,乐又是怎样的乐法,贫穷的滋味怎样,失恋的滋味如何,而最终最大的收获往往是成功的喜悦。

身处逆境的人啊,不要被逆境的绊脚石绊倒之后就再也爬不起来,要学会化不利为有利,把绊脚石变成开拓人生的垫脚石。

人世中不幸的事如同一把刀,它可以为我们所用,也可以把我们割伤,关键是看你握的是刀刃还是刀柄。

19载铁窗生涯
磨砺出西部歌王

每当听到《在那遥远的地方》、《草原情歌》、《达坂城的姑娘》、《掀起你的盖头来》等一首首抒情浪漫的情歌,你也许会以为它的作者王洛宾一定是个多情浪漫的西部男儿,他的一生环绕着鲜花与掌声。然而,你错了。在王洛宾的81岁生涯中,竟然两次因"莫须有"而进大牢且长达19年。可以说,他的精神是浪漫的,他创作的歌曲是浪漫的,而他走过的人生之路却十分坎坷,好在王洛宾以"浪漫"对坎坷,潇洒走过人生路。

王洛宾第一次被打入监牢是在1946年。国民党怀疑他是共产党的"探子",一次一次地殴打他,要他改变红色思想,脱离与共产党的关系。面对酷刑,王洛宾死不开口。每次过完"堂",他都皮开肉绽,浑身是血,然而等他一静下来,他照样"提炼他痛苦的纯美",写他"大我的情歌"。他还给自己暗暗定下了坐十年大牢的计划,他忍着精神和肉体的折磨,在狱中写了一首又一首歌颂民主自由的歌。"太阳下山明早依旧爬上来,花儿谢了明年还是一样的开,美丽的小鸟一去无影踪,我的青春小鸟一样不回来……"

王洛宾第二次入狱是在1963年,此时已经整整50岁了。当时的背景是不言而喻的,仅凭捕风捉影就足以定罪。在狱中他曾萌发过自杀的念头。他趁外出干活,偷偷藏起了一根绳子,等待着走向"自由"的机会。就在他即将拥抱死神的时候,他想到了一位悄悄塞给他两个苹果的维族姑娘,这让他看到了希望,才改变了可怕的念头。在狱中,他仍然在创作,写出了著名的歌曲《高高的白杨》等。直到1975年他才获得自由。

两次入狱,并没有动摇王洛宾创作歌曲的热情,他反而克服了重重困难,用血用泪写出了几百首脍炙人口的"囚歌",不愧为"狱中歌王"。出狱后,他迎来了创作的又一个春天。那优美的旋律永远定格在人们的心中,他永远为人们所怀念。

对于这样的困境,要是放在"凡夫俗子"身上也许会被压垮,王洛宾不但没有被压垮,反而更坚强、更浪漫地挺了过来。用他的话说:"即使身陷囹圄,我也胸怀坦荡,过着我快乐的日子,写我大我的情歌,谱我美丽的囚犯歌,用我的歌声迎接一切苦难。"

人生在世,谁也不能保证会一帆风顺,或多或少遇到这样那样的困难。面对困境,有人摇头叹息,有人怨天恨地,有人萎靡不振,有人自甘堕落;但有人却卧薪尝胆,枕戈待旦,潜心自修,另辟佳境。

对于我们凡夫俗子,面对困境,关键要学会调整自己的心态,正确地对待挫折和磨难,就像歌王第一次入狱给自己订10年入狱计划一样。只有有了正确的心态,才能处变不惊,以静制动。相信逆境不久的真理,相信天无绝人之路,就是跨出困境的第一步。

美国作家罗威尔曾说:人世中不幸的事如同一把刀,它可以为我们所用,也可以把我们割伤,关键是看你握的是刀刃还是刀柄。我们要以积极的心态面对不幸,并凭借积极的心态所激发出来的睿智,不让刀刃割伤你的手,而要紧紧握住刀柄,让锋利的刀刃成为你挑战人生的有力武器。

痛苦是一笔财富,痛苦是一份辉煌。经历过痛苦的人生才能称得上辉煌的人生。如果说生活是一张网,那么痛苦就是网上的绳结。只有经历过一次次的痛苦,这张网才有力量负重。

在生命的痛苦中
寻找精神的轻松

史铁生,1951 年生于北京,18 岁时到陕西延川县关计公社关家庄大队插队。

他在那里主要是干比较重的地里活。三个月后,因为腰腿疼痛,队里就安排他去干喂牛的轻活儿。经常处于饥饿状态的他为了能吃饱肚子常帮人家漆画箱,从而混个肚圆。

到了 1971 年 10 月,史铁生又因腰腿疼痛,告别了知青伙伴和村民,回到北京并住进了友谊医院,直到 1973 年 6 月他才出院。在一年半的住院期间,花去了他借来的 3000 元不说,下肢还彻底瘫痪并坐上了轮椅。他的母亲为他心疼得终于熬不住了,匆匆离开他时只有 49 岁。

随后,他办了病退手续,为了生计,在北新桥街道工厂找到了一份临时工。

在这里上班既没公费医疗,也没有任何劳保,所干的活儿是在仿古家具上画山水和花鸟,有时还画彩蛋,如出满勤每月 30 元工钱,但为了看书和尝试写作,每天只干半天,一月下来只能领到 15 元,这活儿他一干就是 7 个年头。

1980 年落实病残知青的优待政策,他每月能得到民政部门的 60 元生活费。可好事并没有好多久,灾难又再次降临,1981 年史铁生又患了严重的肾病,手术后,只给他留下了一个受损的左肾。

由于体力的原因,他辞了街道工厂的临时工作,开始呆在家中一门心思地写作,很快他创作的小说、散文陆续在全国各地的报刊上发表。

小说《我们的角落》还被田壮壮改编成了电视剧搬上了屏幕,在当时的影视圈引起了不小的轰动。

1983 年,他创作的小说《我的遥远的清平湾》获该年度"青年文学奖"和"全国优秀短篇小说奖"。1984 年,他的作品《奶奶的星星》又获该年度"作家文学奖"和"全国优秀短篇小说奖"。1986 年史铁生被北京市作家协会聘为合同制作家,每月发给他 100 多元。到目前为止,史铁生已发表了 150 万字的小说、散文和剧本,他的不少作品还被翻

译成日、英、法等译本在海外出版发行。

感悟

　　有位哲人说：人生的本质就是痛苦。痛苦是深沉的土地，它孕育着生命，感染着灵魂。痛苦联结着生活和生命，它是一个看不见底的深渊。痛苦无论多和少，大家都一样无法超越它，必须经历它。痛苦是一本书，研究它，体味它，咀嚼它，会有诸多独特的感觉。

　　如果说生活是一张网，那么痛苦就是网上的绳结。只有经历过一次次的痛苦，这张网才有力量负重。有人说史铁生很艰难地从生存的缝隙里走出来，带着豁然开朗的喜悦。经过那道缝隙之后，他便成为一个特别会用喜悦平衡困苦的人。许多游戏和他无缘，他不再迷失，可以观赏自己，观赏上帝的手艺。

　　人不能为活着而活着，尤其是像他这样一个几乎每时每刻都在痛苦中挣扎的生命就更不应该为活着而活着。他的生命必须有所依托，可是拿什么作为他的生命的依托呢？

　　史铁生是从1978年正式开始写作的，从那时起到现在，二十几年已经过去，事实完全证明，这种选择的结果，不但使他一次又一次地摆脱了生命的磨难与绝望，同时又使得他一步又一步向着高尚的生命境界攀登，他的生命不但一次又一次升华，而且他贡献给时代、社会乃至人类的精神财富也越来越巨大和越来越丰富。

　　由此，他对于生命的理解与感悟越来越具有超越性，在苦痛的抗争中已经达到一种一般人所难以企及的高度。

　　现在的社会正缺少像埃里森这样的人，这样一个敢于朝自己目标勇于奋斗、不达目的誓不罢休的人。

调皮大王的
IT枭雄之路

　　他读了三所著名大学，但没得到一个学位文凭；他的成绩十分不理想，但对电脑十分精通；他总是特立独行，甚至有点儿孤僻；他酷爱冒险，甚至置生命安全于不顾（上大学踢球时弄断过鼻梁骨,在夏威夷冲浪时扭伤过颈骨,还有一次因骑车摔断过肘骨,还开过一架意大利产战斗机在太平洋上空和别人进行模拟空战)。但他对决定做的事会义无反顾、一心一意,直到目标完成为止。他的人生目标是击败微软帝国。他相信:"罗马帝国都会垮,凭什么微软不会?"他常引用成吉思汗的名言:"只有其他人都失败,才是真正的成功。"

这就是甲骨文公司的创始人拉里·埃里森的风格:盛气凌人且富攻击性。虽然直到32岁,埃里森仍然一事无成,但后来却凭借1200美元的起家费创造出"甲骨文奇迹"。

1977年,当他说打算建造第一个商业关系数据库时,人们都说他头脑发热;1995年,当人们都认为PC需要变得更容易使用和价格更便宜时,他说PC在这一点上是一种荒谬的工具,其实它需要不断增加复杂性,建一种完全整合的应用软件系统。

在他的带领下,甲骨文公司从1986年首次公开上市以来,年收入已经从2000多万美元邅升到2001年的110亿美元,每年的营业毛利至少增长35%。

这些优秀的业绩与他不愿附和别人的性格不无关系,埃里森经营哲学的核心是,你如果做一件与别人相同的事情,就不可能致富。当人们说他头脑发热的时候,埃里森就会反击说:"别人说我头脑发热,但我总是感觉良好,因为这表明自己正在试图做一些创新的事情,并且与众不同。"甲骨文公司的前销售副总裁曾表示:"为埃里森工作就像骑着老虎,不管路程如何危险艰难,你必须紧贴老虎背,如果你掉下来,老虎会把你吃掉。其他人对他而言,只有两种人:朋友和敌人。"

埃里森一旦自己确定了正确方向,他就会选择战斗。如今,甲骨文公司在他的带领下依然在为具有颠覆性的研究战斗着,创造着一个又一个"甲骨文奇迹"。

现在的社会正缺少像埃里森这样的人,这样一个敢于朝自己目标勇于奋斗、不达目的誓不罢休的人。

也许,你不喜欢埃里森狂傲的性格,但也就因为他的盛气凌人且富攻击性的性格,才使他凭借1200美元发家,才使他把甲骨文公司推向IT行业的先锋,才使他成为全球仅次于比尔·盖茨的富豪。其实,他是在为自己的理想目标奋斗,他要把微软公司打垮,把自己推向行业顶峰。我们整日忙忙碌碌其实也是在向自己的目标靠拢。

人的一生就是一个奋斗的过程,其间充满了压力和艰险。每个人都得为自己的人生目标而奋斗。人生中值得奋斗的东西很多:事业、地位、金钱、名誉……人应该奋斗,没有奋斗的人生平淡无奇、枯燥乏味。

"罗马帝国都会垮,凭什么微软不会?"同样,只要我们树立雄心,努力奋斗,还有什么目标实现不了呢?

人生并非总是风和日丽，当不幸和灾难挟着苦痛的风雨情然而至时，我们应像疾风中的劲草，昂起希望的头，相信风雨过后，仍然会艳阳高照。

抱着积极的心态
面对生活

美国的琼斯原本身体健康，工作十分努力，在威斯康星州福特·亚特金逊附近经营一个小农场，农场生产出的产品还不够他的家庭所需要的，这样的生活年复一年地过着。

然而不幸的事情发生了，琼斯患上了全身麻痹症，卧床不起，他已处在晚年，几乎失去了生活的能力。他的亲友确信，他将永远成为一个失去希望、幸福的病人，他不可能再有什么作为了。

然而琼斯并未坐以待毙，他找到了希望，找到了幸福，他对家人说："我再不能用手劳动了，所以我决心用心智从事劳动。如果你们愿意听我的话，你们每个人都可以代替我的手、足和身体。让我们的农场每亩地都种上玉米，然后养猪，用收获的玉米喂猪。当猪还小肉嫩时，我们把它们宰了，做成香肠，然后进行包装，用一个牌号出售。我们可在全国各个地方的零售店里售这种香肠。"

果然，这种香肠像蛋糕一样出售了！几年后，牌名"琼斯仔猪香肠"竟成了家庭日常用语，成了最引人胃口的一种食品。

从此，老琼斯辉煌的人生起步了。

琼斯成了百万富翁，这在他是个健康人的时候，还是一个梦想，而当他病倒在床的时候，却实现了。与其说是仔猪香肠拯救了琼斯，不如说是他对生活的积极的心态拯救了他，让他原本平淡无奇的人生变得富有意义。

假如这样的事发生在别人身上，可能要寿终正寝了。但老琼斯凭借自己对生活"积极的心态"，创造了奇迹。他的身体麻痹了，但他的心理并未受到影响。他能思考，并的确思考出了成果。

一位禅宗大师已离家多时,对于这次旅行他并不满足。这并不是因为他所拜访的寺院不如他简陋的住所,他怀念的是自己的生活环境。当他回到家时,看到房子烧毁的遗迹,他又懊悔不已。他抬起头,仰望天空,闪闪星光点缀着黑色的苍穹,一轮满月柔和地照耀着大地。一个念头闪过,他微笑了:"我也许失去了房子,但我却毫无遮掩地欣赏夜空了。"

是的,失去了房子,还有星空!人生总是在得失互补、悲喜交接中度过的。

人生并非总是风和日丽,当不幸和灾难挟着苦痛的风雨悄然而至时,我们应像疾风中的劲草,昂起希望的头,相信风雨过后,仍然会艳阳高照。

与路一样,机会也是无所谓有、无所谓无的,关键在于,渴望成功的人是否懂得抓住自己的特长,勇敢开拓和进取;关键在于,对于引诱你停下脚步的欢乐与安逸是否舍得放弃……

用有所为
成就"无所谓"

杨坤出生在包钢一个普通的工人家庭。从小对音乐有着浓厚的兴趣,天赋加之爱好,杨坤迷上了唱歌。十五六岁时,杨坤已经开始瞒着父母偷偷到包钢第二俱乐部伴唱,有一天深夜,杨坤回家被父亲拒之门外。

在包钢第二俱乐部伴唱的几年,杨坤的歌艺长进了不少,也积累了一些舞台表演经验。1991年杨坤考上了内蒙古武警总队文工团当上了独唱演员,开始接受正规的专业训练。

1994年3月,杨坤面临转业,父母的心愿是让他回包钢当一名工人,端个铁饭碗。然而杨坤早已有了自己的主意,偷偷地去了北京。当时他身上只带了800块钱,到北京一个星期就花光了,接下来只能靠打工挣钱。他在北京人生地不熟,就挨个敲开酒吧和夜总会的门推销自己,遇上对他感兴趣的就让他留下试唱一个星期,但分文不给。

然而,在酒吧伴唱竞争很激烈,干不了多长时间就得换地方。为省钱,杨坤常常睡在澡堂子或是公园里,即使租房子,杨坤也是拣最便宜的地方。在六里桥供热厂,杨坤住过一间办公室,一个月租金800块钱,连张床都没有。由于杨坤经常更换酒吧和夜总会,为节省交通费,他不得不频繁搬家,从1994年到现在,杨坤已经搬过50次家了。其实经济窘迫的杨坤完全可以到南方去走穴,将近十年下来,怎么也能挣个几十万,但他的目标是要做一个出色的音乐人，杨坤时常告诫自己不能把注意力放在挣钱上。在北京，杨坤总是先到夜总会挣一段时间钱，然后就把自己关在屋子里写歌，或与朋友探讨音乐，等钱花光了他再去挣。

歌手要成名得宣传与包装，所以签约一家实力雄厚的公司是每一个歌手的心愿，杨坤自然也不例外。从1996年至1998年，应聘索尼公司被拒绝，签约韩国公司被耍，签约唱片公司自己又放弃。

面对一连串的失败，杨坤一时心境黯然，失意中的杨坤把心思全都用在了歌曲创作上。他开始学习作曲是在刚来北京时，此后杨坤不停地写歌，在北京漂泊的酸甜苦辣成为了他创作的源泉。近十年的时间里，杨坤创作了近50首歌，包括后来一炮走红的《无所谓》。

歌艺越来越精湛，歌也越写越多，可杨坤在北京闯荡了近十年，依然没能与一家唱片公司签约，是自己不行吗？这中间杨坤也动摇过，他想过回包头，可回到包头自己干什么呀？几番思想斗争之后，杨坤还是决定咬牙挺下来。只是杨坤的性格变得越来越内向，在心情不好的时候，他会去听各种各样的演唱会，没钱买票就找朋友借。坐在台下，听着台上演员激情四射的演唱和观众席上爆发出的雷鸣般的掌声，他心中不服气："为什么别人能在台上得到观众这么热烈的回应，我就不能！"这么思考着，对音乐的执著和信心重又回到杨坤心中。

一次发现嗓子出了问题，便去医院检查，结果医生告知声带出了问题，要做个小手术。当时杨坤顿感万念俱灰，心想这心爱的演唱事业算是泡汤了，结果，手术之后，不仅不影响唱歌，还让声音有一些沙哑的沧桑感。2002年夏天，一个叫竹书文化的音乐制作公司最终选择了杨坤，并于2002年4月，推出了杨坤的首张专辑《无所谓》，结果打榜单曲《无所谓》上榜第一周便直接杀入前三名，爆出了2002年中国歌曲排行榜的一个大冷门，这在中国歌曲排行榜史无前例。最终这首歌曲在众多歌迷的支持下问鼎两周冠军，专辑销量达40万张。

杨坤成功了，荣誉也接踵而至。2003年1月17日"第10届中国歌曲排行榜颁奖典礼"上，杨坤以超凡的实力和锐不可当的人气在众多新人中脱颖而出，一举夺得了"年度最受欢迎新人奖"。

感悟

鲁迅先生说：其实地上本没有什么路，走的人多了，便成了路。

这个世界上，并没有什么真正的"绝境"。无论黑夜多么漫长，朝阳总会再冉升起；无论风雪怎样肆虐，春风终会缓缓吹拂。而对年轻的我们来说，当挫折接连不断、失败如影随形时，当命运之门一扇接一扇关闭时，我们永远不要怀疑，不要放弃，因为总有一扇窗为你打开。

人生在世，无非是在做两件事：一是改造世界，即所谓"与天奋斗，其乐无穷；与地奋斗，其乐无穷；与人奋斗，其乐无穷"，这多是英雄豪杰们的事情；二是适应世界，即"识时务者为俊杰"，趋利避害，趋福避祸，则是每个人都要面对的现实。

对杨坤来说，正是他在 9 年的坚持与追求中，能够保持积极乐观的心态，有一种不屈不挠的奋斗精神，有一种求新求异不循常规的变革精神，才不仅把声带的灾祸带来的损害转变为新的亮点，而且还通过勇敢变革，杀出一条生路。直到那饱含沧桑的《无所谓》征服你我他的心灵的时候，我们才不得不承认：人生就是这样，只要胸中还有一线希望，那么无论来自外界的不幸是怎样的沉重，无论源于自身的灾难是如何的巨大，脚下总会有一条新的道路。

态度可以是放大镜，也可以是缩小镜，它最终决定了一个人在工作中有多少机会可以取得事业成功，甚至能决定一个人能否创造辉煌的人生。

态　度
决定高度

1989 年，一位年轻人从中山大学毕业，应聘到万宝冰箱厂。工厂付给他当时令人眼红的 400 元月薪。但三个月后，他却放弃了这份来之不易的高薪工作，离开单位去读中科院的研究生。都以为读完获得硕士文凭之后，他会找一个比万宝冰箱厂更高薪酬的工作，谁知三年后他到联想公司，得到的月工资是 300 元，后来公司才给他涨到 400元。朋友问他："你读了三年书，现在和在万宝冰箱厂有什么差别？"他笑而不答。

一年后，他拿着中山大学本科、中科院硕士和在联想工作一年的学习工作简历，应聘到新加坡的一家多媒体公司，从 30 个中国面试者中脱颖而出，拿到相当于 1 万元人民币的月薪，开始了为期 6 年的异国打工生活。

在新加坡的日子，他先后在三家软件公司任职，后来还进了有名的飞利浦亚太地区总部。他不断地跳槽，别人根本不明白这个年轻人到底是喜欢钱而跳槽，还是只是为了跳槽而跳槽。

更令人感到不可思议的是，他在公司任职的时候，只要是他承接的业务，即使是几千新币的软件，用户一旦在使用中出现问题，他便会放下手中的工作火速赶到。而对于其他软件工程师来说，这种价值的软件根本不配享受这样的技术服务。

在新加坡，他认识了一位同行，两人一拍即合，在当地开办了公司。他又一次炒了自己的鱿鱼。

那次创业九死一生，许多人为他不值，有好工作，有好前程，为什么总要把自己从浪峰推向谷底。但是，他成功了。他就是朗科公司创始人、享有中国"闪盘之父"美誉的邓国顺。

有人认为，成功依赖于某种天才，某种魔力，某些我们不具备的东西。但是，从邓国顺身上，可以看到，成功的因素其实掌握在我们自己手中。一个人能飞多高，往往是由他自己的态度决定的。

二战期间在纳粹集中营生活下来的维克托·弗兰克尔说："在任何特定的环境中，人们还有一种最后的自由，就是选择自己的态度。"一个人能否成功，真的要看他的态度了。成功与失败的差别是：成功者总是以最积极的态度思考、最乐观的精神支配和控制自己的人生，而失败者刚好相反。

对于在为找工作而苦苦挣扎的人来说，成功＝(知识＋技能)×态度。的确，知识决定的是一个人能不能进入一个特别的层面，它是一块敲门砖；技能是令一个人可以在工作中不断上升，依靠自己的力量来实现目标的能力；而成功的关键就是态度。当一个人知识和技巧稍微弱一些的时候，态度好的话可以将他的能力放大。

态度可以是放大镜，也可以是缩小镜，它最终决定了一个人在工作中有多少机会可以取得事业成功，甚至能决定一个人能否创造辉煌的人生。

人生好比一个圆，少年与老年连在一起。只要有了精神，老年也会变成少年，没有精神，少年也就走到了人生尽头！

四十年
终圆大学梦

曾获首届"中国十大杰出母亲"提名奖的雷运姣从小立志要成为"雷家第一个大学生"。然而她10岁时，父亲因病去世，母亲再婚，继父坚决不让她再读书。她的大学梦也

许就永远中断了，为此她差点儿把眼睛哭瞎也没能挽回局面。

1970年,18岁的她被继父和母亲包办嫁人。但从结婚那天起她的丈夫就看不起没文化的她,经常嘲笑讽刺她。由于不堪忍受丈夫精神上的折磨,雷运姣曾三次自杀未遂。后来她做起了服装生意,生意很红火。但是,她的丈夫仍然看不起她,不仅如此,连她含辛茹苦养大的一双儿女也对她"没文化"表示不满。

更令雷运姣深受打击的是1997年底的一件事。当时她妹妹正在打一场财产官司,只上过小学三年级的妹妹便请"文化高"的姐姐帮忙。在对方拟好的一份协议书上,有几个字暗藏陷阱,雷运姣丝毫没看出来就签了字。经一个律师朋友提醒后,她才租车追到机场要求更改协议。对方怒不可遏,将协议撕成碎片摔在雷运姣脸上:"你签了字同意了又反悔,没见过你这样没文化没素质的人!"众目睽睽之下,雷运姣强忍着没让眼泪掉下来。她终于明白了一个道理:没有知识的抗争和拼搏,永远是徒劳的!此时,儿时上大学的愿望又在她脑海中盘旋。

于是她立志从零开始,弃商从文,决定向她理想中的大学冲刺,那年她46岁。

她关闭了正红火的"姣姣服装店", 一心一意地做起了全日制的初中生,论年龄,她几乎可以做她同班同学的奶奶。对她最大的挑战不是面对别人的非议,而是记忆力的衰退,但她没退缩,靠着极其笨拙的学习方法和顽强的毅力,最终通过中考。以同样的方法,2002年7月7日,50岁的雷运姣走进高考考场,头发花白的她成为我国年龄最大的高考女考生。功夫不负有心人,她被一所大学正式录取!最终她圆了大学梦。目前,她是我国年龄最大的在校女大学生。

感悟

本文的主人公雷运姣,几近文盲,但为了提高自己,追求自己儿时的理想,在近知天命之年,抛弃如日中天的事业和大把大把挣钱的机会,毅然"弃商从文",坚强地读完了初中、高中,并最终走进了大学,实现了梦想。

是什么力量让雷运姣不顾自己的年龄,不顾世俗对她的成见,毅然选择了上学这条路?正如雷运姣所说:"人生好比一个圆,少年与老年连在一起。只要有了精神,老年也会变成少年,没有精神,少年也就走到了人生尽头!"对,是精神,是信念,是理想。古人云"学以立志为先"就是这个道理。

我们再进一步思考,中国还有多少人和雷运姣一样有着大学梦,却因为年龄、家庭等种种因素将自己的梦永远压在心底?

信念是成功的基础，没有坚强的信念支撑，再好的目标也是水中月，镜里花，你不会一心一意地把它付诸实施。如果你是一个信念坚决的人，那么没有任何力量能够阻止你达到光辉的顶峰。

喝冲马桶水的
邮政大臣

冲马桶的水也可以喝，你相信吗？但生活中的的确确有这样的事。

1983年，一个刚毕业的大学女生来到东京帝国酒店当服务员。这是她涉世之初的第一份工作，也就是说她将在这里正式步入社会，迈出她人生的第一步。因此她很激动，暗下决心：一定要好好干！她想不到：上司安排她洗厕所！

就在她的思想十分矛盾的时候，酒店里一位老员工出现在面前，二话不说，拿起工具亲手演示了一遍：一遍又一遍地擦洗马桶，直到光洁如新，然后将擦洗干净的马桶装满水，再从马桶中盛出一杯水，连眉头都没皱一下就一饮而尽，整个过程没有半丝做作。她的灵魂震颤了，惊得目瞪口呆，热泪盈眶，随后便恍然大悟！从此暗下决心，即使一辈子冲厕所，也要冲出成绩来。

从那时起，她变成了一个全新的、振奋的人，她的工作质量也达到了那位前辈的水平。为了检验自己的自信，她曾多次喝过自己擦洗过后的马桶里装的水。她很漂亮地迈好了这人生的第一步，从此踏上了成功之路，开始了她的不断走向成功的人生历程。1987年，她当选为岐阜县议会议员，是当时最年轻的县议员。1998年7月担任第一次小渊惠三内阁的邮政大臣，是日本最年轻的阁员，她的名字叫野田圣子。

感悟

野田圣子坚定不移的人生信念，表现为对生活乐观的态度：就算一生洗厕所，也要做一名最出色的人。也就是这一点使她拥有了成功的人生，使她成为幸运的成功者、成功的幸运者。当生活过不顺心时，当人生陷入低谷时，也许你觉得自己是世界上最糟糕的，也是最窝囊的那个人；也许你也常常抱怨工作艰苦，待遇低，人情薄似纸。于是，意志消沉，对未来不再抱什么希望。

的确，有时候，我们被尘世表面上的滚滚红尘所遮蔽，我们的心也蒙上厚厚的灰尘，蒙尘的心让我们失去了信念，我们变得彷徨无依，我们的眼睛虽然在白天里却变得黑暗，看不清人生的真正目标和方向。

但是，古往今来又有哪一个成大事者不是在残酷的现实面前站起来的？现实无论多么复杂、黑暗、残酷，只要我们拥有坚定的信念，抱定"是金子终究会发光"的信心，并为之努力奋斗，等待时机，我相信我们终究会有所作为。

信念是成功的基础，没有坚强的信念支撑，再好的目标也是水中月，镜里花，你不会一心一意地把它付诸实施。如果你是一个信念坚决的人，那么没有任何力量能够阻止你达到光辉的顶峰。

希冀正处于混沌状态的朋友们，能够以此改变你的命运。

世界上的事情是复杂的，不可能总遂人心愿，除了要笑对人生，百折不挠而外，还得学会及时调整思考角度。

"阿Q"
牛仔大王

19世纪，一个名叫李维斯的美国年轻人带着梦想前往西部追赶淘金热潮。

一日，一条大河挡住了他西去的路。苦等数日，被阻隔的人越来越多，但都无法过河。于是有的人走了，有的人开始了漫长的发呆。而心情慢慢平静下来的李维斯想起了曾有人传授给他的一个"思考制胜"的法宝，是一段话："太棒了，这样的事情竟然发生在我的身上，又给了我一个成长的机会。凡事的发生必有其因果，必有助于我。"于是他来到大河边冥思苦想，真的想出了一个绝妙的创业主意——摆渡。没有人舍不得一点儿小钱坐他的渡船过河，迅速地，他人生的第一笔财富居然因大河挡道而获得。

一段时间后，摆渡生意开始清淡。他决定放弃，并继续前往西部淘金。来到西部，四处是人，他找到一块合适的空地方，买了工具便开始淘起金来。没过多久，有几个恶汉围住他，叫他滚开，别侵犯他们的地盘。他刚理论几句，那伙人便失去耐心，一顿拳打脚踢。无奈之下，他只好灰溜溜地离开。好不容易找到另一处合适地方，没多久，同样的悲剧再次重演，他又被人轰了出来。在他刚到西部那段时间，多次被欺侮。终于，最后一次被人打完之后，看着那些人扬长而去的背影，他又一次想起他的"制胜法宝"。他真切地、兴奋地反复对自己说着那句"制胜法宝"，终于，他又想出了另一个绝妙的主意——卖水。

不久，他卖水的生意便红红火火。慢慢地，也有人参与了他的新行业，再后来，同行

的人已越来越多。有一天,一个强壮的同行走上来,不由分说,便对他一顿暴打,将他的水车也一起拆烂。李维斯不得不再次无奈地接受现实。

然而当这家伙扬长而去时,他却立即开始调整自己的心态,再次强行让自己兴奋起来,不断对自己说着他那句"制胜法宝"。他开始调整自己注意的焦点。他发现来西部淘金的人,衣服极易磨破,同时又发现西部到处都有废弃的帐篷,于是他又有了一个绝妙的好主意——把那些废弃的帐篷收集起来,洗洗干净,就这样,他缝成了世界上第一条牛仔裤! 从此,他一发不可收拾,最终成为举世闻名的"牛仔大王"。

如果李维斯只知道说那句话,那就成了不折不扣的阿Q;但他把那句话作为转变面对失败时的心态,换个角度思考、行动,于是,他成功了。

从牛仔大王成功经历我们可以得出如下结论:当你陷入困境时,换个角度思考,也许你就是赢家。

有这样一个故事:有个失恋的女孩,在公园里因为不甘心而哭泣。一个哲学家笑道:"你不过是损失了一个不爱你的人,而他损失的是一个爱他的人,他的损失比你大,你恨他做什么? 不甘心的人应该是他呀。"其实,生活中不乏这种体会:对待同一件事情,由于思考角度不同,会产生截然相反的感觉。

人生不如意事常八九。世界上的事情是复杂的,不可能总遂人心愿,除了要笑对人生,百折不挠而外,还得学会及时调整思考角度,一如前人对"福兮祸兮"、"失败成功"的辩证思考。只要能平心静气理智地思考问题,再烦心的事也会柳暗花明,别有洞天。

"执著"的骨子里有一种素质:一种激情如火的素质,一种追求根源的素质,一种苦行僧式的素质,一种认准了目标死不回头的素质,一种固执己见永不迎合他人的素质,一种酷爱偏激的素质。

执著成就了
一代管理大师

有一个身材矮小的年轻人家庭十分贫困,家里靠他一个人养家糊口。有一次,瘦弱

的他到一家电器工厂谋职。他走进这家工厂的人事部,向一位负责人说明来意,请求安排一个哪怕是最低下的工作。这位负责人看到他衣着肮脏,又瘦又小,觉得很不理想,但又不能直说。于是,他找了个理由:我们公司现在暂时不缺人,你一个月后再来看看吧。这本来是个推托词,但没想到一个月后他真的来了。这位负责人又推托说此刻有事,等几天再说吧,谁知隔了几天,这位年轻人又来到这家公司的人事部。如此反复多次,这位负责人干脆说出了真正的理由:"你这样脏兮兮的是进不了我们工厂的。"于是,这位年轻人回去变卖了家里的一部分财产,又向亲戚朋友借了点儿钱,买了一件整齐的衣服穿上再次来到这家工厂。那位负责人一看实在没有了办法,便告诉他:"关于电器方面的知识你知道得太少了,我们无法帮助你。"两个月后,他返回来说:"我已经补习了不少电器方面的知识,您看我哪方面还有差距,我会一项项来弥补的。"

这位人事主管盯着他看了半天说:"我干了几十年,头一次遇到像你这样来找工作的,真佩服你的执著和韧性,希望你能在我们这里有所作为。"这位年轻人终于如愿以偿,经过多年的努力,这位年轻人逐渐在电器行业锻炼成一个非凡的人物。他就是日本松下电器公司的总裁松下幸之助。

感悟

任何一位求职的人,或许都有过被婉言拒绝的经历,面对拒绝,很多人会卷起资料一走了之,再等候另一家公司的面试机会,甚至有人在心里暗骂:此处不留爷,自有留爷处。而松下幸之助在求职时面对拒绝,却做出了另一种姿态:执著地一次次回头,要对方给予他一次机会。最终,他成功了!执著把不可能的变成了可能的。

正是有了这种执著专一,艰苦追寻的操守和情操,我们才会在灿烂的历史长河中见到有挥斥方遒的热血男儿,见到有英姿飒爽的萍踪女杰,见到有赴汤蹈火的凛然正气,见到有神采飞扬的侠骨柔情,见到有无私无畏的豪迈心境,见到有拔剑高歌的慷慨之风。女娲补天、夸父追日、精卫填海、愚公移山、大禹治水、勾践卧薪尝胆、祖逖闻鸡起舞、达摩面壁静修……

执著的人可能失败,却很少被人称为失败。因为,"执著"的骨子里有一种素质:一种激情如火的素质,一种追求根源的素质,一种苦行僧式的素质,一种认准了目标死不回头的素质,一种固执己见永不迎合他人的素质,一种酷爱偏激的素质。他们执著地将他们热爱的某项事业推向极致,什么也阻止不了他们,除了自身的死亡。

人贵有自知之明。常自省，知不足，补己短，坚持在揭短补短中前进，方能永远立于不败之地。

在自尊的伤害中
浪子开始觉醒

在化学中有一种试剂叫"格氏试剂"，这种试剂是世界上最多能的试剂之一。它的发明者是 1912 年获得了诺贝尔奖的克多·格林尼亚。

格林尼亚在青少年时代曾经是个游手好闲荒废学业的"二流子"，家庭的优裕和父母的溺爱使得他放荡不羁，整天吃喝玩乐。但是，一次偶然的机会使他猛醒：在他 21 岁那年的一次舞会上，一位美丽的金发姑娘引起格林尼亚的注意，他走上前去邀请姑娘，却被姑娘冷冷地拒绝了。格林尼亚以为自己冒昧，连忙表示歉意，姑娘却冷冷地说："请站远一点儿吧，我最讨厌像你这样的花花公子挡住视线。"金发女郎的轻视和冷漠，给了他当头一棒，敲醒了他 21 年来醉生梦死的灵魂。

回家后，他一头扎在床上，在羞愧和痛苦中回顾自己的所为，下决心悔改，要做一个对人类有用的人。于是他悄然离家，给父母留下字条："请不要探寻我的下落，容许我努力学习，我相信自己将来会创造出一些成绩来的。"

从此，他埋头苦读，仅用了两年的时间就补上了荒废的学业，考上了法国里昂大学。他以严谨的科学态度发现并纠正了著名化学家巴尔尼教授的一些疏忽和错误，发明了"格氏试剂"，随后他的科研成果就像泉水般地涌了出来，仅从 1901 年至 1905 年，他就发表了 200 篇左右的论文。鉴于他的重大贡献，瑞典皇家科学院授予他 1912 年度的诺贝尔化学奖。

格林尼亚在总结自己的成功体会时透露，假使没有当年的逆耳忠言，也不会有他的今天。多年来，他始终牢记那位姑娘的教育和严厉训斥，永记她的"一骂"深情，并激励自己不断前进。

从格林尼亚的事迹我们知道，一个人犯错误并不可怕，关键是要有自知之明，找到

原因,咬牙改过,怕的是没有自尊,不知羞耻,彻底堕落。只要努力,不怕改正错误的时间来得晚,就怕不去改正错误。金发女郎骂倒了一个纨绔子弟,骂出了一个诺贝尔奖获得者。

他从浑浑噩噩的浪荡小子转变为认认真真的学子,最终取得巨大的成就,的确是"浪子回头金不换"的有力见证。

面对错误,要勇于承认与正视,接受别人的批评,要认真倾听别人的观点和意见,然后,做出正确的判断和反应。面对错误,要把握自己,不要将改正错误的时间往后拖,在什么地方跌倒,就在什么地方爬起来,要及时解决问题。面对错误,要勇于承担责任,有信心改正。面对错误,千万别慌了手脚,大发雷霆,要冷静思考,认真总结,并努力向自己的目标靠拢。

的确,做到"浪子回头金不换"是件不容易的事情。腐朽的痕迹会残留在身上,必须不断与自己的恶习做斗争;浪费的时间要追回,必须比其他人付出更大的努力;周围人不相信他会"重新做人",必须比一般人更坚强、更有恒心、更能隐忍、更有斗志,才可能走出过去的泥潭。

人贵有自知之明。常自省,知不足,补己短,坚持在揭短补短中前进,方能永远立于不败之地。

人生是一盘棋,对弈者是自己。要成功就要有面对失败的勇气。但成功不是一个点,它是由无数个点组成的完整的生命历程。

遭遇 1850 次拒绝后
他红遍了全世界

他的父亲是一个赌徒,母亲是一个酒鬼。父亲赌输了,又打老婆又打他;母亲喝醉了也拿他出气发泄。他在拳脚相加的家庭暴力中长大,常常是鼻青脸肿,皮开肉绽。因此,他的面相很不美,学习也不好。高中辍学,便在街头当混混儿。直到他20岁的时候,一件偶然的事刺激了他,使他醒悟反思:不能这样做,如果这样下去,和自己的父母岂不是一样吗? 成为社会垃圾,人类的渣滓,带给别人,留给自己的都是痛苦。不行,我一定要成功!

于是,他来到好莱坞,找明星、找导演、找制片……找一切可能使他成为演员的人,四处哀求:"给我一次机会吧,我要当演员,我一定能成功!"很显然,他一次又一次被拒绝了，但他并不气馁，他知道，失败一定有原因。每被拒绝一次，就认真反省、检讨、学习一次。一定要成功，痴心不改，又去找人……不幸得很，两年一晃就过去了，钱花光了，便在好莱坞打工，做些粗重的零活，两年来他遭受到一千多次拒绝。他暗自垂泪，痛哭失声。难道真的没有希望了吗，难道赌徒、酒鬼的儿子就只能做赌徒、酒鬼吗？不行，我一定要成功！他想到，既然不能直接成功，能否换一个方法。他想出了一个"迂回前进"的思路：先写剧本，待剧本被导演看中后，再要求当演员。幸好现在的他，已经不是刚来时的门外汉了。两年多耳濡目染，每一次拒绝都是一次口传心授，一次学习，一次进步。因此，他已经具备了写电影剧本的基础知识。

一年后，剧本写出来了，他又拿去遍访各位导演，"这个剧本怎么样，让我当男主角吧！"普遍的反映都是，剧本还可以，但让他当男主角，简直是天大的玩笑。他再一次被拒绝了。

他不断对自己说："我一定要成功，也许下一次就行，再下一次，再下一次……"

在他遭到1850次拒绝后的一天，一个曾经拒绝过他二十多次的导演对他说："我不知道你能否演好，但我被你的精神所感动。我可以给你一次机会，但我要把你的剧本改成电视连续剧，同时，先只拍一集，就让你当男主角，看看效果再说。如果效果不好，你便从此断绝这个念头吧！"

为了这一刻，他已经做了三年多的准备，终于可以一试身手。机会来之不易，他不敢有丝毫懈怠，全身心投入。第一集电视剧创下了当时全美最高收视纪录——他成功了！

现在，这个人是世界顶尖的电影巨星，他就是大家熟悉的史泰龙。

成功不是一个点，它是由无数个点组成的完整的生命历程。

人生会无数次地面对拒绝，但你不用胆怯，应该勇敢去迎接形形色色的拒绝，当你面对足够的拒绝后，你会坚强起来，会冷静下来，会用更理智的目光审视你所面对的一切。

列宁说过："你怕狼，就别到树林里去。"害怕拒绝和挫折，不敢尝试的人是永远不会体会到成功的乐趣的。面对挫折，许多人退却了，再不敢越雷池一步，这是不明智的。试想：如果没有再试一次的信心，福楼拜能否在退稿19次后发表自己的成名作？如果没有再试一次的勇气，爱迪生能否在失败8000多次后发明出钨丝电灯泡？如果没有再试一次的胆量，居里夫人又能否在经历无数次失败后提炼出那一克镭？这些都是他们在挫折之后"再试一次"的成果。

再试一次代表的是一种永不言败的精神。尝试—失败—再尝试—再失败……这是一个向真理渐进的过程。须知，发现一个真理绝不会像发现树上的小鸟那样简单，这个

过程往往会失败几百次，甚至上千次。但是，只要我们找准方向，那么终有一天会到达成功的顶峰的。

为了成功，"再试一次"吧！

磨，也能磨出好生活，也能磨出人生的精彩，也能磨出化茧成蝶的灿烂辉煌，那前提是看你敢不敢磨，敢不敢卖力气。

贫穷中
打磨出好生活

他出生在苏黎世郊外一个农家，儿时给他最深的记忆，只有两个字：一是穷，二是苦。那时他家境异常贫苦，唯一的家产就是一盘石磨，而全家人还要靠它来维持生计。贫穷吞噬了他童年的快乐，也剥夺了他少年继续求学的权利，他还没有读完初中，就被迫辍学。从此，他便开始艰难地打工，可是他"折腾"了几年，贫穷不但未被赶走，反而如蛇一般死死地缠着他。

为此，父亲悲哀地对他说："别折腾了，你就认命吧！"而他却说："不，我绝不能像你那样，一辈子在磨道里转圈圈。"父亲听后，无奈地叹息："唉，那又能怎样？以前不都是这么对付着过的吗？难道你还想从这石磨里磨出金子来？"他反驳道："以前是以前，今后，我就是要磨出一份我想要的生活！"说这话时，他眼里闪着自信的光。

为了改变穷苦的命运，获得那份想要的生活，他绞尽脑汁想了好多门路，可结果都失败了。而这时，父亲撒手而去，留给他的遗产便是那盘简陋的石磨。此后，他常常对着石磨发呆，思索着如何才能磨出幸福的生活，何时转出一个圆满的人生。

不料在他20岁那年，朋友的一句话点化了他的灵感，终于让他找到了那把打开财富之门的钥匙。一天，他与好友舒勒医生闲聊，当聊到蔬菜营养时，舒勒说："干蔬菜不会损失营养成分。"当时，他脑海里灵光一现，突发奇想："如果将干蔬菜和豆类放在一起磨，将会怎样？没准就能磨出一种营养丰富的汤料来……"

回家后，他就行动起来，着手磨他想象中的那种汤料———速溶汤料，结果大获成功，产品一投放市场，就备受顾客欢迎。因为这种汤料方便快捷，只需5分钟即可做出一盆营养丰富的香汤。对此他并不满足，随后开发出数十种袋装的速溶汤料，继而又开发出万能调味粉、浓缩食品等高档产品，且迅速畅销欧洲市场。因此，他被誉为"汤料食品大王"，他的名字叫尤利乌斯·马吉。

感悟

其实，芸芸众生又何尝不是一盘石磨，诸如逆境的打击，贫困与痛苦的挣扎，灾难与丧亲失恋之痛的考验，困境的压迫，忧虑与焦灼的折磨，重重困难的阻碍，令人心寒的冷嘲热讽等等。但只要我们无所畏惧勇往直前，亦如《大宅门》导演郭宝昌所说的那样："有狮子一样的野心，老虎一样的活力，狼一样的凶残，牛一样的勤奋，10年至少经历3到5次巨大挫折而仍然站立。"我相信，经过如此千锤百炼，经过如此铁杵磨绣针的不屈不挠的抗争拼搏，磨，也能磨出好生活，也能磨出人生的精彩，也能磨出化茧成蝶的灿烂辉煌，那前提是看你敢不敢磨，敢不敢卖力气。

我们不能被逆境所困扰，而要勇敢地把逆境当做动力，磨炼自己的意志，并在逆境中开拓自己的未来，增加自己的见识和智慧，增强处理问题的能力。

给天空立法的
开普勒

开普勒出生在德国威尔的一个贫民家庭，全家人只靠经营一家小酒店生活。由于他是一个早产儿，体质很差。他在童年时代遭遇了很大的不幸，4岁时患上了天花和猩红热，虽侥幸死里逃生，身体却受到了严重的摧残，视力衰弱，一只手半残。但开普勒身上有一种顽强的进取精神。他放学后要帮助父母料理酒店，但一直坚持努力学习，成绩一直名列前茅。

1587年，开普勒进入蒂宾根大学。这时候，新的不幸又降临到他身上了，父亲病故，母亲被指控有巫术罪而入狱。生活的不幸并未使他中止学业，他反而加倍努力学习。在大学学习期间，他成为哥白尼学说的拥护者，开始了对神学的挑战。毕业后，他被聘请到一家神学院担任教师。由于学校被天主教会牢牢控制，他被迫离开神学院前往布拉格，从此，他专心地从事天文观测工作，不久，又被聘为皇帝的数学家。然而皇帝对他十分悭吝，给他的薪俸仅仅是同级官员的一半，还时常拖欠不给。他的这一点点收入不足以养活母亲和妻儿，因此生活非常困苦。

后来,开普勒被聘到奥地利林茨一所大学任教。由于校方拖欠薪金,开普勒一家生活拮据。在贫困中,开普勒的妻子病故。

但在贫困与坎坷中,开普勒却从未中断过自己的科学研究,并且在这种艰苦的环境下取得了天文学上的累累硕果。他突破性的天文学理论,以及他不懈探索宇宙的精神成了后人铭记他的最好的丰碑,他被后世的科学史家称为"天空的立法者"。

开普勒的一生是穷困潦倒的一生,也是为了探索宇宙而不懈奋斗的一生。当面对坎坷时,他不是选择退缩,而是选择把逆境当成动力,发愤努力,最终取得了杰出的成就。

他是哥白尼学说的忠实信徒,一生沉湎于天文学方面的研究之中,但在那个迷信盛行、科学沦为宗教的婢女的年代,他遭到了天主教的辱骂、威吓和迫害,几乎陷于孤立无援的境地。在贫困、饥饿、疾病缠绕折磨开普勒的同时,宗教裁判所也攻击这个哥白尼的信徒,把他的著作视为"异端邪说",列为禁书,予以销毁,甚至威胁要处死这个异教徒。

身陷逆境的开普勒并没有因贫困、疾病、教会的迫害以及其他的不幸而倒下,他把逆境当成一种动力,在科学事业的天地里勇敢地拼搏,终于发现了行星运动的三大定律,为后人作出了不朽的贡献。

我们生活在复杂变幻的时代,虽然不会遇到像开普勒这样的巨大不幸,但也会遭遇逆境。重要的是我们不能被逆境所困扰,而要勇敢地把逆境当做动力,磨炼自己的意志,并在逆境中开拓自己的未来,增加自己的见识和智慧,增强处理问题的能力。这样,我们就不会在逆境中消沉,而会在逆境中奋进,并获取成功。

在这个世界上,生存本身就意味着上帝赋予了你奋斗进取的特权,你要利用这个机会,充分施展自己的才华,去追求成功。

征服"死亡元素"的
诺贝尔化学家

亨利·莫瓦桑 1852 年 9 月 28 日生于法国巴黎。他的父亲是一位铁路工人,微薄的收入,勉强维持一家人的最低生活,再也无钱供子女读书。为了满足上学求知的欲望,他只能站在教室外面偷偷听课,为此,经常引起那些课堂上学生的嘲笑。为了学习他不得不忍下这一口气,等老师进了教室,关上门之后,他才慢慢地溜到教室外面,快下课时他又提前离去。就这样,一直坚持到12岁。后来,他有机会进学校读书了。老师们都喜欢上了这个贫穷而聪明的孩子。他最喜欢学习化学,他从老师那里借来了各种化学书,如饥似渴地攻读,同时,还自己动手做各种化学实验。但是由于家庭生活十分困难,他被迫离家,当了药店学徒。

莫瓦桑当了学徒之后,仍然坚持刻苦学习。不久,他便不满足药店的工作了,因为在那里他感到学到的知识太少了。他想到巴黎自然科学博物馆实验室工作,但未能如愿。1872年著名化学家艾得蒙·弗雷米的实验室招工,他赶去应试,弗雷米当场问了他许多问题,这个小学徒工应答如流,结果,当场就被录用了。在弗雷米的实验室里,莫瓦桑学到了许多有关化学的知识。1874年,莫瓦桑转入自然科学博物馆德埃朗教授的实验室。在自然科学博物馆里,经过德埃朗教授循循善诱的教导,莫瓦桑的学业有了很大的进步。他不仅取得中学毕业证书,还取得了自然科学学士的学位。他十年如一日地坚持自学,后来考上了法国著名化学家弗罗密的实习生,这相当于现在的研究生。他还经德勃雷教授的指导,通过了《论自然铁》的论文答辩,荣获巴黎大学物理学博士学位。

从此,他开始研究多年来最感兴趣的课题——制取单质氟。他认真总结了前人的经验教训,研究了几乎全部有关氟及其化合物的著作。他想通过三氟化磷制取单质氟气,但没有成功。采用电解法从剧毒的三氟化砷电解氟的想法又因氟化砷不导电而告失败。

多次失败的打击并没有击垮他的意志,虽然实验室条件太差,他曾三次中毒,但他仍然毫不气馁,终于用电解法从加入氟化钾的氟化氢液体中得到单质氟。莫瓦桑的成就轰动了整个化学界。1892年和1893年,他又先后发明了高温电炉——莫氏炉和人造金刚石。

由于莫瓦桑这些震惊世界的杰出成就,1906年,他获得了科学界的最高荣誉——诺贝尔化学奖。

感悟

亨利·莫瓦桑不是出生在一个功名显赫的家庭,他的父亲甚至连他的一日三餐都保证不了,但他凭借自己的勤奋学习、刻苦钻研,摘得了诺贝尔化学奖的桂冠。可见,事业成功与家庭背景不一定有直接关系。

现实生活中,与莫瓦桑的家庭背景相比,绝大多数家庭比之优越;与他的父亲比较,大多数的父母的知识水平与教育能力毫不逊色。然而,我们有多少人因自己事业的失败、怀才不遇等,曾抱怨自己的家庭条件啊?其实,我们每个人的成才与成功是大有可能的,成功与否关键是在于我们能不能像莫瓦桑那样不懈地铸造自己的实力,并为

之努力拼搏。有的人认为：有出息的人都是有背景的。如父亲是音乐家，孩子有音乐天赋；母亲是书画家，孩子天生有画画的能力，甚至追溯到以前好几代人。其实，这是他缺乏自信心的一种表现。在面对不良现状时，不是为改变现状而不懈地奋斗，而是在为自己的懦弱开脱责任，寻求心里一时的安慰。

事在人为，成功与背景不成比例。在这个世界上，生存本身就意味着上帝赋予了你奋斗进取的特权，你要利用这个机会，充分施展自己的才华，去追求成功，那么这个机会所能给予你的东西要远远大于它本身。

成就永恒的创举必须拥有比恒星还要坚强的意志和毅力，唯如此，才能在上千次的重复与攀登中挖掘自身的价值。

恒星天文学之父
——威廉·赫歇尔

　　星空的美妙，宇宙的神秘，永远激荡着人们的心灵，也使一位出生于音乐之家的少年产生无穷的遐想。他原是双簧管手，以音乐为生，但是他认为星光比乐曲更令人陶醉。于是，他不畏劳苦地走上了一条自学成才的道路。他就是天文学家威廉·赫歇尔。

　　威廉·赫歇尔的父亲艾萨克也是一位双簧管手，在禁卫军乐团服役。威廉4岁即从父学习小提琴，稍大又学吹双簧管。16岁时，由于家庭贫困，他被迫辍学，在军乐团吹起了双簧管。1756年，英法间爆发了"七年战争"。威廉不堪战争之苦，于翌年只身渡海逃到伦敦。为了逃避缉捕，他改名换姓，东躲西藏。由于不谙英语，人地两疏，身无分文，只得靠演奏乐器和教授音乐糊口。生活稍稳定，他就白天从事音乐，晚间研习天文和磨制望远镜，每逢晴夜，则坚持观天以自娱。开始时，他是借用别人的小型望远镜，不久威廉便产生了想看得更清楚、更深远的强烈愿望。但是，他根本就买不起大口径的望远镜。他决心把视界扩大到更遥远的星空，于是凭着自己的智慧和双手自行设计和制造望远镜。

　　在妹妹的协助下，威廉历经一年多不断试验——失败——再试验，终于自行设计和制造了第一架反射望远镜。随后，他又制成了3架自用的望远镜。

　　1781年，威廉用自制的望远镜发现了天王星，从此声名大振。为了让自己的视野到达银河系边缘，他决心研制威力更大的仪器。当地铸造厂已无法提供口径超过30厘米的金属镜坯了，他就在宅邸的地下室砌筑冶炼炉灶，熔锻合金材料，几经失败，终于浇铸出大镜坯。1781年威廉制成了约9.1米的望远镜，镜面口径约为91厘米，两年后又

配上口径约 1.2 米的巨型反射镜片。这是威廉研制的望远镜之最，也是当时世界之最。

　　为了研究天上的星星，他数十年如一日默默无闻地劳作。他从不轻易放过可观测的晴朗天气，无论是严寒的冬宵还是酷暑的夏夜，常常从夜幕降临干到晨曦初上，废寝忘食，彻夜不眠。威廉饿了，渴了，仍舍不得离开研磨望远镜镜面的活计，他的妹妹就用叉子、汤匙一口口喂他。如此艰苦劳累，他却毫无怨言，乐此不疲，为了科学，虽苦犹甜。

　　功夫不负有心人。他又取得了一系列的研究成果：用统计法首次确认了银河系为扁平状圆盘的假说；集二十年观测成果，汇编成三部星云和星团表，共记载了 2500 个星云和星团，其中仅 100 多个系前人已知，还发现了双星、三合星和聚星 848 个；发现了太阳的空间运动。他发现并测定出太阳的向点位于武仙座 λ 附近，与现代的公认值十分接近。

　　因威廉·赫歇尔在天文学特别是恒星观察领域业绩卓著，后人将他誉为"恒星天文学之父"。

　　当我们已越来越多地使用电子邮件而不再翘首企盼邮递员到来的时候，亲身体验着经济和社会发展的速度越来越快，但人们的心态似乎也越来越浮躁，越来越不愿意去做默默无闻的事、细枝末节的事、费时费力的事，更不愿几十年如一日去做同一件事情。

　　威廉·赫歇尔能够坚持几十年如一日地数星星，这需要有多大的勇气、多么惊人的毅力、多么超凡的耐心、多么高超的技巧及多么繁重的脑力和体力劳动啊！还好，他很幸运，在他生前不但获得了种种殊荣，而且还流芳百世。但是这种幸运，这种不期而遇，正是同他向来重视改进科学工具，勤于系统观测的踏实作风，不怕艰难的惊人毅力，以及善于透过现象洞察事物本质的理论思维等科学素养分不开的。

　　从威廉·赫歇尔的身上，可以看到我们久违了的"老黄牛精神"。"老黄牛精神"主要体现在他对天文观察的忠诚执著。在成名前，他并没有系统专业的天文学知识，凭借的仅仅是自己的业余兴趣，年复一年地观察星际、研究天体运动。为了把视野开阔到更遥远的星空，他一生共磨制出的望远镜至少有 76 架……有了这种精神，一切困难都可以克服，一切艰难险阻都能够战胜，最终，他在天文学领域取得了巨大的成就。

挫折风雨算什么,人生道路多坎坷。擎天大厦起垒土,万千溪水汇江河。沙磨蚌蛎方成珠,蛹破缚茧始做蛾。劝君珍惜青春日,莫待白首悔蹉跎。

塑胶大王

王永庆

　　王永庆出生在一个贫苦的茶农家中,王家几代都以种茶为生,只能勉强糊口。

　　为了挣钱糊口,他刚刚学会走路,就跟着母亲出外去捡煤块和木柴。童年的小永庆常常是饥一顿饱一顿,有时他饿极了,只好偷偷地摘路边的番石榴吃。家里偶尔"改善生活",煮一些甘薯粥,他也只能分到一小碗。王永庆7岁那年,父母实在不忍心让他失学,便把他送进了学校。上学期间,他穿的裤子是用面粉袋改做的,上面还印着"中美合作"的字样。他头上戴的草帽早已破了,但还得靠它挡一挡烈日风雨。他买不起书包,只能用一块破布包上几本书。他连鞋子都没有,总是赤脚在泥泞的山路上奔波。

　　9岁那年,他的父亲不幸卧病在床,全家人的生活重担都落到了母亲的肩上。王永庆看到母亲日夜不停地操劳,总想多帮母亲做点儿事,挑水、养鸡、养鹅、放牛……就这样,他勉强读到小学毕业,只得依依不舍地告别了学校。

　　15岁的王永庆不满贫困的现状,决心走出山区,去寻找一个能挣到钱的地方,帮助母亲养活一家人。他孤零零地来到一个县城,在一家米店里当上了小工。聪明伶俐的王永庆,除了完成自己送米的本职工作以外,处处留心老板经营米店的窍门,学习做生意的本领。第二年,他觉得自己有把握做好米店的生意了,就请求父亲帮他借了些钱做本钱,自己在嘉义开了家小小的米店,从此他开始了自己的创业生涯。

　　万事开头难。由于当地人只认可老米店,他的米店一天到晚冷冷清清,没有人上门。16岁的王永庆只好一家家地走访附近的居民,好不容易,才说动一些住户同意试用他的米。为了打开销路,王永庆努力为他的新主顾做好服务工作。他主动为顾客送上门,还注意收集人家用米的情况:家里有几口人,每天大约要吃多少米……估计哪家买的米快要吃完了,他就主动把米送到那户人家。他还免费为顾客提供服务,如掏出陈米、清洗米缸等。他的米店开门早,关门晚,比其他米店每天要多营业4个小时以上,随时买随时送。有时顾客半夜里敲门,他也总是热情地把米送到顾客家中。

　　经过王永庆的艰苦努力,他的米店的营业额大大超过了同行店家,越来越兴旺。后

来，他又开了一家碾米厂。

经过多年的商海沉浮，靠自己积累的资金，他投资成立了自己的塑胶产品加工厂。如今，这个原来名不见经传的加工厂成长为我国台湾最大的民营企业集团——台塑集团。

福布斯公布 2005 年全球富豪榜，王永庆名列中国第九名。从不名一文的农家子弟到亿万富豪，从不识"塑料"二字的外行到赫赫有名的塑料博士、"世界塑胶大王"，他的奋斗经历蜚声中外。

塑胶大王王永庆的奋斗历程再次向我们证明了一个真理："自古英雄多磨难。"可以说，他今天辉煌的事业是被逼出来的，知难而进是他成功的最大秘密。

人不怕痛苦，只怕丢掉刚强；人不怕磨难，只怕失去希望。巴尔扎克曾经穷困潦倒，但后来他却成为举世文豪；林肯也曾一步一个跟头，但他最后能力挽狂澜，平定叛乱，彪炳史册；八十一难何其艰险，但玄奘最终取得真经……如此种种，正验证了一句古老的格言：宝剑锋从磨砺出，梅花香自苦寒来。

孟子曾有言：天将降大任于斯人也，必先苦其心志，劳其筋骨，饿其体肤，空乏其身，行拂乱其所为，所以动心忍性，增益其所不能。这也正是对历代英雄豪杰的经历的真实总结吧。挫折风雨算什么，人生道路多坎坷。擎天大厦起垒土，万千溪水汇江河。沙磨蚌蛎方成珠，蛹破缚茧始做蛾。劝君珍惜青春日，莫待白首悔蹉跎。

人面临困境时，不能自暴自弃；有了机遇时，就要牢牢抓住。所谓吃得苦中苦，方为人上人就是这个道理。

背负磨难的
坏小子明星

1967 年，陈小春在惠阳出生。由于家境贫困，13 岁那年，小春读到初一就辍学了。此后，他便开始给一些缺少劳力的农家打短工。当时，身材瘦小、面黄肌瘦的他插秧、种田、割稻等农活样样能干，由于营养不良加上阳光曝晒，小春干活时几次都晕倒在田地

里。原本细嫩的皮肤,也变得黝黑。但这些,比起被蚂蟥咬,被饥饿困扰的滋味,已算不得什么了。

1980年,陈小春随父亲来到香港。初到香港,生活的艰难是小春一家人始料不及的。当时,陈小春与全家人都挤在贫民窟的笼屋里。为了求得生存,15岁的他决定外出找工作。由于营养不良,他只有1.4米,面黄肌瘦,根本没人愿意雇他。无奈,小春只好来到父亲干活的工地打工。高强度的体力活着实让他吃不消,腰酸腿疼、双手布满伤口是经常的事。

16岁那年,小春告别了父母,独自一人外出求职,他的请求屡屡因为身体单薄而遭到拒绝。后来,一家大排档的老板被他磨得没办法,便答应以一天16个小时的工作条件试用他。那期间,他住的是简陋的仓库,经常承受阴暗潮湿、蚊虫叮咬的折磨。刚开始,他的双手还经常被烫伤。有一天,一桌客人发现菜里有只苍蝇,老板就恶狠狠地冲进厨房,把给客人端菜的小春一把揪出来,对着他的脸扇了两耳光,还硬逼着他把菜里的苍蝇吃下去。最终,他还是被解雇了。

从此,陈小春又开始流落在香港街头。几经辗转后,他在一家理发店找到了一份零工,在那两年里,他经常遭受老板和顾客的嘲笑和虐待。

一次偶然的机会,他得知香港无线电视台招收舞蹈艺员的消息,便下决心尝试下,意想不到的是,他当场便被录取了。从此,他成为了一名舞蹈艺员。

为了把握住这个机会,没有任何舞蹈基础的他开始了艰苦的学习训练,为此,经常遭到同事的嘲笑。功夫不负有心人。两个月后,他的成绩便达到了优秀,随后被推荐给了谭永麟、梅艳芳、陈百强、张国荣和林忆莲等大腕明星们做演唱会伴舞。这样的日子一直持续了7年。

1994年,他被香港一位导演看中,让他在电影《晚九朝五》里出演二号人物。没想到,他这次扮演获得了巨大成功,当年就荣获了第14届香港电影金像奖最佳新人和最佳男配角奖。

从此,陈小春的演艺事业一步步走向辉煌,成为文艺圈里的一颗明星。

从小工到跑堂,由理发匠到伴舞艺员,再到大明星,陈小春的成长过程看似水到渠成,顺理成章,但其中却蕴涵着一个深刻的人生哲理:人面临困境时,不能自暴自弃;有了机遇时,就要牢牢抓住。所谓吃得苦中苦,方为人上人就是这个道理。

其实,我们每个人都可能遭遇这样或那样的不幸,但是有的人在不幸面前灰心丧气沉沦了,而有的人却能正视不幸,靠自己的力量勇于改变现状。正如陈小春一样,他在成名前地位卑劣,屡遭他人欺辱,但是他没有自暴自弃,不断地为生存而抗争。最终,他凭借着自己的实力抓住了机遇而一举成名。

这让人想起那些刚毕业的大学生,也许你们正在为工作而奔波、抱怨和彷徨,但你

们的条件比陈小春好多了,至少你们拥有一张高学历的文凭。这也让人想起那些下岗的工人,也许你们正在为妻儿老小的生活而苦恼,甚至感到无助,但是,很庆幸,你们拥有一定的工作经验,你们的阅历也相当丰富,你们拥有再次崛起的资本。

所以,在不良现状面前,不断的抱怨并不能帮你找到出路,出路在于让自己冷静下来,从小事做起,从基层立足,不断地学习,不断地总结成败得失,不断地积累,这才有可能不断地向自己的人生目标进发。

在人生每一次关键时刻,审慎地应用你的智慧,做出最正确的判断,每次正确无误的选择将指引你走上通往成功的坦途。

敢于放弃
造就大富豪

祝义才出生于安徽桐城一户贫苦农家。对这户从严重自然灾害中熬过来的穷人家来说,"义才"两个字中寄托了无尽的慰藉和希望,"义"是家族排序,而"才"则是既有学识又有财富之意。

祝义才果然不负家人厚望,靠读书冲出了人生的第一步,考上了合肥理工大学。由于家庭生活困难,自立的祝义才是靠半工半读上完学的。回忆起这段日子,他说:"直到1990年之前,我经手最多的钱是每月30元的生活费。那时我更明确的金钱概念在两位数以内。"

大学毕业后,祝义才被分到了一家事业单位。一个穷人家的孩子跳出"农门",吃起了"皇粮",这放在绝大多数人身上都会心满意足。但是,祝义才对如此清闲的工作很反感。1990年,不安分的祝义才工作了一年多,就怀揣着200元下海了。

他看中了当时利润很大的水产生意——贩卖虾蟹做出口贸易。一波三折后总算顺当,祝义才租了一辆三轮车用来送货,将从水产摊上赊来的货一车一车送到贸易公司。为使货物保鲜,车上装满冰块,而他自己就坐在满是冰块的车上,冻得腿脚发麻……辛苦了半个多月,订单完成,祝义才仔仔细细地对自己的第一笔生意做了一下结算,结果令他大吃一惊:赚了10万元人民币!

好景由此开始,财富聚沙成塔,他又接连拿到几家大公司的订单,当年销售额达到9000多万元人民币,净赚了480万元人民币!

1992年,祝义才来到南京来闯天下。在雨花台区的沙洲,他租下一个小厂房,创立

了雨润公司。他将目标瞄准高档西式低温肉制品市场,在当时,内地尚没有进行工业化生产的西式低温肉制品,可以说,根本就没有竞争。于是他一炮打响,销售额逐年翻番。到1996年,雨润年产值已经超过亿元,迈入国内低温肉制品行业的领军之列。

随后,他连续创建了59家分公司,公司员工也由原来的60人增加到23000多人,销售额也在逐年剧增。在2004福布斯富豪榜和胡润富豪榜上,祝义才都名列江苏首富。

祝义才一生有三次放弃和三次选择,决定了他完成从一个穷光蛋到亿万富翁的转变。第一次是:他舍"皇粮"而"下海",最终赢得数百万财富,这或许可以看做是祝义才第一次"舍得"之举;第二次是:他靠水产起家,但这行还是没能留住他,而转向了火腿行业;第三次是:他在成立雨润肉食品公司时,没有上马市场红火但竞争也激烈的高温火腿肠项目,而把目标瞄准高档西式低温肉制品市场。无怪乎,祝义才不止一次谈及他的财富观,即敢于放弃。所谓有"舍"才有"得"。

一个决定可以改变一个人的命运,这个决定是对是错恐怕要用一生做赌注。其实,有未必是得,无未必是失,有无随缘,得失在心,人生的遭遇不可用"得失"二字定论。在生活中,我们时刻都在取与舍中选择,我们又总是渴望着取,渴望着占有,常常忽略了舍,忽略了占有的反面;懂得了放弃的真实,也就理解了"失之东隅,收之桑榆"的妙谛。多一些中和的思想,静观万物,体会宇宙博大的诗意,我们自然会懂得适时地有所放弃,这正是我们获得内心平衡、获得快乐的灵丹妙药。

无知的人,纵然家产万贯亦会终败其尽,辱取于人;没有真才实学的人,纵然千军万马亦只会全军覆没,身败名裂;没有知识陶冶的人,纵然爆发一时亦只会龙困池塘,没有作为。

寒门里他用知识
改变了命运

甄荣辉于1962年出生在香港一个最普通的平民家庭。其父母是从广东"移居"到香港的,他和妈妈以及另外七八家20多口人"蜂居"在一套总面积不到80平米的公寓

内,在这种高度拥挤状况下,做饭要排队,洗澡要排队,上厕所也要排队。做任何事必须要把握好时间与效率,这是家庭环境带给甄荣辉的重要一课。

炎热的夏天是最难过的。为了排队洗澡,他一放学就把洗漱用品准备好,然后每隔5分钟去洗澡间探查一次,一看对方洗完走出房门,他一个箭步马上就冲了进去。生存的艰难,教育了一个十几岁的孩子,一定要抓住机会,看准了时机一定要毫不迟疑地冲上去。打"抢"洗澡室开始,甄荣辉小小年纪便有了竞争意识。

因为父母都忙于打工挣钱养家,没有人顾及他的功课,于是那个时候的他每天回家把书包一扔就坐在沙发上看电视,然后看到很晚才去睡觉,并且尽可能地睡,一天睡16个小时是常有的事。结果,在他中考时,因为成绩考得太烂,全香港30多家预科学校,没有一家愿意要他。如果不能念预科,不能念大学,对于他这样一个毫无背景的平民家庭的孩子而言,前途是渺茫的。他第一次开始考虑前途问题,告诉自己:再苦再难一定要考上大学。于是,他决定顶着炎炎烈日去每个学校请求录取,但他一次次地被拒绝了。经过这一次的打击,甄荣辉的自我意识开始觉醒,他仿佛变了一个人似的,开始知道发奋努力了。最后,他进入了一所位于偏远而荒凉的山上的预科学校。经过1979年到1981年两年预科的努力,他以优异成绩考入了香港中文大学工程系。

大学毕业后,经过多年的辗转和努力,甄荣辉从销售工程师到咨询顾问再到经理等,最终于2000年4月加盟了国内最大的人力资源网——前程无忧网,并出任CEO。

随后,他只用了三年,就建起了容量达150万的人才简历库和覆盖全国二十多个城市的网络,每日的页面浏览量也飙升至400多万人次,成为当之无愧的招聘"老大"。1999年成立时,公司还只是一个简单的求职招聘信息发布平台,而三年后的今天,"无忧"已发展成为一家集报纸、网站、猎头、"网才"软件、校园招聘方案、企业管理培训于一体的全方位人力资源服务供应商。

感悟

甄荣辉的成功走了一条"知识改变命运"的道路。出身平民家庭的甄荣辉积极、现实、勤奋,同时充满梦想。难怪很多媒体评价说,"甄荣辉的创富故事是可以被复制的"。

知识就是力量,是彻底改变个人命运的第一推动力。在当今知识经济时代中,谁拥有知识、才华就等于把握住了自己命运的咽喉;相反的,谁的知识贫乏则只能被人主宰。

拿破仑曾说:"真正的征服,唯一不使人遗憾的征服,就是对无知的征服。"可见,知识是多么多么的重要。拿破仑在征服无知,获得知识之后振兴了法兰西,用自身活生生的事迹释译了他所说的名言。是的,征服无知就是获得知识,获得知识就能主宰命运。

当求伯君以三年时间创造事业辉煌来叙说知识在中关村转变个人命运时,当丁磊

以大陆首富来书写知识创造财富的价值时,当胡仙以女儿身用知识的力量带领"星岛"报业雄冠香港时,我们还有什么理由不来加入疾呼的行列:"知识改变命运!"

屠格涅夫说过:"知识比任何东西都能给人以自由。"

> 我们每个人在世上都只有活一次的机会,如果这唯一的人生虚度了,那么这个人生是卑劣的、毫无价值的。所以,我们要对自己的人生有强烈的责任心。

你要对你的一生
负　责

2004 年 3 月,在第 76 届奥斯卡金像奖颁奖典礼上,著名脱口秀主持人欧普拉·温弗莉出席颁奖。此时你很难想象,这个在红地毯上魅力四射的人就是从密西西比河畔走出来的黑人穷学生。

欧普拉的人生路充满了不幸。1954 年,欧普拉出生在密西西比的一个小镇上,她是个非婚生子。就在她出生不久,她的父母就分开了,她被送到了祖母家。

欧普拉 6 岁的时候,她回到了母亲身边。但是,母亲并不能很好地照顾她,在她的周围充满了危险。9 岁的时候,她被一个亲戚强奸了。到了 13 岁,欧普拉因为多次遭到强奸和侮辱而离家出走,差点儿被送进少年管教所。幸好当时床位已满,她被拒之门外。14 岁的时候,她生下了一个孩子,但是夭折了。

后来,她回到父亲身边生活。她的父亲是一个非常严格的人,但很关心欧普拉,希望她的生活能过得最好,所以要求她读书并且每周写读书报告。

就这样,欧普拉终于有了一个比较好的生活环境,以优异的成绩完成了高中学业,并且获得奖学金进入田纳西州立大学学习。欧普拉用自己的努力改变着自己的历史,大学二年级的时候,她被当地电视台雇用,成为当地电视台的第一个女播音员和第一个黑人播音员。

从 1976~1983 年,她为美国广播公司的巴尔的摩电视台工作,并逐渐成为新闻主播和最受欢迎的脱口秀节目"People Are Talking"的主持人。

就这样,欧普拉终于从生命的阴影中走出来,成功之门开始向这位命途多舛的女人开启了。从 1983 年起,欧普拉开始主持脱口秀节目,二十多年来一直稳居美国收视率第一,拥有 2200 多万名观众并向全世界 107 个国家进行转播,是当之无愧的"脱口秀女皇"。随后,"女皇"创建了自己的媒体王国——哈普娱乐集团。

感悟

　　美国脱口秀女皇、媒体帝国的缔造者欧普拉·温弗莉从一个黑人穷孩子变为身家亿万进入世界富人排行榜的第一位黑人女性,值得我们思考她的成功历程。究竟是什么帮助这位幸运的脱口秀女皇在事业上获得如此的成功? 她的一句"座右铭"也许是最好的答案:你要对你的一生负责。

　　其实,对自己人生的责任心是其余一切责任心的根源。唯有对自己的人生负责,建立了真正属于自己的人生目标和生活信念,才可能由之出发,自觉地选择和承担起对他人和社会的责任。正如歌德所说:"责任就是对自己要求去做的事情有一种爱。"因为这种爱,所以负责本身就成了生命意义的一种实现,就能从中获得心灵的满足。相反,一个不爱人生的人怎么会爱他人和事业? 一个在人生中随波逐流的人怎么会坚定地负起生活的责任? 这样的人往往是把责任看做强加给他的负担,看做个人纯粹的付出而索求回报。

　　所以,人活在世上,必须知道自己究竟想要什么。一个人认清了他在这世界上要做的事情,并且在认真地做着这些事情,他就会获得一种内在的平静和充实。他知道自己的责任所在,因而关于责任的种种虚假观念都不能使他动摇了。

　　如今获得奥运冠军,陈燮霞的最大心愿是什么?"回家! 我都很长时间没有回家了!"她迫不及待地说。

陈燮霞:
光荣的荆棘路

　　北京奥运会中国首金让陈燮霞成了家喻户晓的明星。然而,这位南国女孩一举成名后,依然保持一颗平常心,依然像往常一样微笑着面对身边的每一个人。

　　陈燮霞在比赛中充满了豪气,成绩一骑绝尘。爽朗的性格,超强的能力,再加上她在登场时那声清脆的呐喊,所有一切显示,她已成为比赛的主宰。

读懂成功

陈燮霞在 9 岁那年选择了举重,从那一刻起也就意味着,她同时选择了劳累、孤独与漂泊。

在广东番禺体校,她每周只能回一趟家,坐车 40 分钟,途中还要搭一趟轮渡。而爸爸总是在渡口的那一头等她,骑自行车载她回家。

"心中有梦想,所以再苦再累,感觉也值得。"回忆起往昔岁月,陈燮霞感慨颇多。

从 1998 年进入广东省体校到 2007 年进入国家队,整整 10 年,陈燮霞从未回家过年。尤其是在进入八一队后,她成了一名军人,纪律更加严明,自从前年的全国冠军赛后,家人都已经两年多没见过她了。19 个月大的侄女从没见过姑姑,陈燮霞的爸妈只能拿着报纸上的图片指给孙女看:"孩子,这是你的姑姑。"

陈燮霞第一次出现在中央电视台的直播画面里,是在 2007 年的世锦赛,那也是爸妈最近一次看到她。只要体育频道播放奥运专题片,爸妈都会抱着孙女一起看,从中寻找女儿的身影和笑容,感受英雄女儿的骄傲和荣光。久而久之,侄女还真的能辨认出姑姑了。每次在电视里看到姑姑,她都会露出一副兴奋的表情,并不停地学爷爷的口吻高喊:"加油! 加油! 好!"

如今成为奥运冠军,陈燮霞的最大心愿是什么?"回家! 我都很长时间没有回家了!"她迫不及待地说。父母做的可口饭菜,屋外的香蕉林,以及家乡特有的温馨在这两年里一直是陈燮霞萦绕在心头的记忆,也经常成为她夜晚甜美的思念。

感悟

成功从来不是一蹴而就的。走过了荆棘丛生的岁月,当成功的光环笼罩着我们时,别忘了体味额角残留的汗水的苦涩;也别忘了告诫自己,尘埃落定,最大的收获,乃是清风甘露的沐浴和那一份从容不迫的淡定。

有水就有弄潮儿,有山就有攀登者。有志者、成就事业者都是克服各种困难而奋勇前行的人。

奶业界的
一头猛牛

牛根生被评为 CCTV2003"中国经济年度人物",主办方的颁奖辞写道:"他是一头牛,却跑出了火箭的速度!"这就是蒙牛的老总。

牛根生1958年出生在内蒙古一户贫农家庭,贫穷而多子的父母无法养活他,出生不到一个月时,亲生父母就以50元的价格把他卖了呼和浩特一家姓牛的人家做儿子。到现在,他连自己原来的姓氏都不知道,更不知亲生父母是谁。十几岁的时候,养父母也相继离开了他。从此,他沦落到街头,据他说,当时凡是街头小混混儿干的事他都干过,为此他还被警察关进看守所好长时间。挨饿、受冻,对牛根生而言,都是真实而惨痛的记忆。这个被邻居形容为"在黄连树下长大的"孩子,甚至在结婚那天,都没能穿上一身新衣服。

1978年,20岁的他进入伊利的前身——呼和浩特市回民牛奶厂当工人。这个从小饱尝生活艰难和世态炎凉的牛根生倍加珍惜这一份工作,干什么都不惜力。这样,他慢慢从洗瓶工干到班组长、工段长、车间主任、分厂副厂长、分厂厂长,一直做到生产经营副总裁。

不知不觉中,在伊利苦干14年的牛根生发现,他在伊利的日子越来越不好过,作为"一人之下、万人之上"的堂堂副总裁的权力越来越小,甚至连买一把笤帚都得总裁批准才行。

1998年年底,没有任何思想准备的他突然被董事会免职了。迷惘的他曾经跑到人才市场去求职,却遭遇到了"40岁以上恕不考虑"的冷遇。他想过开海鲜大排档,还差点儿就开了一个擦鞋公司。但最终,在一帮伊利失势旧部的鼓动下,他披挂上阵,创办了蒙牛乳业公司。

创业之艰难,不是一般的人所能体会。据他回忆,当时喝口凉水都能塞牙:他们砍树建厂被人诬告毁林;他们挤在简陋破旧的办公楼里办公,被人告发是一个非法集资窝点,为此他们的资金长期被公安机关监控着……甚至他隐姓埋名不敢承认自己是蒙牛的注册人。最终,一直忍气吞声的他还是坚强地挺过来了。只用了6年,蒙牛的主营

业务收入已经由最初的全国第1116位上升到第2位,其中,液态奶、冰淇淋的销量居全国第一。

 感悟

牛根生从一个弃儿成长为万人瞩目的蒙牛总裁,再次向我们证明:磨难成就人生。

按照常规思维,生活、学习、工作环境好,条件优越,应当有利于培养造就人才。但历史和现实却从反面证明了一个不容忽视的事实,那就是成就卓越的"成大器者",大都是多磨多难的。他们好像烈火中的钢铁,风雪中的红梅,经一番磨难后愈发放出光彩。道理何在?因为,克服困难、奋战逆境的过程,乃是造就人才的必由之路。然而,有些人却意识不到这些,有的认为"聪明是娘肚子里带来的",因而甘愿无所作为,甚至自暴自弃;有的羡慕名人、专家,也想成才,但希望寄托在"走捷径"、"碰运气"上;有的遇挫而气馁,前功尽弃,功亏一篑。凡此种种,对成才都是不利的。

磨难是试金石!它可以使人变得卑微甚至瘫软,也可以使人变得坚强,变得高大;它可以将人性蜕变为兽性,也可以将凡人升华为神圣。在人生的金字塔顶,摆满了成功的金牌和荣誉的花环,但它的塔身和台阶却是由一块块被称为"磨难"的基石铺就。只有踏着这些"磨难基石"才能达到辉煌的顶点……

成功有时候就是在做事时,你比别人更注意学习或者更细心。

成功只因为他不放弃
任何学习机会

他从一个锅炉小工一步步发展,达到事业的顶峰最终成为美国历史上最负盛名的钢铁大王。

安德鲁·卡内基生于苏格兰。父亲是一个以手工纺织亚麻为生的小手工业者,母亲则以缝鞋为副业。1946年欧洲大饥荒和1947年英国经济危机相继发生以后,卡内基一家经济十分困窘,无法在苏格兰继续待下去,不得不全家移居到了美国。

到美国后,卡内基先后做过锅炉小工、浸纱工等工作。因为家庭贫寒,他不得不在中学还没读完的无奈中走上社会,那一年他14岁,他在匹兹堡市的大卫电报公司找到

一个送电报的差事。为了胜任这个工作，在短短一星期内，卡内基由完全不熟悉匹兹堡市区的街道到对这里的任何一个小角落都了如指掌。

每天穿梭街巷间送电报、滴滴答答拍电报的生活，卡内基就像进了一所"商业学校"。他熟悉每一家公司的名称和特点，了解各公司间的经济关系及业务往来。日积月累之中，他熟读了这无形的"商业百科全书"，这使他在日后的事业中获益匪浅。因此，卡内基在回顾这段时期时，称之为"爬上人生阶梯的第一步"。

由于工资很低，他渴望成为一名接线员，但是做接线员要求懂电报业务。为此，卡内基晚上自学电报，每天早上提前一小时到达公司，打扫完办公室后，他就悄悄跑到电报房学习打电报，很快地他就熟练掌握了收发电报的技术。有一天，公司忽然收到一份从费城发来的电报。电报异常紧急，但是当时接线员都还没有上班，于是，卡内基立刻跑去代为收了下来，并赶紧将其送到了收报人的手中。之后，他被提升为接线员，薪水也增加了一倍。

由于聪明勤勉，加上在送信期间苦练出的高超的电报技术，他被宾夕法尼亚州铁路公司聘为职员，一待就是10年。10年的工作使卡内基学到了丰富的专业知识，尤为重要的是他在工作中掌握了现代化大企业的管理技巧。他24岁就升任该公司的西部管区主任。

随后，他时常抓住时机参与投资，慢慢地积累了一些资金，为他以后开办自己的公司开始奠定经济基础。随后，他就创办了匹兹堡铁路公司、火车头制造厂以及铁路制造厂，并开办了炼铁厂，开始涉足钢铁行业。直到在积累中建立他的钢铁帝国与洛克菲勒、摩根并立，成为当时美国经济界的三大巨头之一。

感悟

同样的小事情，有心人就能做出大学问，而不动脑子的人，就只会来回跑腿而已。

别人对待你的态度，就是你做事情结果的反应，像一面镜子一样准确无误，你如何做的，它就如何反射回来。

山脚下，住着一对兄弟，他们以打柴为生。

兄弟俩上山打柴，每次弟弟都比哥哥打得多。于是，哥哥就每天更早出门去，很晚才回来。回到家后，累倒在床上就睡觉了，他的确很努力。

最初几天里，哥哥打得柴比弟弟多了一些，可是越往后打得柴就越少。哥哥搞不明白，我已经很努力，为什么就是不如弟弟呢？于是就去找弟弟弄个究竟。

结果他发现弟弟每天回来后，都是先将第二天用的工具准备齐全，把砍柴的斧子、镰刀磨得非常的锋利。所以弟弟可以取得事半功倍的效果。正所谓：磨刀不误砍柴工。

做好充足的准备，凡事预则立，不预则废。

孔子说："小中见大。"还说："人无远虑必有近忧。"所以，我们要想行之有效，必须

善于用心思考遇到的一切,善于学习做事的技巧。做个有心人,从细心的思考中找到成功的诀窍。

我们要想有所作为,要想尽早地做成一些事情,我们要想得到成功,就得做个细心人,做个有心人。努力学习方方面面的东西,为成功做好准备。

有时候,一次职业生涯的转变,也是精神世界的一次回归。

在转变中
实现精神的回归

章桦的家在浙江省衢州市举村乡大坑村,看着周围的人都外出打工了,16岁的章桦也不甘落后,她带着自己的理发手艺,敲响了城市的大门。

章桦先后在绍兴、昆明和北京等地开过发廊,踩着城市紧张的节奏,面对着来来往往的顾客,忍受着远离家人的孤独和一份难言的悲哀。

在昆明开发廊时,章桦认识了一个来自山西的男孩小杨。小杨声称自己出生在山西某高干家庭,对漂亮能干的章桦十分倾慕。在他狂热的追求下,举目无亲的章桦与小杨开始同居,她以为自己找到了幸福生活,可以在城市里落叶生根。

不久,他们的女儿降生了。章桦几次提到去领结婚证,小杨总是以章桦开发廊身份低微,父母会不喜欢为由,一次次拒绝。

在女儿成长的一天天里,章桦越发渴望得到小杨家的承认。她多方打听,终于找到小杨家。这时她才知道,小杨家只是修车的,小杨也早结婚了,有个儿子。带着一身的疲惫,章桦开始自己新的漂泊。

1999年,有了些积蓄的章桦来到深圳,招了4个姐妹,开了一间名为"柏丽"的发廊,它成了18集纪录片《姐妹》的拍摄基地。

随着《姐妹》的热播,章桦成为名人。《姐妹》的拍摄改变了章桦的生活,让她迷上了摄像,她拍摄了她的第一部纪录片《卞丹的秘密》。章桦把这部片子送到了"2004我们的影像故事"全国DV影像大赛参评,这是DV界第一次由影视权威机构组织的大赛。在5000部DV作品中,她的作品获得了最高奖。

感悟

　　我们虽然无法选择自己的身世,但我们可以选择自己的未来。因为成功不取决于你的年龄、学历、社会背景,而取决于你的追求、你的奋斗。

　　现实中,就业的艰难,仕途的坎坷,命运的不公,时时都会在不经意中撞击一下你的心灵,消磨消磨你的意志。或许让你的生活中布满风风雨雨,或许推翻你顺利航行的小舟,或许让你的从容变得疲惫不堪。但是,只要心中有永不落的太阳,任何时候,任何地方,都是你重新开始的地盘,成功不取决于你的起点。

　　章桦没有因一次惨痛的失败放弃自己,而是在坚强中不断地更新自己,重新选择新的领地。抱着在困难面前高昂着头、在荣誉面前不低头的精神,她完成了职业生涯的转变,而这次转变与其说是生存方式的转变,不如说是一次精神世界的回归。在转变中,她找到了自我,也实现了自我,这是我们生命中蘸写大写"人"字的根本需要。

　　一个新的起点,开始了一个生命的绚丽弧线。她的经历告诉我们:在不同的起点,不用顾虑,向着前方,只管放步走去,它会引你走向同别人一样辉煌的终点。

　　既然我们有幸来到这个世上,那么我们就要尽最大努力做一个生活的强者。

历尽苦难痴心不改的
"爱情鸟"

　　他出生在一个不幸的家庭,刚出生他的爸爸就因"走资派"、"反革命"的罪名被关进了监狱。1岁的时候,他爸爸被放出来了,从此,他便开始了极度恐慌的生活。他的爸爸经常无缘无故地打他,就连晚上尿炕也把他拎起来毒打。他不敢碰玩具,生怕碰坏了遭毒打。

　　他4岁的时候,爸爸又被投入监狱,家也被抄了。那段日子,年幼的他经常遭到陪斗。

　　他的爸爸打不着他了,可是院里的孩子开始打他。他们往他嘴里塞土,拿鞋打他嘴巴,他从来不敢还手,甚至连女孩打他都不敢还手。上小学的时候,他被送到爷爷奶奶

身边,但这并没有改变被挨打的命运。他的爷爷奶奶不喜欢他,经常找理由打他,甚至连自己的表弟做了错事,也要打他,理由是以儆效尤,来吓唬他的表弟。

后来他的爸爸平反了,他的厄运又开始了。有一次他被一个同学打了,回到家很委屈地哭了。他爸爸看见后,二话不说,抡起巴掌来就打,然后,他爸爸把门一插,谁也敲不开,谁也劝不了,往死里打他。后来,他爸爸打他好像成了瘾,只要在外面遇到不顺心的事,回到家里就抓住他暴打一顿。还有一次,他因为贪玩回家晚了,他爸爸就扑过去拽住他的头发,把他的脑袋往墙上撞,他被打晕了,昏迷了两天。

18岁那年,他只身闯荡广州,一个艺术团收留了他。艺术团给他找了个废弃的仓库,搭了一个小床,弄了一个蚊帐当住处。仓库里,酷暑难耐,而且蟑螂、蚊子、潮虫使他根本无法入睡。那段日子,他的身上全是蚊子叮的包。

后来,他又去了国外去寻找发展的机会,但屡屡遭到别人的歧视,最终他回国了。他来到一个歌厅唱歌,一个偶然的机会,认识了一位搞音乐的老师。在这位老师的帮助下,他和一个唱片公司签订了协议。不久,他创作并演唱的《爱情鸟》红遍大江南北,从此,他翻开生命中崭新的一页。

历尽苦难终有所获,如今他的大名在歌坛已是无人不知,他的名字叫林依轮。

感悟

林依轮成名前可谓是多灾多难,他是生活中的弱者,任何人都敢欺负他,连亲生父亲也不放过他,但是面对种种不公平的遭遇,他最终走出了苦难的泥沼。

其实,苦难对每一个人来说,都是难以逃避的东西。只不过是每个人一辈子经历的苦难不同而已。

一个人受多少苦并不感人,感人的是如何面对苦难,如果你正被生活折磨得焦头烂额,告诉自己,真正一锤定音的买卖少之又少,别把一次苦难当定局。切记,危机等于危险加机遇。

苦难对于强者来说,它是通向成功的殿堂;对于弱者来说,它则是通向黑暗的地狱。既然我们有幸来到这个世上,那么我们就要尽最大努力做一个生活的强者。只要有信心,不管在什么样的环境和条件下,都能够积极向上,努力奋斗。朋友,切莫让暂时的困难把你的腰杆压弯,莫让短暂的黑夜遮住你的双眼。要相信暴雨终究会过去,明媚的春天终究要到来。

如果没有与困难交手,就不能断言自己无能,没有与命运抗争过又怎能说自己不是英雄?的确,有时候我们无法改变我们的生活道路。但是,任何时候,我们都可以选择我们的人生态度。如果我们的态度是正确的,路子是对的,相信我们就一定能成为战胜苦难的胜利者;只要努力、奋斗,就一定能迎来光辉灿烂的明天。

是苦难钟情于天才，还是天才天生热爱苦难，我们无法探讨出结果。但弥尔顿、贝多芬和帕格尼尼被称为世界文艺史上三大怪杰，居然一个是瞎子、一个是聋子、一个是哑巴！

用苦难的琴弦
把天才的极致演奏

他首先是一位苦难者。4 岁时一场麻疹和强直性昏厥症，已使他快入棺材。7 岁患上严重肺炎，不得不大量放血治疗。46 岁牙床突然长满脓疮，只好拔掉几乎所有牙齿。牙病刚愈，又染上可怕的眼疾，幼小的儿子成了他手中的拐杖。50 岁后，关节炎、肠道炎、喉结核等多种疾病吞噬着他的肌体。后来声带也坏了，靠儿子按口型翻译他的思想。他仅活到 57 岁，就口吐鲜血而亡。死后尸体也备受磨难，先后搬迁了 8 次。

上帝搭配给他的苦难实在太残酷无情了。但他似乎觉得这还不够深重，又给生活设置了各种障碍和漩涡。他长期把自己囚禁起来，每天练琴 10 至 12 小时，忘记饥饿和死亡。13 岁起，他就周游各地，过着流浪生活。他一生和五个女人发生过感情纠葛，其中有拿破仑的遗孀。姑嫂间为他展开激烈争夺。在他眼中这也不是爱情，而只是他练琴的教场。除了儿子和小提琴，他几乎没有一个家和其他亲人。

他其次才是一位天才。3 岁学琴，12 岁就举办首次音乐会，并一举成功，轰动舆论界。之后他的琴声遍及法、意、奥、德、英、捷等国。他的演奏使帕尔马首席提琴家罗拉惊异得从病榻上跳下来，木然而立，无颜收他为徒。他的琴声使卢卡观众欣喜若狂，宣布他为共和国首席小提琴家。在意大利巡回演出产生神奇效果，人们到处传说他的琴弦是用情妇肠子制作的，魔鬼又暗授妖术，所以他的琴声才魔力无穷。维也纳一位盲人听他的琴声，以为是乐队演奏，当得知台上只他一人时，大叫"他是个魔鬼"，随之匆忙逃走。巴黎人为他的琴声陶醉，早忘记正在流行的严重霍乱，演奏会场场爆满……

他不但用独特的指法弓法和充满魔力的旋律征服了整个欧洲和世界，而且发展了指挥艺术，创作出《随想曲》、《无穷动》、《女妖舞》和 6 部小提琴协奏曲及许多吉他演奏曲。音乐评论家勃拉兹称他是"操琴弦的魔术师"。歌德评价他"在琴弦上展现了火一样的灵魂"。李斯特大喊："天啊，在这四根琴弦中包含着多少苦难、痛苦和受到残害的生灵啊！"

这位善于用苦难的琴弦把天才演奏到极致的奇人就是世界超级小提琴家帕格尼

读懂成功

尼,与弥尔顿、贝多芬并称为世界文艺史上三大怪杰。

帕格尼尼,没有莫扎特的"神童传奇",没有贝多芬的"英雄气概",没有舒曼的"浪漫爱情",没有肖邦的"爱国热忱",没有柴可夫斯基的"一生荣耀",但是,帕格尼尼以他自己独特的天才与苦难,写就了世界音乐史上绚烂夺目的一章,他以他的音乐给全世界的人们带来了永恒的美丽。

帕格尼尼的经历似乎在向我们诉说"天才与苦难若比邻"。也许上帝是精明的生意人,给你一分天才,就搭配几倍于天才的苦难。好在帕格尼尼在向命运挑战,与苦难抗争,于是有了那一首首摄人魂魄的乐曲,无怪乎后人评价说:"从来没有谁像他一样把苦难当做情人拥抱得那么热烈而悲壮。也从来没有谁像他一样用四根琴弦把生灵的疯狂诠释得那般透彻……"

鲁迅先生曾说:"真的男士,敢于直面惨淡的人生,敢于正视淋漓的鲜血。"帕格尼尼正是这样一个敢于直面惨淡人生的人。他把生命的残酷和伤痛从自我中抽离出来,融入到一个更远大更恢弘的所在,使人生呈现出一种深广的境界和崇高的品质。

是苦难钟情于天才,还是天才天生热爱苦难,我们无法探讨出结果。但弥尔顿、贝多芬和帕格尼尼被称为世界文艺史上三大怪杰,居然一个是瞎子、一个是聋子、一个是哑巴!这不得不令我们有所思考、有所触动!

屋檐下的麻雀在田间吃上几粒粮食就心满意足了;只有山巅上的雄鹰,才敢于顶风斗雨,在无边无际的天空翱翔。

用男人的力量
征服男人的世界

"金利来,男人的世界!"这一"男人的世界"的缔造者就是靠一穷二白起家的领带大王曾宪梓先生。然而回顾当年他的创业路却让人深思不已。

1968年,也就是曾宪梓34岁那一年,他带着妻子和年迈的母亲到香港创业。作为中山大学生物系毕业生的他,刚到香港,求职时是到处碰壁,正规毕业生的牌子也并没

有给他在寻找工作上以有利支持。无奈之下,为了生计,他甚至给人家干过看孩子的活儿,当过男保姆。

曾宪梓在寻找着自己创业的突破口。当时哥哥开着一家小小的领带店,这给曾宪梓打开了思路。纵览服装市场,西服成了男人们主流的装扮,然而与之配套的领带,在400万人口的香港,大部却是舶来品,本地的领带大多是规模很小的家庭作坊生产的,根本无法与外国货竞争。他当机立断,决定投资领带产业。

当时,曾宪梓的手中只有6000元港币,这是他的全部积蓄,全家老小全凭这些钱来维持生活,这些钱在曾宪梓手中的分量格外地重。他因陋就简,把居室留出一半作工房,买一台缝纫机、剪刀尺子做工具,自己从买料、设计、裁剪到缝制、熨烫一条龙。他每天从早晨6时一直干到深夜2时,曾宪梓每天要工作近20个小时,当第一批领带制作完成之后,曾宪梓又自己背着他的领带盒,四处推销,扛着成品挤公共巴士,走街过巷,扯着嗓子叫卖。他给自己确定一个销售指标,每天不完成就不回家。他在街上叫卖时因为他是客家人,广州话讲不好,常常闹笑话,受到耻笑,但他没有气馁。然而,市场无情地嘲弄着这位初出茅庐的新手,曾宪梓几乎跑遍了全香港的领带销售店,也没有推销出一条领带。他的报价一压再压,可还是没有店家肯替他代销。

失败的痛苦在折磨着曾宪梓,店家讥讽的话语深深地刺痛了曾宪梓。曾宪梓把缝纫机放在一边,开始研究起外国名牌领带来。他用所剩无几的钱买来各种外国名牌领带,特别是欧洲的领带,从用料到做工,从图案花样到领带式样,反复琢磨,并精心加工了一批新的高级领带。

然而,这一次店家仍然不是那么乐意代销他的领带,不是因为质量问题,而是因为缺少名气。曾宪梓说:"哪个名牌是从天上掉下来的?还不都是从无名开始的,这样吧,您把我的领带当做样品放在一个比较引人注目的地方,有没有人买,您可以不必在意。至于价格,我可以不赚分文。"说罢,他留下了4打领带。

喜讯很快传来,他留下的领带当天就一销而空。曾宪梓的脸上这才露出了笑容。其他商店的订货单也纷至沓来,一人工厂已经不能应付了,曾宪梓招募了一批工人,扩大了生产规模。曾宪梓的领带王国就这样成立了。

感悟

谁的一生都有挫折,自强者是把挫折当玩具,戏之笑之,淡然视之,强者自强,而弱者把挫折当大山,多是惧之怕之,终是弱者更弱。

曾先生的人生故事告诉我们,不管你现在的处境多么恶劣,或者是客观条件多么糟糕,只要你保持对生活的激情、高昂的斗志、坚定明确的奋斗目标和坚强的毅力,去脚踏实地工作生活,你就能走向成功,理想和抱负就会实现。

任何一个成功的人在各种紧要关头,都具有临危不惧、不怕失败、顽强拼搏的精

神，都能在最艰难的时候，不灰心丧气，并能不断地在失败中认真总结教训，迎难而上，化耻辱为动力。他们的可贵之处就在于跌倒之后有所领悟，而不是莫名其妙，爬起来，仅仅茫然四顾。

我们每个人都会面临各种挑战，各种挫折，这时候你的抉择，你承受挫折的能力，就决定你未来的命运。成功是一次埋伏着许多危险的旅程，人生的赌注就是在这次旅程中要做个赢家，成功永远属于不怕失败的人。

一个绝境就是一次挑战、一次机遇，只要再坚持一下，让压力成为你冲向终点的动力，总有一天你会成功的。

用一生来
体验失败的总统

亚伯拉罕·林肯是美国第 16 任总统，也是美国历史上最伟大的总统之一。你可曾知道，他失败过多次，最沮丧的时候，据他说："我身上连一把刀都不敢带，我真怕一时想不开。"但是，最后他却改变了美国的历史。

1832 年，林肯失业了，这显然使他很伤心，但他下定决心要当政治家，当州议员。糟糕的是，他竞选失败了。接着，林肯着手自己开办企业，但不到一年，这家企业倒闭了。在以后日子里，他不得不为偿还企业倒闭所欠的债务而四处奔波，历经磨难。

1834 年，林肯再一次决定参加竞选州议员，这次他成功了。从此，他开始了自己的政治生涯。

1835 年，他订婚了。但离结婚的日子还差几个月的时候，未婚妻不幸去世。这对他精神上的打击实在太大了，他心力交瘁，数月卧床不起。1836 年，他得了精神衰弱症。

1838 年，林肯觉得身体良好，于是决定竞选州议会议长，可他失败了。1843 年，他又参加竞选美国国会议员，但这次仍然没有成功。

面对企业倒闭、情人去世、竞选一次次败北，林肯并没有放弃。1846 年，他又一次参加竞选国会议员，最终成功了。

两年任期很快过去了，他决定要争取连任。他认为自己作为国会议员表现是出色的，相信选民会继续选举他。但结果很遗憾，他落选了。

然而，林肯没有服输。1854 年，他竞选参议员，但失败了；两年后他竞选美国副总统提名，结果被对手击败；又过了两年，他再一次竞选参议员，还是失败了。

但他是一个"不会被困难所吓倒,不会为成功所迷惑的人,他不屈不挠地迈向自己的伟大目标,而从不轻举妄动,他稳步向前,而从不倒退"(马克思语)。1860年,他最终如愿当选为美国总统。

感悟

坚持一下,成功就在你的脚下。一个人若想干成大事,应首先具备坚定的信念,因为坚持下去才能取得成功。说起来,一个人克服一点儿困难也许并不难,难的是能够持之以恒地做下去,直到最后成功。

《简·爱》的作者曾意味深长地说:人活着就是为了含辛茹苦。人的一生肯定会有各种各样的压力,于是内心总要经受着煎熬,但这才是真实的人生。

曾经的失败并不意味着永远的失败,曾经达不到的目标并不意味着永远达不到。如果你选择未来,那么你是上帝的孩子;如果你选择过去,那么你可能仍是"弃儿"。过去可以决定现在,但不能决定未来。你的目标是为未来所设定,你在为你的未来作出选择。过去不等于未来。过去你成功了,并不代表未来还会成功;过去失败过,也不代表未来就要失败。过去的成功或是失败,那只代表过去,未来是靠现在决定的。现在干什么,选择什么,就决定了未来是什么!

在日常生活中,一个绝境就是一次挑战、一次机遇,如果你不是被吓倒,而是奋力一搏,也许你会因此而创造超越自我的奇迹。

每个人的生活都有问题,问题是上帝赐予的礼物,每次出现问题,把它解决后,自己就会变得比以前更强大。

全世界最伟大的
推销员

35岁前的乔·吉拉德是个全盘的失败者。他患有相当严重的口吃,换过40个工作仍一事无成。1963年,35岁的乔·吉拉德从事的建筑生意失败,身负巨额债务几乎走投无路。

失败以后,朋友都弃他而去。但乔·吉拉德说:没关系,笑到最后笑得最好。他望着

一座高山,说:我一定会卷土重来。

三年以后,他成了全世界最伟大的销售员,"因为我相信我能做到"。他说,去卖汽车,是为了养家糊口。第一天他就卖了一辆车。掸掉身上的尘土,他咬牙切齿地说:我一定会东山再起。

他把所有客户档案都建立系统的储存。他每月要发出1.6万张卡,并且,无论买他的车与否,只要有过接触,他都会让人们知道乔·吉拉德记得他们。生意的机会遍布于每一个细节。很多很多年前他就养成一个习惯:只要碰到人,左手马上就会到口袋里去拿名片了。

"给你个选择:你可以留着这张名片,也可以扔掉它。如果留下,你知道我是干什么的、卖什么的,细节全部掌握。"所以,乔·吉拉德认为,推销的要点是,并非推销产品,而是推销自己。

乔·吉拉德49岁时便退休了。此时他已是世界上最伟大的销售员,连续12年荣登世界吉斯尼记录大全世界销售第一的宝座,他所保持的世界汽车销售纪录:连续12年平均每天销售6辆车,至今无人能破。他是全球最受欢迎的演讲大师,曾为众多世界500强企业精英传授他的宝贵经验,来自世界各地数以百万计的人们被他的演讲感动,被他的经历激励。

感悟

每个人的生活都有问题,但乔·吉拉德认为,问题是上帝赐予的礼物,每次出现问题,把它解决后,自己就会变得比以前更强大。

一位医生告诉乔·吉拉德,每个人体内有一万个发动机。乔·吉拉德家最外面的门上有一句话:把所有发动机全部启动。他每天这样离开家门:观察身上所有细节,看看是否自己会买自己的账。一切准备好,手握在门把手上,打开门,像豹子一样冲出去。

正是豹子一样的热情和永不放弃的专注,才成就了世界上最伟大的推销员——乔·吉拉德。任何事情想要取得成功,都需要专注与热情,不必分心于自己不擅长或没兴趣的事情,这样才能如鱼得水,在自己进取的领域发挥个人的潜力。

热情是人生的太阳,是人的生命之火熊熊燃烧。她会使人产生欲望,产生信心,产生追求理想与憧憬的源源动力。热情是创造人才、创造财富、创造未来的不竭源泉。

芸芸众生,不一定每一个人都能成为天才,但是热情却是平凡人身边一座富饶的金矿。也许它开始并不显眼,但是只要你肯前去挖掘,不停地挖掘,就会获取无穷宝藏。热情会创造这样的奇迹:使穷人变为富翁,使愚者变成智者,使流浪汉变成语言大师,使衰弱者变成健康快乐的人。热情的人会使一顿普通的晚餐变成一桌丰盛的宴席;而一个不热情的人,却把一个难得的生日聚会变得索然无味。

乔·吉拉德认为,所有人都应该相信:乔·吉拉德能做到的,你们也能做到,我并不比你们好多少。而他之所以做到,便是投入专注与热情。他说,放弃了建筑生意,就在于

有太多选择、太多人分散了精力,而这正是失败的原因。

"在一切现实性上,人是社会关系的总和。"(马克思语)热情决不仅仅是人际交往的应酬和需要,而是人与人、人与社会融洽相处的一个必然链环。

世界上大多数人害怕重大的事情:怎么使自己事业成功?乔·吉拉德认为,应当投入聪明、有智慧的工作。

有人说对工作要100%地付出。他却不以为然:这是谁都可以做到的。但要成功,就应当付出140%,这才是成功的保证。73岁的乔·吉拉德,认为自己的心理年龄只有18岁,因为他仍保持蓬勃向上的精神,要燃起熊熊的信念之火。

要燃起熊熊的信念之火,乔·吉拉德认为,两个单词非常重要:一个是"我想",另一个是"我能"。

积极意味着不断开拓,不断创新道路。每个人都渴望实现人生的梦想,享受卓越所带来的光荣,而当你的理想一旦实现,你自己也完成了人生从平庸到卓越的转变,实现了自己价值的提升。

积极让梦想实现——
成功的不二法门

李昌钰和妻子刚到美国定居时,付完机票及房租后身上只剩下50美元。他一安定下来就马上出去找工作,终于在纽约大学医疗中心找到一份化验员的工作。

他们住的地方很狭窄,公寓内只有一张床,一张书桌和一个书架,这些简陋的家具都是从廉价商店购买来的。

留学生的生活清苦忙碌,昂贵的学费更让李昌钰夫妻二人捉襟见肘。有时,为了节省5分钱的地铁车票,下班和下课后李昌钰都走路回家。夜深人静,独自一人走在路灯暗淡的马路上,四周是黑漆漆的大楼,路显得格外的长,走累时停下来喘口气,心情十分低沉,他总是自问道:"何时才能走完这段路?"但是李昌钰总是鼓励着自己,路虽然很漫长,很孤单,但是只要你走出一步,你离目标就走近一步,千万不能留在原地叹息,否则永远都无法到达目的地。

尽管生活艰苦,李昌钰却始终没有放弃攻读博士学位,但是他不能像普通大学生一样慢慢念,因为毕竟时不我待,与其他学生相比,他的起步明显晚了许多,同时没有人帮他付学费,他没有足够的钱来让他慢慢念。大部分学生每个学期都选12到14个

学分,李昌钰决定赶紧将课程念完,便注册登记20到26个学分。注册组的职员说:"没有人能在一个学期念完20个学分的,这是不可能的事情。"李昌钰回答说:"让我试一试,如果你不让我试,你怎么知道我办不到呢?"经过李昌钰的一番苦求,这位职员勉强让他注册20个学分。

李昌钰知道他在和时间与金钱赛跑,他在第一个学期念得很好,成绩全都是A,第二学期注册时学校就不再找麻烦。从此之后,他体会到千万不能因为别人说"不可能"就放弃自己的目标,一定要自己想办法找到出路,使不可能的事情变得可能。

李昌钰博士毕业后在大学担任助理教授,之后,接受了康乃狄克州长邀请,成为康州刑事鉴定主任。再之后,他成了震撼美利坚的"当代的福尔摩斯"。

李昌钰在谈到他的美国经历时说,开启美国梦想之门,除努力工作外,做一个"积极让梦想实现"的人,是成功的不二法门。他表示,人有三类,一是"积极让梦想实现"的类型;一是"站在那里不动"的类型;一是"对人生模糊不清"类型的人。他希望大家都能成为"积极让梦想实现"的人。

李昌钰在美国奋斗时,一直谨记着当年从书上读到的"人的思考力是没有限制的"、"做任何事情没有年龄限制"及"只要努力,便可克服困难"三句话。

畅销100多年的《把信送给加西亚》,讲述了一个动人心魄的故事:一名勇敢的中尉把信送给了远在数千英里之外群山中不知所踪的将军,即便我们忽略中尉在途中遇到的种种危险,这个故事无论如何也是一个传奇了。每一个读过这个故事的人都会毫无疑问地被这位名叫罗文的勇敢中尉身上所具有的积极主动、忠诚开拓的优秀品质所感染、所震撼。

失望也罢,绝望也罢,希望之出现就在于尽最大的努力来完成一次令人为之瞩目并被社会认同的自我创造。

西出无望
"东方"红

现任新东方校长的俞敏洪当时高考时并不顺利,数次参加,数次落榜。复读时他还要务农、代课,终于在第三次高考一举考取北京大学西语系。毕业后,同学们纷纷出国,他却失败了几次，此后他沉寂了7年。

1992年，为了4000美元学费，出国受阻但积累了不少代课经验的俞敏洪尝试着开办"托福"补习班。冬夜，俞敏洪拎着糨糊桶、骑着自行车穿行在行人渐稀的大街小巷和灯光点点的大学校园，张贴自己用毛笔书写的"托福"补习班广告。糨糊刚刷上去就成了冰。冷得实在受不了，他就掏出揣在怀里的"二锅头"抿上一口。

广告贴出去后，俞敏洪焦急地等待着。苦苦等了10天后，终于等来了两位报名者。第一期补习班结束后，俞敏洪贴出了免费举办"托福"补习班的广告。

由于他独特的教学方法，前来听课的人越来越多，那年冬天，能坐1000多人的大礼堂一下涌来了3000多人。为了让所有的人都能听到课，俞敏洪将讲座临时改到礼堂外。他站在台阶的一个垃圾桶上，一口气讲了一个半小时。一位学员将自己的棉大衣脱下来轻轻地披在他的身上。

1993年，俞敏洪在一间只有10平方米的小屋前挂上了"新东方学校"的牌子，并在这间违章建筑办公室里开始了充满艰难的发展历程。

由于竞争激烈，新东方广告员拿广告去贴的时候，别的培训部就拿刀子在等着你，说你敢贴我就敢捅了你，新东方的广告员是被人捅过的，进医院缝了好几针。

经过这样的摸爬滚打，俞敏洪从一介书生成长为能打理方方面面的合格"校长"。到1994年底，学校同期有2000人在读。那时，他又有了出国的机会，但是终究舍不下苦心经营的学校，留了下来。

1995年，学生已经达到15000人。这个时候的俞敏洪，已不是那个只想赚点儿钱就出国留学的俞敏洪。他终于在绝望的大山中砍出了一块希望的石头，此时俞敏洪已经能够感受到教育产业的魅力。圣诞节前夕，在美国波士顿通往新泽西州的公路上，俞敏洪驾着车在暴风雪中艰难地前行，他要寻求到更多的人才跟他一起打造更大的"新东方"。

7年殚精竭虑，"新东方"已由一个小小的"托福"班发展成为国内最大的出国英语考试及英语学习培训基地，年培训学生超过15万人次，国外的留学生70%是其弟子。由于俞敏洪对留学教育专业的杰出贡献，被社会誉为"留学教父"。

感悟

每个人都有自己的希望，循着这个希望，人类有了丰富的色彩。人的生命从渴望神圣的信念及其践行中，才能获得存在的丰富性和高贵性。否则的话，历史和精神就是一片空白，虽有延绵，但无意义，至多留下一堆物质垃圾。

"新东方"的成功，告诉我们一个道理：每个人都要在失望中保持希望，即便一次次失望，也决不放弃寻找希望，起码要在充满苦难的抗争中完成自己独特的一生。失望也罢，绝望也罢，希望之出现就在于尽最大的努力来完成一次令人为之瞩目并被社会认

同的自我创造。

只有在希望中,某一时刻的绝望才不会变成自杀的毒药,特定的苦难才不会把人变成喋喋不休的怨妇,才不会陷于"为什么我如此倒霉"的自我中心的深渊,才不会沉溺于"我是天下最不幸的人"的悲叹中而无力自拔,才不会觉得全世界的人都"欠我一笔还不完的债",稍不如意就大发雷霆或唉声叹气,并将自身的冤恨、愤怒、悲观、厌世、沉沦、颓废等情绪转嫁到外在环境和亲人、朋友及其他人身上。只有哀怨而没有希望,便无从在苦难中发现意义,无法将消极的苦难变成积极的生活动力并从中汲取人性的滋养。

所有成功的人,都是有着坚守的意志并不断追求的人。他们抱定一个信念、一个目标、一个计划,而且永远不会半途而废。

在成名的道路上
他冷酷到底

羽·泉凭《最美》、《冷酷到底》等脍炙人口的歌曲,成为红透亚洲的歌星。2002年初,羽·泉获得了有史以来亚洲最大规模的"MTV亚洲大奖"最受欢迎歌手称号。然而,回首来时路,组合之一的胡海泉有着道不完的酸甜苦辣。

胡海泉出生在一个军人家庭,沈阳广播电视大学毕业后,被分配到沈阳金杯汽车贸易公司工作,但胡海泉却没有去那里报到。他已经做好了准备,等毕业论文答辩结束后就去北京闯荡音乐圈。

胡海泉到北京后,来到曾经实习的北京音像制品制作评价中心打工。在那里,他拥有的是音乐编辑的身份但却干的是打杂的活儿,而且工资也很低。

由于没钱交房租,胡海泉只好住办公室,由于办公桌太小,他经常会从"床"上滚落到冰凉的水泥地上,甚至摔出青包来。如果这是皮外伤的话,其间遭人白眼则让他有些伤心了。一次因把袜子放在一位女同事的椅子上,同事大闹,他再三道歉,结果还不算完,无奈之下,胡海泉自己掏钱为那位女同事买了一把新椅子。

1996年底,在熟人的推荐下,他到了幻影音乐制作公司上班,并住进了幻影公司在东四附近租的一间14平方米的锅炉房,胡海泉和锅炉工住在了一起。

胡海泉的父亲看到儿子住在那么简陋的住所,很不放心地对儿子说:"如果实在挺不住的话,就回家吧。"胡海泉却很坚定地说:"爸爸,我不做出点儿成绩是不会回去

的。"

1997年，为了生存，胡海泉开始寻找到酒吧唱歌的机会，唱一晚虽然能够得到150元的报酬，但他常常要承受来自老板和顾客的各种刁难和屈辱。

不久幻影公司就解体了，胡海泉连一分钱的工资都没有得到。从那之后，胡海泉决定再也不给别人打工了。已经熟悉了专集制作整个流程的胡海泉，用晚上唱歌攒的3万元积蓄，购置了一套音响设备，成立了一个小型MIDI工作室，开始为歌手录制伴奏带，也为电视剧搞音乐制作。

胡海泉的工作室非常成功，在歌手中渐渐有了不错的口碑，并因此认识了承担《北京夏天》歌曲创作的实力歌手陈羽凡，他正在寻找搭档签约"滚石"公司。

羽·泉组合从此诞生。

"坚守"虽说未必一定成功，但"坚守"是一种态度，是一种精神，更是一种勇气。

任何事情的成功与失败，我们都应宁愿怀着从容闲适的心情玩味它，而不要让过分急切的追求和得失之患占有了我们。在这个世界上，谁敢说自己已经贯通了一切歧路和绝境，因而不再困惑，也不需要寻找了？我们将永远困惑，也永远寻找，困惑是我们的诚实，寻找是我们的勇敢。要像蒙田说的那样，收拾好行装，随时准备和人生告别，入世再深，也不忘它的限度。这样一种执著有悲观垫底，就不会走向贪婪。有悲观垫底的执著，实际上是一种超脱。

所有成功的人，都是有着坚守的意志并不断追求的人。他们抱定一个信念、一个目标、一个计划，而且永远不会半途而废。

一位哲人说过：能够主宰自己命运的人，都得益于远大追求所带来的强大的力量。无生命的物体屈从于一种生命的力量，而境况则屈从于追求的力量。只有这种坚定不移的追求，才会给机遇洞开一条绿色通道。追求中积累了经验，追求中增长了见识，追求中也磨炼了意志，而这些都是机遇最喜欢的条件。

读懂成功

也许你的力量很小，但只要你拥有了锲而不舍的毅力，便没有不可征服的高峰；也许你的智力驽钝，但只要你拥有坚韧不拔的毅力，便没有不可逾越的障碍。

身残志坚的
罗伯特·巴拉尼

罗伯特·巴拉尼年幼时患了骨结核病，由于家里经济不宽裕，此病无法得到根治，使他的膝关节永久性僵硬了。父母为自己的儿子伤心，巴拉尼当然也痛苦至极。但是，懂事的巴拉尼，尽管年纪才七八岁，却把自己的痛苦隐藏起来，对父母说："你们不要为我伤心，我完全能做出一个健康人的成就。"

巴拉尼从此狠下决心，凭借坚强的毅力，埋头苦读。父母交替着每天接送他到学校，一直坚持了十多年，风雨无阻。巴拉尼没有辜负父母的心血，也没有忘掉自己的誓言，读小学、中学时，成绩一直保持优异，名列同级学生前茅。

18 岁进入维也纳大学医学院学习，1900 年，获得了博士学位。毕业后，巴拉尼留在维也纳大学耳科诊所工作，当一名实习医生。由于巴拉尼工作很努力，在该大学医院工作的著名医生亚当·波利兹对他很赏识，对他的工作和研究给予热情的指导。巴拉尼对眼球震颤现象深入研究和探源，经过三年努力，于 1905 年 5 月发表了题为《热眼球震颤的观察》的研究论文。这篇论文的发表，引起了医学界的关注，标志着耳科"热检验"法的产生。巴拉尼再深入钻研，通过实验证明内耳前庭器与小脑有关，从此奠定了耳科生理学的基础。

1909 年，著名耳科医生亚当·波利兹病重，他主持的耳科研究所的事务及在维也纳大学担任耳科医学教学的任务，全部交给巴拉尼了。繁重的工作担子压在巴拉尼肩上，他不畏劳苦，除了出色地完成这些工作外，还继续对自己的专业进行深入研究。1910 年至 1912 年间，他的科研成果累累，先后发表了《半规管的生理学与病理学》和《前庭器的机能试验》两本著作。由于他工作和科研有突破性的贡献，奥地利皇家授予他爵位。1914 年，他又获得诺贝尔生理学及医学奖。

巴拉尼一生发表的科研论文 184 篇，治疗好许多耳科绝症。他的成就卓著，当今医学上探测前庭疾患的试验和检查小脑活动及其与平衡障碍有关的试验，都是以他的姓氏命名的。

从罗伯特·巴拉尼艰苦的成功之路可以看出，是毅力让他从苦难的深渊解脱出来，是毅力使他取得巨大的成就，摘得诺贝尔奖。

毅力，词典解释为坚强持久的意志。具体来说，毅力是顽强不息、坚定不移的意志，是人们树立信心、战胜困难的力量源泉，是一个人在奋斗中能否取得成就的关键。

毅力，还指排除万难、不达目的誓不罢休的优良品质。毅力不能放在嘴上说，它是沉默中一小步一小步不间断的跨越，它是意志力支撑下的持久的行动。滴水穿石，愚公移山，龟兔赛跑，这些看似不可思议的事情由于毅力的支撑而变成了现实。

也许你的力量很小，但只要你拥有了锲而不舍的毅力，便没有不可征服的高峰；也许你的智力驽钝，但只要你拥有坚韧不拔的毅力，便没有不可逾越的障碍。"行百里者半九十"，坚持到最后一刻的才是胜利者。

磨炼自己的意志，锤炼我们的毅力，让胜利的鲜花在血汗中绽放，让荣誉的桂冠用荆棘编织，用毅力为我们的人生写美丽的诗篇吧！

人生是条没有终点的路，只要我们一直朝着自己的理想向前方迈进，坚持之后，也许成功就在前面的拐角处。

用实力和坚持
叩开成功的门

沙宝亮是北京人，8岁时被父母送进了杂技团学习杂技表演，15岁还拿到了法国未来杂技节的世界金奖。1993年艺校毕业后进入歌坛，刚开始在酒吧驻唱，但由于性格内向，不善于制造气氛，曾被多家酒吧老板炒过鱿鱼。

1996年，他自己出资制作了一张专辑，专辑里有R&B、布鲁斯的作品，但在当时的环境下，人们感觉他的意识有点儿过头或者古怪。所以到各大唱片公司或发行公司去敲门时，这张唱片被100%地拒绝了。之后，他甚至改行做起了二手房推销员的行当。

后来，沙宝亮筹备了一个工作室，以创作为主给一些朋友写歌。为钟镇涛创作了《简简单单的生活》，为戴娆创作了《期待》，为叶蓓创作了《我是谁》。2002年沙宝亮和现

代力量签约发了第一张专辑《爱上一条鱼》，这张唱片精选了 1996 年的部分歌曲。但在市场上并没有引起反响。

在沙宝亮品味着失败的时候，失败后面的成功也伴随而来。著名音乐人三宝听了沙宝亮这张专辑后，觉得他很有才华，开始了与他的第一次合作，让他演唱了电视剧《非常公民》主题歌《飘》。之后，又让他演唱了电视剧《金粉世家》的主题曲《暗香》，从此，一举成名天下知。

相信每个人都曾遭受过失败，因为失败是必须经历的。既然它是人生历程中所必经的阶段，那我们就不能去逃避，而是要勇敢地面对。

其实，失败与困境并不是人生的绊脚石，相反却会是人生的里程碑。一方面记下了我们曾付出努力的结果；另一方面，它又展示了新的一页，有待我们用自己喜欢的颜色把人生变得绚丽缤纷。在我们的一生中可能会碰到更多的失败，应该从困境中解放出来，在恶劣的环境下磨炼出耐力和自信，做一束经得起风雨的劲草，做一个经得磨炼的人。

人不可能一生都风平浪静，一帆风顺。既然怨天尤人无济于事，那何不从容、勇敢地去面对风浪？虽然我们无法改变人生，但我们可以改变人生观；虽然我们无法改变环境，但我们可以改变心境。人生是条没有终点的路，只要我们一直朝着自己的理想向前方迈进，坚持之后，也许成功就在前面的拐角处。

人生是一个不断发现成功支点的过程，当你发现了那个足以撬起你一生幸福的支点的时候，紧紧把握住，那么你就可能与成功近在咫尺！

给你一个支点，
"故纸堆"也能变财富

黄龙泉的老家在湖北省广水市的一个小镇，家里还有一个姐姐和一个弟弟。父母本是做建筑生意的小商人，在黄龙泉读高三的那年，父亲的生意因为扯上了官司，资金周转不过来，不得不放弃了建筑生意，全家人顿时失去了经济来源，黄龙泉只好放弃了继续上大学的机会来到了温州一家工厂打工。几个月后的一天晚上，他工作到凌晨 3

点钟时,看到手边还有一沓纸没卡完,他想索性做完了再去睡觉。但也许是练习的时间过长,他有些疲惫,卡纸的时候,一不小心把手指也卡了进去,三个手指当场就被卡断了,幸好被身边的同事及时送到了医院。因为是工伤,老板给了黄龙泉2万块钱,这让他不好意思在医院里躺太久,两个月后他就出了院。

黄龙泉和母亲的租住屋附近有个文物市场,心里难受的时候,他就到文物市场去转悠。有一次,他看到市场里有人在出售木烙,他想:"这玩意儿是怎么制造出来的呢?为什么还会有人在这里买卖这个东西呢?里面是不是还蕴藏着财富?"黄龙泉觉得很好玩,就回家自制了一个特别的熨斗,在一块木头上试着烙。做好之后,拿了一幅自己还算满意的作品到收藏品市场,没想到一进市场,他的画就被一家店主看中了,那幅画他卖了20元钱。虽然只有20元,但是他觉得比赚了3000元还要兴奋,当天晚上,他激动得一整夜没睡着,因为他找到了事业的支点和今后人生的奋斗目标。

布烙画是一门技术性很强的活儿,他觉得里面一定有它的奥秘之处,于是,他想到了去拜师学艺。当天,他就按照报纸上的介绍,找到了专门玩布烙画的王师傅,可是王师傅并不想收他这个徒弟,因为他不愿意把技术传授给外人。

黄龙泉这个人有点儿牛脾气,你越不肯教他,他就偏偏要学到。此后,他又去了几次,最后他学聪明了些,居然花200多元钱买了一大堆礼物跑到王师傅家去,王师傅和他聊了一会儿,但还是不肯收他为徒弟。最后,黄龙泉想到了一招,索性把被子打包背到王师傅家去,看到黄龙泉确实是诚心诚意想学布烙画,王师傅终于答应认他这个徒弟了。对于没有基础的黄龙泉来说,他学起来是很难的,每天早晨6点钟就起床开始学习,一直到凌晨1点钟他才肯歇下来,勤学苦钻了三个多月,他终于掌握了布烙的基本技巧。

黄龙泉的布烙画制作得特别精细,价钱也比同类画卖得便宜,因此,他的画总是一到市场,就抢购一空,另外还有顾客慕名而来。后来,他在武汉图书馆泡了半年,找到了一幅比较清楚的《清明上河图》全图,他决定"秀"一把历史品牌。

刚开始的时候,他照着图用铅笔画,因为没有专业学过美术,所以画起来有些困难。大概画了半年多,铅笔都用了几百根,薄薄的拷贝纸当废纸卖都卖了5元钱。这样,他把《清明上河图》也画在心里了。

花了两年多的时间,黄龙泉终于制作出了一幅《清明上河图》布烙画。2004年9月在武汉市展览中心举办的文洽会上,这幅画竟然以18万元的价格被一位国外的收藏品爱好者买走。而龙泉的布烙画也因此震惊湖北省及国家文化部门的领导,名扬海内外。目前,他的布烙画已远销美国、澳大利亚、德国、波兰等世界10多个国家和地区。

26岁的黄龙泉尽管历经坎坷,但他在"故纸堆"里邂逅商机,然后紧抓商机,开发商机,终于获得了成功。他的故事不仅令人称奇,而且耐人回味:"有些古老传统的东

西,看上去高不可攀,但正因为古老,所以无须你拥有多高的学历,只要你有一定的文化,细细揣摩,持之以恒,就一定能化古老为时尚;如果你稍稍聪明一点儿,再将时尚与历史品牌相嫁接,注入文化的气息,提升古老的品位和档次,那么你就可能与成功近在咫尺!"当然这所有的过程都需要你仔细揣摩和发现。

据说能到达金字塔塔顶的动物有两种:一是雄鹰,一是蜗牛。如果我们不是一只雄鹰,那么就做一只坚忍不拔的蜗牛吧!

事业
从梦想开始

玙琳凯的事业开始于一般人认为应该结束的时候。那时她已经45岁,刚从做了25年的直销岗位上退休,由于感到已失去了生活的活力,她决定写下25年来她作为杰出的直销员生活的种种经历,想借此帮助其他妇女。看看所写出的清单,发现自己仍是十分幸运的,于是渐渐地在玙琳凯心中有了一个美梦,促使她建立一个"美梦公司",给所有的女性提供无限的机会,帮助更多的人实现她们的梦想。

说干就干,为了这个梦想,玙琳凯投入了她全部积蓄5000美元来创建这个新公司。但是在公司开业前一个月,她的丈夫却突然去世,眼看玙琳凯不得不放弃这一梦想时,她的儿子理查德·罗查斯放下他自己的工作,来和她一起创建她的新公司。

玙琳凯以自己的名字命名新公司,最初的职员只有她和儿子理查德及9名美容顾问。

玙琳凯说:"许多人开创新事业是为了赚钱,但这绝不是我的主要动机,并不是我相当富裕而可以不在乎钱,我只是认为这个事业必须成功,否则我将没有第二次机会开创自己的事业了。"

年轻时玙琳凯因为生计所需由家庭主妇而成为直销公司的直销员,退休前是美国一家全国性直销公司"世界礼品公司"的训练主管。20世纪五六十年代,美国社会对妇女很歧视,玙琳凯能做到这个职位实在是因为她太优秀。当时女性和男性同样工作,薪金往往只能拿到男性的一半,这令玙琳凯很愤怒。1963年她愤而辞职,决心发挥自己的最大潜力与男性们一争高下。

1963年9月13日,在达拉斯的一个只有50平方英尺的店面里,玙琳凯化妆品公司开业了。玙琳凯直销的化妆品来自于她从自己美容师丽代手中买下的一种美容配方。选择化妆品进行直销,这意味着玙琳凯必然与那时已有25年历史的巨人雅芳公司竞争。

玫琳凯公司第一年的销售额就达到 19.8 万美元,1996 年达到 130 万美元。这时,玫琳凯和她儿子开始把业务扩展到世界各地。到 1999 年,玫琳凯公司在全球 29 个国家和地区拥有 50 万名美容顾问,销售额超过 20 亿美元,名列美国《财富》杂志全美 500 大企业行列,并成了"全美 100 家最值得员工工作的公司"中榜上有名的唯一一家直销公司和化妆品公司。

前不久,美国《福布斯》杂志评出了 200 年来全球企业界最具传奇色彩并取得巨大成功的人物,她就是当选者中唯一的女性。

目标就是他们人生航程中始终不灭的一盏航灯,因而在他们曲折的一生中,不管前面有多少险风恶浪,有多少险滩暗礁,他们都能朝着目标坚定不移地前进,披荆斩棘,百折不挠,终于成就一番伟业。苏东坡有句名言:"古之成大事者,不唯有超世之才,亦必有坚忍不拔之志。"

有一艘船,1886 年下水,在大西洋中 142 次遭遇冰川,127 次触礁,15 次起火,234 次被风暴扭断桅杆,然而它从没沉没过。先后驾驶这艘船的几任船长,不仅技术娴熟,经验丰富,而且都抱有一个坚定的共识:只要人的信念不沉没,船就不会沉没!现在,这艘船被当成国宝收藏在英国萨伦船舶博物馆,每年都有大批的游客慕名前往参观。

据说能到达金字塔塔顶的动物有两种:一是雄鹰,一是蜗牛。如果我们不是一只雄鹰,那么就做一只坚忍不拔的蜗牛吧!

风格即个性。球队没有自己的风格,谓之混球;音乐没有自己的风格,谓之靡音;一个人没有自己的风格,谓之圆滑。没有风格,终难成器。

我磨难,
我的风格使我在

天生叛逆的孙楠成长在一个音乐之家,对着一家子搞音乐的人,在受到音乐的熏陶和感染的同时,从他心中萌生出一种抵触情绪———绝不再继续家人的职业,坚决

不搞音乐。孙楠回忆起小时候的生活说："我父亲是声乐老师，几十个学生天天在家里嚷嚷到晚上 11 点，害得我回家不能写作业，晚上不能睡觉，烦都烦死了，怎么可能喜欢音乐呢？"

一直坚守着"正统"音乐阵地的父亲，在发现儿子具有嗓音天赋之后，主张让他考音乐学院。然而孙楠却没把父亲的主张当回事，一门心思想进工厂。他打的第一份工是在建筑工地推砖。那时他还是个上初中的孩子，挣钱的目的很简单，就是想凭自己的能力买一双好球鞋，于是当了 3 天推砖工，每天挣 2 块 6 毛钱。中学毕业后，孙楠没有遵守父亲的意愿，而是坚持当工人。父亲是个宽容的人，对于孙楠的选择采取顺其自然的态度，还托人帮孙楠找到了毕业后的第一份工作。于是孙楠进入锅炉厂当了一名锅炉工，还像模像样地考下了司炉证。后来孙楠的身影又出现在电工、油漆工、木工、售货员这些岗位上。对他来说，最情有独钟的是电工，可让他万万没想到的是他被安排当的是外线电工，天天爬电线杆，于是当一辈子电工的计划也只得作罢。最有收获的要数油漆工。孙楠在铅笔厂当油漆工的时候，开始迷恋上打鼓。他说："这就是命，我就是跟音乐有缘。"这份工作给他练鼓创造了得天独厚的条件，车间就是舞台，油漆桶当鼓，铅笔成了鼓槌。

20 世纪 80 年代末，孙楠凭着在大连歌舞团工作的姐姐的介绍，以鼓手的身份进入了大连百花艺术团。孙楠当时会唱不少流行歌曲，在打鼓之余也唱唱歌，一场 10 块钱报酬，一个月下来，零零散散的也有上千块的收入。但就在这时有人给孙楠浇了一头冷水："孙楠你是公鸭嗓，嗓子还沙哑，再怎么努力也没用，你不适合当歌手，还是老老实实当鼓手吧。"谁知孙楠完全不听这一套，自己琢磨："嗯，可能我真的不适合当鼓手，还是当歌手吧。"就是凭着这股拧劲，孙楠下了当歌手的决心。1992 年，孙楠进入中央歌舞团，挣着每月 260 元的工资。微薄的收入，拮据的生活，有一次甚至面临"断顿儿"的危险———离发工资还有 5 天，身上却只剩下 9 毛钱。

后来孙楠又到香港发展，在香港的几年里，孙楠经常与谭咏麟、刘德华、李克勤这些巨星同台，别人前呼后拥，自己默默无闻，记者不认识，观众不买账，经常是歌迷要签名的本子从眼前经过却不停留，参加新闻发布会被安排在角落无人问津。

在经历逆境的磨炼后，孙楠终于找到了适合自己的音乐风格。

1997 年，孙楠回到北京发展，与唱片公司星工场签约。从此，孙楠和《红旗飘飘》同时在中国的大江南北走红了。

感悟

"天命之谓性，率性之谓道"，大义所指，其玄妙非愚言可说。风格如同人的面目，是不能没有的。艺术没有风格，便可有可无，其存在就没有多少意义。

从拒绝音乐，到激情投入，孙楠在与音乐分分合合的同时，也经历了事业与生活的几起几落。任谁处在当今中国乐坛风口浪尖的位置，都难免会有到达事业顶峰时随之

而来的危机感和对走下坡的恐惧感，并往往让一些人表现出忘乎所以，或患得患失，或逃避现实的异常之举，然而孙楠给人的印象却是殊为难得的豁达开朗，这就是孙楠历经磨难而本心不改的风格。

要想找准你的定位，你一定要明白自己的特长，深刻了解自己个人的核心竞争力。只有这样，无论你是想成为商人，还是想从政、从军或是搞研究，在开创事业的时候，胜算的把握才能大。

没有最好的，
只有最适合你的

1993年，刘永森离开黑龙江，像很多人一样漫无目的地来北京寻找挣钱的机会，在北京一家公司打工。因为喜好速记，所以经常练练手，于是就有一些人知道他有速记这个"绝活"。一次偶然的机会，他被中央党校的一位老先生邀去做速记，由老先生口述，他做记录。由于多年的练习，他对此轻车熟路，出错率很低。经整理，这本书很快出版了。

以此为契机，刘永森以10万元注册了北京文山会海速记公司，在北京这个速记覆盖率不足10%的市场中全力地发展速记业。口口相传，他开始陆续地为个人做速记。这时候，他才重新审视自己所掌握的速记技能，才开始观察北京市场对速记的需求。结果发现，自己身处的这个地方是速记发展最理想的市场，于是，他花2000元买了一台旧笔记本电脑，从此乐此不疲地为他人做速记。这时候，他已不仅为个人做速记，而是开始承揽各种会议。

在北京市场，速记成为一种商业行为也只是"小荷才露尖尖角"，但毕竟有了一个开始，而且还显现强大的潜力。成功地分享"速记之餐"的刘永森说："这是个不成熟的领域，我碰巧有这个不成熟领域里成熟的技术，把握住了这一点我就成功了一半；还有，不管面对什么压力，我都会坚持已经认定的目标，这样我就得到了成功的另一半。"

感悟

刘永森充分发挥了自己的核心竞争力，使自己的事业取得成功。

每个人都有各自不同的竞争力,不同类的人适合不同的行业;成功也不能按财富的多少一概而论。有的人适合于商海的拼搏,有的人喜欢官场的气氛,有的人精于传道授业解惑,有的人听到军营的号角就激动……所以,每个人最重要的是要明白自己适合做什么,只有这样,才能最大限度地发挥自己的聪明才智,才能在自己的行业中取得成功。

有一段哲学家与船夫之间的对话,很能说明这个道理。

哲学家问船夫:"你懂哲学吗?""不懂。"船夫回答。"那你至少失去了一半的生命。"哲学家说。

"你懂数学吗?"哲学家又问。"不懂。"船夫回答。"那你失去了80%的生命。"

突然,一个巨浪把船打翻了,哲学家和船夫都掉到了水里。看着哲学家在水中胡乱挣扎,船夫问哲学家:"你会游泳吗?""不会。"哲学家回答。"那你将失去整个生命。"船夫说。

哲学家和船夫都有其各自的核心竞争力,只是场合不同、表现方式不同而已。

强者弱者之间,也没有多少区别,关键是看谁的工夫下得到。社会上的诱惑太多,谁拒绝诱惑谁就成功了一半,另一半就是耐得住寂寞。

工程兵用才气和力气
著就经典

二月河原名凌解放。1968年,二月河带着"将军梦"踏进了绿色军营,当了一名工程兵。当时部队执行更多的任务是打坑道、挖煤窑、修河堤、筑公路,不是在洞中钻来钻去,就是在泥水中滚来滚去。他曾被水淹过,炮崩过,电打过,房屋塌了压住过,还出过车祸,可谓九死一生。

在这种艰苦的环境下,酷爱读书的二月河只要是发现报纸、旧台历,哪怕是地上一本不见头尾的书,他都要拣起来"认真地看一遍"。一部入伍时带来的《红楼梦》经常带在身边,硬是认认真真读了八遍。这为他十几年后的红学和文学攀登之路奠定了坚实的基础。

1978年,33岁的二月河转业到了河南南阳市委宣传部。不甘平庸的二月河便在业余时间里研读清史,并受到红学研究会会长冯其庸先生的热情鼓励,开始了文学创作,

但所写的《刘秀》、《康熙》接连被退稿。1982年10月,二月河作为河南红学会理事赴上海参加全国红学研究会。会上,许多学者叹惜说,康熙在位61年,有功有德,却没有文学作品来表现他。二月河闻言怦然心动。他"腾"地站了起来,"我来写!"面对这位37岁的文坛无名小卒,众作家学者一笑置之。

从此他开始在一间只有29平方米连张像样的办公桌也没有的创作室动工了。白天他带着无人照看的女儿上班,晚上蹲在铺满报纸的斗室熬夜查资料。酷夏时,斗室里气温高达40多摄氏度,他在头上顶一块湿毛巾,双脚泡在水盆里,一写就是几个小时;寒冬时,手背冻得像发面,仍然笔耕不辍,日写万余字。值得一提的是创作中他有时候甚至为买稿纸的钱而发愁。

一年过去了,首部清史小说《康熙大帝》第一卷40多万字的初稿便脱手了。紧接着又完成了《康熙大帝》其他三卷,以及《落霞三部曲》的《雍正皇帝》和《乾隆皇帝》两本书稿,共计520万字。从此,二月河的名字不仅叫响了内地、台、港、澳,而且东南亚地区还出版了他的中文繁体字帝王系列版本;在海外,凡是有华人的地方,很少有人不知道二月河的。

感悟

卡耐基说过:最成功的人并不是最聪明的人,而是善于把握良机,决不放弃的人。

机会与成功是紧密相连的,一个人要想成功必须是善用机会的高手。因为一般来说,机会对每一个人都是平等的,机会就在你身边,触手可及。但是要想利用机会,就必须有高度的洞察力,去发现、认识,直至抓住它。机会是否愿意委身于你,主要取决于你的工作能力、行动决心、想象力、经验以及其他的业务知识。总之,机会只偏爱有准备的头脑。

一次难得的机会,可能同时出现在所有人面前,而许多人却看不到;或者,虽然有些人发现了,但没有足够的能力和经验去利用它,只能看着机会溜走。

也有许多人认为,能否获得机会,主要是看运气的好坏。其实运气的基本要素是偶然性,它对于任何人都一视同仁。也就是说,所有的人交好运的可能性都一样多。那么为何交好运的人总是少数,而大多数人则是倒霉或平庸呢?那是因为他们不懂得运气的实质是"你为获得机会做了准备,一旦水到渠成,好运也就到来"这一道理。

读懂成功

世间有一条荆棘小道，左边连着天堂，右边通到地狱。它的名字是——磨难。

苦难的力量
催生"方便面之父"

他的童年时光是在中国台湾度过的。他的中国名字叫吴百福。

22 岁时，他花 19 万日元在台北"永乐町"设立了一家专门销售针织品的公司，从日本采购制品在当地销售。

他很小就失去了双亲，他的祖父经营着一家销售纤维和纺织品的绸缎布匹商店。父亲留下的遗产给他提供了创业资金，而新型编织机的出现以及化纤的普及，给他带来了极大的发展机遇。仅仅一年时间，他就到日本大阪设立了"日本商会"，开始做起了批发业务。他的野心越来越大，不久，他和一个商人开始合作蚕丝生意：大规模栽培蓖麻，提取蓖麻油生产飞机润滑油，用蓖麻叶喂养蚕，用蚕丝制作织物。当这个新公司规模盛大地开张时，他觉得一个一举两得、甚至一举三得的事业开始了。

但是战争改变了一切。开动战争机器的日本政府先后公布了国家总动员法和物资统制令，自由地从事纤维生意已经没有了可能。

他转而去做幻灯机，还与别人合作经营制造军用发动机零部件公司。由于合作伙伴私吞从日本国家配给的物资，他成了替罪羊被关进了拘留所。拘留所的条件本来就十分恶劣，更何况是在战争时期。拘留所的饮食和处置方法让他非常不满，他开始绝食。

在重新获得了自由之后，他面临的是从零开始。

当时，一批商人酝酿成立一家从事金融业务的信用社，因为他的信用比较好，于是就被邀请做理事长。

后来，这个信用社因为经营不善而破产，虽然没有直接参与这个信用社的经营和管理，作为理事长的他还是要承担后果。他再次入狱，财产也被没收。这个时候，他跌入了人生的最低点。

在第二次从监牢出来的时候，他的所有财产就是一座空房子。那时已经是战后了。他回到了日本。

当时，日本的粮食大多是由美国援助的面粉，大米很少，政府因此鼓励国民多吃面包。这对于喜欢吃大米的日本人来说是很难忍受的。一天，日本厚生省负责粮食营养的一家研究所的负责人和他闲聊的时候说，有没有什么办法让国民多吃面呢？这个想法提醒了百福，他开始认真思考，多年前拘留所里的遭遇这时候也开始提醒他，他决定把自己的事业中心转移到"食"上来。

1957年的一个冬夜，他经过一家拉面摊，看到穿着破旧的人群顶着寒风排长队，为吃一碗拉面竟然能这样不辞辛苦，不由使他产生了极大的兴趣。他相信只要制作得法，面条还是受人们欢迎的。

他决定研制一种注入开水就能立刻食用的拉面，他相信，对于工作忙碌的人们来说，这可以提供极大的方便。但是，他在做面条方面完全是个外行，面条的原料配制非常微妙，有很大的学问，经历无数次失败后他终于悟出一个道理：食品讲究的是平衡。食品的开发就是追求和发现这唯一而绝妙的平衡过程。由于面条不易保存，烹调又麻烦，他将自己的住房改成小研究室，试用各种方法，如日光晒干法和熏制法等，结果保存问题解决了，却不能使干燥的面条迅速复原成可食面。后来还是他夫人的油炸菜肴启发了他，他把面条放到油锅里煎炸，把水分炸干，同时又制作了专门的铁框，在煎炸的同时让方便面呈现出规则的容易包装的形状。"20世纪最伟大的发明之一"方便面终于问世了。

他就是世界闻名的安藤百福。

感悟

生活的路，曲曲折折。人生挫折是一种美丽，是对生活的一种体验，一种尝试。人们从事各项活动，总是希望获得成功，避免失败。可是实际上往往事与愿违。

黎明前的黑暗总是短暂的，乌云终究遮不住太阳。直面挫折，才会从挫折的困境中走出来，从挫折处站起，迈向美好的明天，尽管明天也许还会有挫折。

想必每个人都曾遇过失败，因为失败是每个人所必须经历的，既然它是我们人生历程中所必需的阶段，那么，我们就不能躲避它，我们就得勇敢地面对失败和困境。

其实，失败与困境并不是人生绊脚石；反之，它会是人生里程碑。每一个失败象征一个里程碑，每一次的困境代表一次新的开始。所以，我们更应该好好地面对失败与困境，从中检讨自己，这样我们才会有进步。

同时，我们应以积极的人生观与困境相对抗，不轻易向困难屈服，而且我们该用自己的努力，去斩荆棘；要在这恶劣的环境下训练出耐力与坚毅的自信，做一束顶得住风吹雨打的劲草，做一个经得起百般磨难的人。这样，我们的人生篇章才能绚丽多彩，才能奏出美妙的乐章。

> 人生从来没有真正的绝境。无论遭受多少艰辛，无论经历多少苦难，只要心中还怀着一粒信念的种子，那么总有一天，能走出困境，让生命开花结果。

从"金兵甲"
到"星爷"

周星驰的成长与千千万万的贫苦孩子一样，充满着艰辛与等待，他的成名故事，告诉我们又一个奇迹。

周星驰，1962年6月22日出生于香港，祖籍上海。幼年时，星驰父母离异，早早在他心里割了块伤疤，周家五姐弟靠母亲独力抚养。穷人的孩子早当家，幼年时的周星驰为减轻母亲的负担，曾在街头摆卖指甲剪。而家境的艰难，更是让他早早体会到了人生的世态炎凉。

小时候他的梦想其实简单得很，就是掰着手指头算计着自己什么时候才算是长大，最好长得高大健壮一点儿不被其他的小孩子欺负，有点儿力气也好到社会做事赚钱养家。"但是，谁知道自己长得又小瘦，外表又没有威慑力也没气势，这完全不符合理想中最佳的外形吗！"周星驰如此自嘲，却让我们感叹生命的凄凉。

在中学五年级的时候，他就辍学了，在茶楼当过跑堂，在电子厂当过工人。正是由于长期接触社会的底层，切身体会到市民的心声，为日后的电影创作积累了许多笑料。18岁的时候，周星驰与同样做着明星梦的好友梁朝伟相约去报考香港无线电视台的演员训练班，结果梁朝伟被顺利录取，而他自己却落选了。后来，他终于考上了，开始了他的演艺生涯。

1983年训练班毕业，一直担任儿童节目主持人，一干就是5年，当时有"周星驰只适合做儿童节目主持人"的报道。

进无线，原本只是找个饭碗而已。记得在黄日华、翁美玲版的《射雕英雄传》中饰演的角色不过是可有可无的群众演员——金兵甲和一个囚犯。周星驰当时看得很开，这无所谓，有工作、有饭吃、有钱赚就OK，在这里没有人在乎你到底算是怎样的三六九等，只要荧屏上排头的名字不是你，即便说破天你也就只能算是个死跑龙套的。而且即便是演龙套还不一定每天都有机会，很多时候就不得不跟在场务的屁股后面说一大堆肉麻的软话，而且还要在助理导演面前大献殷勤，强扮出一副很乖巧的样子，以便换来

一个好一点点的龙套角色，能有一两句对白最好不过，即便是没有对白也要有点儿肢体语言的那种。

香港人喜欢谈"混"字，人前人后开口闭口都是怎样去"混"生活。周星驰也不例外，他笑言自己当年混得的确很差劲，有时候不得不为了多赚几十块钱收入，而四处烧香拜神等候差遣。那时候片场经常是几组戏同时赶工，经常是口令一来马上调换行头转场子，自己为了生计着想，不得不学着很油条的样子，跟人家插科打诨磨嘴皮，有时候即便是一个死尸的差使也要浪费一升的口水争取。这是很无奈的选择，否则又怎样？难道要继续受穷？

1988年得李修贤提携，周星驰的处女作《霹雳先锋》面市，并一举夺得当年台湾电影金马奖最佳男配角奖。1990年《赌圣》在香港公映4周，周星驰确定了他无厘头的搞笑风格。此后，周星驰节节胜利，制作越来越精良成本投入也越来越大，步入事业成功期。有人说时代造就了一个卓别林，而周星驰却开创了一个时代。

从死跑龙套的到喜剧之王、搞笑鼻祖，星爷一直走着。生活的苦难，别人的凌辱和奚落，他都默默承受着。就这样坚持下来，他终于实现了自己的梦想。

心若在，梦就在！人生从来没有真正的绝境。只要一个人的心中还怀着一粒信念的种子，无论遭受多少艰辛，无论经历多少苦难，那么总有一天，他必能走出困境，让生命开花结果。

周星驰的经历，让人特别相信一句话：相有心生，命随运转。

有这么一个青年，他一直坚信"命运"的说法，面对一直忙碌和灰暗的生活，他选择了随波逐流。一日，他遇见一位禅师，问之，命运是不是上天注定的？禅师让他伸出他的左手，指给他看说："你看清楚了吗？这条横线叫做爱情线，这条斜线叫做事业线，另外一条竖线，就是生命线。"

然后禅师又让他把两手慢慢地握起来，握得紧紧的，然后禅师问："你说那几根线在哪里？"那个人迷惑地说："在我的手里呀！"禅师笑了，再次问他："命运呢？"

那个人终于恍然大悟，原来命运在自己的手里，靠自己来把握，而不是在别人和自己的嘴里。

其实，人这辈子成功，就是通过把握好自己，来改变命运。也许在追求的时候首先看到的是一片黑暗，但当我们相信自己，坚持走下去的时候，就会最终看到一片光明。

也许命运会将我们扔在漩涡里无情嘲笑，但无论如何，应该高昂我们的头颅！

永不低头——
煮水饺的亿万女富豪

1977 年，在青岛做护士的臧健和带着两个女儿跟随丈夫到泰国定了居。没想到，命运从此将臧健和推向了深渊。夫家嫌臧健和生了两个女儿，不能延续香火，早几年去泰国的丈夫便瞒着臧健和另娶了妻子。

臧健和只好离开了那个凄凉的伤心地。有律师劝臧健和："骨气不能当面包吃。"可臧健和还是选择了骨气。

辗转来到中国香港，举目无亲，身无分文，很快，臧健和便领教了捉襟见肘的生活。女儿们有时饿坏了，一个劲地啃手指头，臧健和看在眼里，疼在心里。再找不到工作，臧健和只好去卖血了。可是臧健和既不会英文，也不会粤语，找工作屡屡碰壁。除了卖苦力，连臧健和自己都不知道自己能做什么。劳工处的职员问臧健和："你想做什么样的工作？"臧健和小声地说："现在我已没有任何权利挑选工作，只待工作挑选我，做什么我都愿意。"那位职员有些动容。没几天，便给臧健和找了一份洗毛巾、洗厕所的工作，臧健和欢天喜地地去了。后来，臧健和又兼职给一位内地来的老太太打针，晚上去洗电车。一天打三份工，常常累得两眼发黑。

可是在臧健和最疲惫的时候，不幸再次向臧健和走来。那天，臧健和蹲在街边洗碗，一辆运货车突然失控，将臧健和撞倒在地。骑车的人跟臧健和说了些话，臧健和一句也没听懂，那人趁机扬长而去。回到家后，腰部一阵阵钻心的疼痛，甚至连爬上床都不可能。好心的邻居送臧健和到医院一检查，腰骨挫裂伤，还伴有严重的糖尿病。

劳工处的职员见到臧健和的惨况，主动与老板交涉工伤赔偿事宜。老板坚决不赔，蛮横地说道："内地来的人，不是打砸抢，就是懒人。"生活再苦、再累，臧健和都没掉过泪。可是这句话一说，臧健和的眼泪像奔涌的喷泉，一个劲地往外狂泻。不错，臧健和是来自内地，臧健和是穷，但臧健和不允许任何人侮辱她的人格和故乡的尊严。

一气之下，臧健和将老板告上了法庭。经过审理，法院判给臧健和伤残补贴 3 万元，另加工资 4500 元。但臧健和将 3 万元还给了老板，她只为了一口气。

伤愈后，臧健和不能再做重体力活了。正在濒临绝境的时候，有朋友建议臧健和卖

水饺。在青岛，臧健和家的水饺远近闻名。可是在香港，臧健和一点儿把握都没有，水饺在这里几乎绝迹。然而走投无路的臧健和，唯有孤注一掷了。

多年后臧健和依然清晰地记得第一天卖水饺的情形。在人来人往的湾仔码头，臧健和手忙脚乱地生火，8岁的大女儿帮着包饺子，4岁的小女儿帮着洗碗。5个小伙子很好奇，说从未见过北京水饺，想尝一尝。臧健和把水饺端给他们，全神贯注地盯着他们的表情，战战兢兢地等候他们的反应。他们不知道，他们此刻的反应直接与臧健和的命运息息相关，臧健和像一个虔诚的信徒在等待上帝的恩赐。

出乎臧健和的意料，每个小伙子都说好吃，每个人都要了第二碗，臧健和激动得哭了。

久而久之，一传十，十传百，卖出了名气。报纸、电台等各大小媒体争相报道。慕名前来的食客要排一个半钟头的队才可以买到。从此，一个名叫"湾仔码头"的北京水饺在香港卖火了。

捕鱼老头圣地亚哥说："一个人生来不是被打败的。"面对逆境，面对挫折，应该如何？人生在世，又有哪个人不会失意？也许命运会将我们扔在漩涡里无情地嘲笑，但无论如何，应该高昂我们的头颅，我们要正直，坚强而且勇敢，我们誓不低头！

其实，生活从来就是一条曲折而漫长的征途——既有荒凉的沙漠，也有深长的峡谷；既有横阻的高山，也有断路的激流。生活从来就是一片广袤的天地，绝不会永远鲜花繁盛、蝶飞蜂舞，它还会有风刀霜剑、冰雪封路。生活从来就不只是斑斓的彩梦、荣誉的鲜花、成功的微笑，它还会有酸涩的泪水、紧锁的眉头、徘徊的脚步、断肠的苦酒……

一个人，若经不起大风大浪，那么他永远不可能到达成功的彼岸。在面对困难时，我们要坚强，要勇敢，不要让绝望和忧愁压倒我们，要保持伟大的灵魂，要有永不低头的决心，在经受苦难时达到豁达与平和。

任何人都可以打破他们的精神枷锁，成为自由思考的人！关键是要勇于尝试，不断创新。

用创造力缝制
皮尔·卡丹的帝国

20世纪五六十年代，皮尔·卡丹凭着他超人的才气崛起于服装设计业。他的成功几

乎是一个神话，法国人公认他是一个能够点石成金的人，一个极具传奇性的人物。

皮尔·卡丹并非法国人，父母都是意大利人，以种植葡萄为生，第一次世界大战结束后，举家迁往法国。他父亲不会法语，在法国找不到工作，家境相当贫困。皮尔·卡丹的童年是在格勒诺布尔和工业城市圣艾蒂安度过的，他从小就非常向往巴黎。

第二次世界大战爆发时，他还不到 20 岁。有一天早晨，他对父母说："我要去巴黎。"父母没有表示反对。次日，他便带着一只破箱子，骑了一辆旧自行车动身了。

到了巴黎后，他连住的地方都找不到，于是四处流浪。当时德国人已经占领了巴黎，由于他违反了宵禁令，被关进了监狱。后来经过审查，证明他不是犹太人，德国人才把他释放了。

身无分文的皮尔·卡丹仍到处游荡，走投无路时，偶然看见一家时装店的橱窗上贴着招募学徒的广告，于是便走进去应试。由于他从前曾学过裁缝，所以顺利地被录取了。

1945 年，皮尔·卡丹转到"帕坎"时装店搞设计。当时，许多著名演员都在这家店订做服装，这也给了他一个得以崭露头角的机会。在皮尔·卡丹成长的过程中，法国现代派作家让·郭都和画家克里斯蒂昂·贝腊的美学思想给了他深刻的影响。

1946 年，他又转到著名的"迪奥"时装店工作，在那里，他获益匪浅，学会了制作既符合时尚又大方高雅的时装技能，凭着聪明才智，他渐渐在法国时装业中站稳了脚跟。

1950 年是皮尔·卡丹事业的一个重要转折点，他在里什庞斯街租了一间房，首次展出了他设计的戏剧服装和面具。虽然展出地点条件比较差，却仍产生了不小的影响。这小小的成功给了他更多的信心，他决心大显身手干一番了。

三年后，他第一次推出了自己的女装设计，并一举成名。

1953 年，他尝试改变了时装经营的方式，把量体裁衣、个别订做改成小批量生产成衣，并不断地更新款式。这给他的服装业带来了无限的生命力，又打破了服装的阶层局限，可以说是服装业的一次革命。

后来，他又尝试把主攻方向改为男式时装。这在服装业中激起各方的指责，因为，按照法国的传统，一位出色的时装设计师，只应该缝制女人的服装。

1959 年，皮尔·卡丹又做出了一个惊人的举措，他尝试开办了一次借贷展销。可是这一次他失败了，他从时装业的象牙塔上栽了下来。服装业的保护性组织时装行会对他此举感到万分震惊，再次将他抛弃。

痛定思痛，皮尔·卡丹并没有彻底灰心，他决心东山再起。不到三四年工夫，他居然又被这个组织请去当主席。

皮尔·卡丹的名气与日俱增，名流和贵族们纷纷请他设计时装。可是有一天，他突然对此厌倦不堪。他又尝试向大众提供更多自己设计的服装。

于是，他扩大经营范围，不仅有男装、童装、手套、围巾、鞋帽、挎包，而且还有手表、眼镜、打火机和化妆品。并且，他将自己的企业不断地向国外扩张，首先在欧洲、美洲和日本得到了许可证,打开了市场。1968 年,他又增加了家具设计,渐渐形成了"皮尔·卡丹"商标的系列产品。在世界五大洲 80 个国家内,他有 600 多家工厂、企业,产品基本都是他自己设计的。他开始拥有一个帝国。

感悟

对自己的事业不断进取和执著追求,这就是皮尔·卡丹。他的身上有着一股非同常人的力量,他的勇于尝试的创新意识几乎永不衰竭。

纵观古今,凡有成者,他们无不具有勇于尝试的精神。灯泡的发明者爱迪生为了找到一种合适的材料作灯丝,竟不屈不挠地进行了 8000 多次尝试。实验初期,他找了 1600 种耐热材料,反复试验了近 2000 次,结果发现只有白金较为合适,但白金比黄金还贵重些,这就是说实验失败了。面对这样的失败,一般的人肯定会选择放弃,然而他没有,而是继续尝试着从植物中发掘理想的灯丝材料,先后又尝试了 6000 多种植物。通过不断的尝试,爱迪生最终获得了巨大的成功,给人类带来了"光明"。这"光明",与其说是电之光,还不如说是勇于尝试的精神之光。其实,我们只要细细想想就会惊奇地发现,他所取得的 1000 多项成果中,竟没有哪一项不是不断尝试的结晶。"一次尝试,就有一次收获",他的这句话道出了他成功的秘诀。还有研制出雷管的诺贝尔、发现了雷电规律的罗蒙诺索夫、第一次驾飞机飞上了天空的莱特兄弟……他们所取得的一个个惊人的成就,又有哪一个不是尝试之花结出的硕果呢?在崇拜伟大人物的同时,我们更应该崇拜造就伟大人物的勇于尝试的精神。

成功不是要和别人相比,而是要了解自己,发掘自己的兴趣和潜能,成为最好的你自己!

挑战自己的
文具连锁"国王"

1970 年,邱文钦出生在广东陆丰县碣石镇农家。在他 6 岁那年,父亲不幸病逝;8 岁时,母亲又离开了人间,从此他成了孤儿,他开始与大他两岁的哥哥相依为命。

命运逼得小兄弟俩只得放下书包,扛着锄头赤脚下地种田,成了太阳底下最可怜

的人。那时,他们不仅每日自己做饭、洗衣,计划着花家中的每一分钱,而且每每劳累了一天后,回到家也没有个人嘘寒问暖。每看到别人家的孩子背上书包上学时,邱文钦就会忍不住投去羡慕的目光,但这个童年的梦想始终未能实现。

这样的日子一过就是 7 年,直到 15 岁的邱文钦和哥哥在姑妈的安排下,拜当地的一个木匠为师学做木工。每天跟师傅学拉锯子、推刨子。为了能尽快学到真手艺,兄弟俩还想方设法去讨师傅欢心,不仅免费给师傅打工,还包揽了师傅家所有的粗重家务和田地里的农活儿。就这样兄弟俩在高强度的劳动和学习中熬过了三年光景。这三年里凭着自己的坚强毅力,终于师满出徒,学得了一手漂亮的木工活儿。

1988 年,刚刚兴起的打工潮让兄弟俩也对外面的世界充满了憧憬。兄弟俩在左邻右舍、亲戚朋友的帮助下,好不容易借到了 240 元钱,坐上了开往深圳的汽车。

然而,深圳也并不是他想象的那么好找工作,在街头浪迹多日,费尽周折才在老乡的工地上找到了做杂工的活儿。一年过去了,兄弟俩才辛辛苦苦攒到了 4000 多元钱。后来,他们决定跳出来单干,开始上门揽一些零碎的木工活儿。到了 1990 年,手中有了一定积蓄的兄弟俩已经可以自己扯一干人马独立承揽整个家庭装修工程了。

邱文钦一边承揽着自己的装修工程,一边在四处寻找别的赚钱门路。1991 年冬天,机遇终于光顾了诚实肯干的他。这一年,邱文钦一个在深圳市东园路开名片印刷店的老乡因生意不景气,欲将名片店转让出去。经过一番调查,邱文钦接手承包了下来,这是一间只有 7 平方米的小店,一台破旧的手摇名片印刷机就是店里全部的生产设备,他制定了一种激励制度,使名片店焕发了生机。

但由于名片店里机器设备老化,每天无论邱文钦怎么紧张,最多也只能印制二三十盒名片,除去成本、房租和员工开支外,也就所剩无几了。他想更换设备,但拿不出上万元更新设备费用,这使他又犯了愁。

一次,一位文具店的业务员来给他推销名片纸,触动了邱文钦的思绪,他想:自己可以一边印名片,一边卖文具,这样两不误,并且在名片店里卖文具也挺配套的。他随即就购进一些文具,零星搭配着卖,谁知到月终一结账,他竟然发觉卖文具赚的钱超过了做名片赚的钱!

1991 年正是深圳大发展的黄金时期,各种各样的公司、写字楼一家接一家地开。文化办公用品的需求量很大,文具市场前景广阔。经过这一番仔细调查,更坚定了邱文钦挑战自我的决心。

1992 年初,他将手中仅有的 7000 元钱全部拿出来,用来批发一些新潮、适用的文具用品。此时,制作名片已退至副业,卖文具一跃成了主业。不到一个月,邱文钦所进的文具被销售一空,赚的钱也是以前的好几倍,邱文钦暗暗庆幸自己选准了路子。于是,他开始周而复始地进货、销货,慢慢地熟悉了文具这个行业,店里的货也越进越齐全了。到了第 4 个月,手中已有了 2 万多元存款的邱文钦为了扩大经营规模,他又将名片店隔壁的一间 10 多个平方米的发廊转租了下来,自己装修一新后,成了一间文化用品专卖店。

又经过一年多的磨炼,邱文钦的事业有了长足的发展,资金积累逐渐增多,进货渠道也越来越广,并取得了韩国、日本等七八家国外文化用品公司的代理权。加之他有深圳大企业做稳定的用户,自然而然,他的业务量飞速上升,从此一发而不可收,构建起了一个庞大的文具连锁王国。

感悟

邱文钦在文具这个不起眼的小行当里做出了令人刮目相看的大业绩。从一个目不识丁的小木匠,一跃成为名震中国的文具连锁大王,这是现实生活中活生生的一个创业奇迹。他成功的背后,可以给我们这样的启示:成功的企业家不一定都是从大学学堂里培养出来的,有不少是在社会实践中磨砺出来的。一个人,无论他的文化水平有多低,只要他敢于挑战自我,照样可以获取成功!

美国作家威廉·福克纳说过:"不要竭尽全力去和你的同僚竞争。你应该在乎的是,你要比现在的你强。"

真正的成功应是多元化的。成功可能是你创造了新的财富或技术,可能是你为他人带来了快乐,可能是你在工作岗位上得到了别人的信任,也可能是你找到了回归自我、与世无争的生活方式。每个人的成功都是独一无二的。成功不是要和别人相比,而是要了解自己,发掘自己的目标和兴趣,努力不懈地追求进步,"成为最好的你自己",让自己的每一天都比昨天更好。

有了梦想,我们才会去挑战自我、挑战人生、挑战极限,才会去实践常人眼中所绝不可能实现的事情,也才可能在挑战极限中体味人生巅峰的快感。

梦想让他学会了
到水深处放船

希尔顿是旅馆业大王,但开旅馆并不是他创业伊始的理想。他的第一个伟大梦想是开一家银行,当一名风度翩翩的银行家。当他历经数次商海浮沉梦想仍遥遥之时,他的母亲严肃而又坚定地对儿子说:"康拉德!你必须找到你自己的世界。与你父亲一起创业的老友曾经说过:'要放大船,必须先找到水深的地方。'"

于是,他只身闯进了因发现石油而兴盛的得克萨斯州,那里云集着大批来发石油财的冒险家们。而这时,他手头上只有 5000 美元。

得州似乎遍地都是黄金。钻油的工人穿着皮靴,套着金光闪闪的裤子,好像不久的将来,他们都将是百万富翁了。希尔顿迫不及待地连续跑了两个城镇,问了十几家银行,回答都是不卖。他碰了一鼻子灰,却并未因此气馁。他又来到第三个城镇——锡斯科。

锡斯科这片热情的土地拥抱了希尔顿。他刚下火车,走进当地第一家银行,一问,就被告知它正待出售。卖主不住这儿,要价是7.5 万美元。希尔顿一阵狂喜:价格公道!他立即给卖主发了份电报,愿按其要价买进这家银行。

然而,过不多久,卖主的回电却出尔反尔,将售价涨至 8 万美元,而且不还价。希尔顿气得火冒三丈,当即决定彻底放弃当银行家的念头。就这样,那封回电改变了他一生的命运。

在碰壁之后,希尔顿余怒未消地来到马路对面的一家名为"莫布利"的旅馆准备投宿。谁知旅馆门厅里的人群就像沙丁鱼似的争着往柜台挤,他好不容易挤到柜台前,服务员说客满了。

接着,一个板着脸的先生开始清理客厅,驱赶人群。他毫不客气地对希尔顿说:"请离开客厅,8 小时后再来碰运气,看有没有腾空的床位,因为我们这里每天 24 小时做 3 轮生意的。"希尔顿憋了一肚子气,忽然灵机一动地问:"你是这家旅馆的主人吗?"对方却诉起苦来:"是的。我就是陷在这里不能自拔了。我赚不到什么钱,不如抽资金到油田去赚更多的钱。""你的意思是,"希尔顿压抑住自己的兴奋,故意慢条斯理地问,"这家旅馆准备出售?""任何人出 5 万美元,今晚就可以拥有这儿的一切,包括我的床。"旅店老板下定了卖店的决心。

3 个小时后,希尔顿在仔细查阅了莫布利旅馆账簿的基础上,经过一番讨价还价,卖主最后同意以 4 万美元出售。希尔顿立即四处筹借现金,终于在一星期期限截止前几分钟将钱全部送到。莫布利旅馆易了主,希尔顿干起了旅馆业。他随即给母亲打电报报喜:"新世界已经找到,锡斯科可谓水深港阔,第一艘大船已在此下水。"

希尔顿梦想着他毕生为之奋斗的事业。在兼并了几家小旅馆之后,希尔顿内心萌发出一个更伟大的梦想,要建造自己的新旅馆。当时他只有 10 万美元,但他对母亲说:"我要大刀阔斧地干一场。第一件事,我要集资 100 万美元,盖一座名为希尔顿的新旅馆。"

就这样,到希尔顿 41 岁生日的时候,他已经建起了 7 座大饭店。希尔顿的梦越做越大。他成立了希尔顿饭店公司,把所有的连锁店统一起来。他决心向更广阔的世界去扩展。

1949 年 10 月 12 日,被誉为"世界旅馆皇后"的华尔道夫大饭店归属于他的名下。1954 年 10 月,希尔顿再接再厉,用 1.1 亿美元的巨资买下了有"世界旅馆皇帝"美称的"斯塔特拉旅馆系列",这是一个拥有 10 家一流饭店的连锁旅馆。

如今,他所创立的国际希尔顿旅馆有限公司,在全球已拥有200多家旅馆,资产总额达数十亿美元,每天接待数十万计的各国旅客,年利润达数亿美元,雄踞全世界最大的旅馆的榜首。

关于人生,美国教科书上是这样表述的:"人生就是人为了梦想和兴趣而展开的表演。"闻名退迩的世界旅馆业大王康拉德·希尔顿为其作了一个最经典的注脚。希尔顿并不是出生于富贵的家庭,当开始涉足于旅馆业时,手头只有5000美元而已。然而他靠着矢志不移的勇气,一步一步地登上了事业的巅峰。"你必须怀有梦想。"他在晚年的自传中揭开了他发家的奥秘:"我认为,完成大事业的先导是伟大的梦想。"

梦想是人生能量最大的助推剂。因为有了梦想,我们才会去挑战自我、挑战人生、挑战极限,才会去实践常人眼中所绝不可能实现的事情,也才可能在挑战极限中体味人生巅峰的快感。当然,"蹦极"中有快感,也有危险。所以,追求梦想与梦共舞的人生,就得做好梦想破灭的心理准备。梦想越大,失望往往也就会越大。因此,有梦想的人生如果有一个强有力的精神支柱,往往就会力挽狂澜于即倒。希尔顿的母亲玛丽就是这样一个坚强而有远见的精神后盾。

梦想有多大,推动它的力量就有多大。但要美梦成真,需要努力,努力,再努力!

你最大的弱点背后可能隐藏着巨大的能量,一旦爆发会成为撼动世界的优点!突破自己,完全颠覆自己的知识之后,才有智慧的火花。

疯狂"丢脸"
突破灰色人生

他并非生来就是英语天才,小时候,他只是一个普通的孩子,他害羞、内向、不敢见陌生人、不敢接触电话、不敢去看电影,甚至做理疗时仪器漏电灼伤了脸也不敢出声……1986年他考进了大西北的兰州大学工程力学系。进大学后的他,生活没有出现亮色,第一学期期末考试中,他名列全年级倒数第一名,英语连续两个学期考试不及

格。

大学第二个学期即将结束的时候,他已是 13 门功课不及格,他觉得很丢脸,他告诉自己必须从灰色人生突围出来!他选择了英语为突破口,发誓要通过 4 个月后举行的英语四级考试。

这时的他,也像其他人一样,开始大量做题。很偶然的一次,他发现,在大声朗读时精神会变得特别集中,于是他就跑到校园空旷的地方大喊英语。十几天后,他到英语角,别人奇怪地说:"你的英语听上去好多了。"一言惊醒梦中人!他想,这样大喊英语也许是学英语的一种好方法。

为了防止自己半途而废,他约了他们班中学习最刻苦的同学每天中午去大喊英语,在兰州大学的烈士亭,他和他的同学顶着凛冽的大风,扯着嗓子大喊英语句子。他们从 1987 年冬一直喊到 1988 年春,4 个月的时间里,他重复了十多本英文原版书,背熟了大量四级考题,每天,他的口袋里装满了抄着各种英语句子的纸条,一有空就掏出来念叨一番,从宿舍到教室,从教室到食堂,他的嘴总是不断地运动着。4 个月来,他的舌头不再僵硬,耳不再失灵,反应不再迟钝。在当年的英语四级考试中,他只用了 50 分钟就答完试卷,并且成为全校第二名,一个考试总是不及格的他突然成为一个英语高手,这一消息轰动了兰州大学。

初尝成功的他,从此开始迈上奋发进取的人生道路。他发现,在大喊的时候,性格的弱点被击碎了,精力更加集中,记忆更加深刻,自信逐渐建立起来。他想,这种方法在他的身上已取得成功,那么何不把这套方法系统地总结,传授给其他还在苦苦挣扎学英语的同学呢?内向的他作出了一个惊人的决定——开讲座,他让自己的同学贴满海报,开始了他人生的第一次演讲。

海报贴出后,离演讲时间越近他越害怕,甚至有点儿后悔。于是,他就给自己的两只耳朵上挂上了两只触目惊心的大耳环,让两位同学"押"着他上街。街上的人们都盯着这个"疯狂"的人看,那些目光盯得本来就怕羞的他更是不敢抬头,他只觉得耳朵阵阵发烫,他想逃跑、想躲藏起来,可是后面押着他的同学把他看管得紧紧的,他只有硬着头皮走下去。渐渐地,他开始闭着眼睛抬起头来,又鼓足勇气睁开眼来看周围的人。后来,他居然可以大胆妄为到盯着那些同样盯着他的人,一直看得别人低下头去为止。

1990 年 7 月,他从兰州大学毕业,被分配到西安的西北电子设备研究所。从宿舍到办公室,有一段黄土飞扬的马路,他每天从这条马路经过,手里拿着卡片,嘴里念着英语。起初他是孤独的,人人都称他"疯子",慢慢地他的身后有了一个、两个、三个……同时,他每天坚持跑到单位的九楼顶上喊英语,躺着喊,跪着喊,跳着喊,冬天在雪花飞舞中喊英语;夏天,光着膀子,穿着短裤,迎着日出大喊英语。就这样,坚持每天在太阳出来之前脱口而出 40 个句子,喊了一年半之后,他的人生道路又一次走到了新的转折点。

1992 年,他来到了广州,在 1000 多人的竞争中脱颖而出,考到了广东人民广播电台英文台,工作后他才发现入选的播音员中别人都是北外、广外的研究生,只有自己是非英语专业出身的本科生。很快,他又成为广州地区最受欢迎的英文广播员和中国翻译工作者协会最年轻的会员。

为向更多的人推广自己的英语成功经验,1994年,他毅然辞去了电台的工作,组建了英语推广工作室,开始了苦行僧般的"传道"生涯。十多年来,每到一处,他的讲学总能在当地刮起一股强劲的"疯狂英语"学习旋风,引领无数人从此走上了英语和人生的成功之路!

他就是李阳,疯狂英语的创始人,以自己不懈的追求和不断奋斗,演绎了精彩的人生传奇。

感悟

李阳一直在用生命实践着他的诺言!他用"打击我吧!迫害我吧!让我成为真正的人"来激励自己,他时刻地告诫自己:今天是我最后一天,我一定要努力工作,对得起我的衣食父母和国家!因为过度劳累、身体严重透支而导致的喉咙经常充血、每天呕吐、颈椎骨质增生和四肢轻度麻痹的李阳,甚至发出了"我要战死在普及英语和中文的战场上……"

突破自己首先要突破来自内心深处的性格障碍,比如自卑。自卑常常伴随着急惰,这往往是为了替自己在有限的目标中苟活下去作辩解。这样一种谦逊是一文不值的。自卑容易销蚀你的斗志,不仅使你心理活动失去平衡,它也是你加速衰老的催化剂。

突破自己需要疯狂的勇气和毅力,所以突破是一种精神。当你用顽强的毅力获得成果时,社会对你将会更加地尊敬,不要因自卑而失去创造力,失去赢得社会尊重的机会。突破自己,完全颠覆自己的知识之后,才有智慧的火花。

生命中会遇到很多挑战,与其前怕狼后怕虎地窝囊过一生,还不如激发内心那些原始的不安分的激情,带一点儿拼的冲动、搏的兴奋,把我们的人生演绎得更加多姿更加壮丽!

站在"巨人"的高度
冒险地追逐太阳

15年前,他奇迹般地发达,又很快破产。当人们以为他已经从商界消失,他却在很

读懂成功

短的时间里再度致富,不仅还了以前的欠债,还获得了巨额财富。

他叫史玉柱。

20世纪60年代出生的史玉柱,小时候因为痴迷小人书,学习成绩曾一落千丈,成了留级生,气得妈妈把他整整一箱小人书全都烧光。但书上描写的那些古代英雄,特别是《三国演义》中的人物,却永远留在了他的记忆中。

到了初中阶段,史玉柱终于"改邪归正",开始疯狂地学习,各门功课的成绩都直线上升。1980年,他以怀远县考生中最优异的成绩考上了浙江大学数学系。

1984年,史玉柱大学毕业分配到安徽省统计局工作,负责各种统计数据的分析和处理。

传统的手工操作很快就让他感到不满意,于是决定动手编写软件,用电脑来提高工作效率和办公自动化水平。经过一段时间的艰苦努力,非专业出身的他开发出了一个统计系统软件,在河北唐山召开的全国统计系统年会上向全国推广使用。上级决定将他作为"第三梯队"培养,保送到深圳大学软科学管理系进修研究生,并且告诉他,只要一毕业,马上就可以定为处级干部,未来对他展现出一幅美好的蓝图。

然而,读完研究生的史玉柱做了一个令人惊讶的决定:放弃唾手可得的仕途,辞职"下海"创办企业。他希望能以自己的聪明才智和积累的知识,在这个领域里闯出一条路。

史玉柱的创业是极其艰苦的,他一没有资金,二没有靠山,全部"家当"是东挪西借的4000元人民币和他的M6041,他就这样出击了,结果首战告捷。后来,他又一次把自己关进一间小房间,以20箱方便面为基本食品,度过了整整150天"集中营式的生活"。当他走出这个房间后,迅速推出了在排版效果、速度和图文混排等方面有很大突破的M6403型汉卡,从而在这个领域站稳了脚跟。

1992年,他的珠海巨人高科技集团公司成立,注册资金1.19亿元,下设8个分公司。到1993年,巨人集团下属全资子公司已经发展到38个,迅速成长为全国第二大民办高科技企业。那一年,史玉柱才31岁,他作为唯一以高科技起家的民营企业代表,被列为《福布斯》大陆富豪第8位,只用了短短5年时间。

然而巨人毕竟不是微软,史玉柱也不是比尔·盖茨。从1993年开始,巨人涉足保健品、房地产等多个行业,摊子越铺越大,资金越来越紧,终于在1997年,资金链断裂,史玉柱一手打造的巨人集团宣告破产。

但经历起起伏伏的巨人,从来没有倒下过,"巨人"垮了以后,他离开了珠海,几乎跑遍了全国各地,四处考察,最后一站是青藏高原,还去爬了珠穆朗玛峰。面对如此的惨败,他从来没有打算退隐,发誓一定要东山再起,还清所欠的债务。

从哪里跌倒,再从哪里爬起来。随后,在2000年8月,史玉柱依旧单薄的身影,再一次出现在中央电视台的谈话节目中,谈话的话题就是"跌倒的巨人能否站起来"。史玉柱明确表示,他不会忘记社会责任,一定会。

2005年4月末,上海一家财经媒体披露,落户上海徐汇区浦原科技园的上海征途网络科技有限公司是史玉柱投资设立的,其主营业务是网络游戏开发。

感悟

无论从哪个方面解读史玉柱创业的成功和失败,我们都可以把其看做是中国IT业界一部生动的教科书。史玉柱"下海"失败,他没有"跳海"。这个曾经写就IT企业神话般传奇故事的青年人,并没有放弃创业的初衷,仍在顽强地拼搏。

从史玉柱创业的成功和失败,我们也能够看到一种精神:一个年轻人执著地追求自己选择的事业并为这种追求不顾一切地冒险拼搏的精神,这无疑是一种"夸父逐日"的精神。

综观世界企业发展史,任何一家能存活下来并能持续发展的企业,都具有超前的意识,都具有创新和冒险精神。IBM如此,HP如此,思科如此,INTEL如此,微软同样如此。谁能想到INTEL为了创新,历史上有好几次差一点儿全军覆没,不得不去外面借钱给员工发工资。

美国是冒险者的天堂,从某种程度上来说,冒险精神已经成为美国精神最重要的组成部分。正是由于重视对冒险精神的培养和投资创业理念的灌输,才使美国社会私人资本的投资创业高潮迭起,并由此推动了美国整个社会经济的协调和持续发展。有人诠释现代成功的公式说:成功=知本+资本+创新精神。

生命中会遇到很多挑战,与其前怕狼后怕虎地窝囊过一生,还不如激发内心那些原始的不安分的激情,带一点儿拼的冲动、搏的兴奋,把我们的人生演绎得更加多姿更加壮丽!

不管以前如何,只要能够从现在着手于你的目标,你一样能够把握成功。

从贫困与流浪中
走出来的作家

美国著名作家杰克·伦敦一生创作了6部长篇小说和125部短篇小说,在美国和世界文学史上,占有重要的地位。可是,你知道吗?杰克·伦敦曾经是个流浪汉。

小时候的杰克·伦敦是在贫困和流浪中度过的。他每天在美国西海岸的旧金山流浪，和一些坏孩子在一起捡破烂、乞讨、打架，甚至偷东西。一次因为扒火车，被警察当做无赖抓起来，关在监狱里，每天被押着到矿山开山凿石。

从监狱里出来后，杰克·伦敦失学了，他在百无聊赖中走进了一家公共书店，随手抄起一本《鲁滨孙漂流记》，漫无目的地看起来。谁知这一看不要紧，杰克·伦敦竟看上了瘾。他看得如痴如醉，爱不释手，心灵受到极大的震动。鲁滨孙传奇的经历，打开了杰克·伦敦的思想大门。他没有想到，一本小小的书竟然有这样大的魔力，他忘了吃饭、喝水。

第二天，尝到甜头的杰克·伦敦又来到书店，打开了另一本名著……从此，看书成了杰克·伦敦的主要事情。他一边打工，一边看书。书，引导着年轻的杰克·伦敦一步步迈向一个美妙神奇的世界。他每天读书的时间达到了 10 到 15 个小时。凡是他能找到的名著，从荷马史诗到莎士比亚，他都如饥似渴地阅读。他决心和过去懒惰、无赖的生活告别，做一个有知识的人。他只用了三个月的时间，就学完了 4 年的课程，顺利地考上了加州大学。为了读书，他在饭馆洗过盘子，在码头、工厂里做过苦力……

后来，杰克·伦敦拿起了笔投身文学事业。他的小说，充满了对穷人的同情，对不合理社会的抨击；同时，他创造了海狼等充满反叛精神的英雄人物，在世界文学长廊里，增添了许多栩栩如生的人物。

杰克·伦敦的转变，让我们明白一个道理：千万种生活有千万种生活的样式，千万个人有千万条人生轨迹，这个轨迹是直线还是曲线，是曲折线还是波浪线，都取决于你自身所确立的道德理想。

作为人，我们每个人都有调皮的一面，甚至是罪恶的一面。问题是我们要学会及时纠正。古人讲"亡羊补牢，犹未晚也"。面对错误，可怕的是犯了错误而不改正，或者犯了错误后一直无法摆脱错误阴影，让自己一直生活在自责里而不能自拔。

因此，我们在人生的旅途中，每走完一段，不妨回头看看身后，看看在太阳落山之前，是否还能走回去；或干脆停下来，沉思片刻，问一问：我是谁？我到哪里去？我去干什么？这样或许可以活得简洁些，不至于走得太远，失掉自我。

改正错误的最有效的办法就是利用一切机会去弥补错误。杰克·伦敦选择了学习。心理学告诉我们：学习新的技能，专注于新的技能那么您的面前将会展现一种新的生活。正是这种专注地学习，在改变杰克·伦敦的生活习惯时，也改变了他的命运。

他的经历告诉我们：不管以前如何，只要能够从现在着手于你的目标，你一样能够把握成功。

贫穷成为她一生努力奋斗的力量，在吃苦中她创造着机会，并捕捉和把握着机会，赢得属于自己最大程度的成功和胜利。

从路边摊
走到辣酱王国

她没有上过一天学，就连自己的名字，都是儿子成人后手把手教她写的。她曾经举过八磅锤，背过黄泥巴，背 100 斤赚 3 角钱。但她后来却成了一个拥有 2000 多名员工，年产值 8 亿多元的企业的董事长。

她就是陶华碧。她的经商生涯是从卖米豆腐开始的。20 世纪 80 年代初，为了完成丈夫临终前的嘱托，拉扯大两个孩子，她在龙洞堡公安干校门口，摆小摊卖凉粉米豆腐。每天，陶华碧背着装满米豆腐的背篼，坐中巴车到离家几十里的地方销售。由于背篼占地方，中巴车司机经常不愿意让她上车。没办法，她就想办法请人家帮忙把背篼背上肩，不占中巴车的地方。晚上，陶华碧回到家，还要赶做米豆腐，由于常年接触做米豆腐的原料——石灰，落下了一到春天双手就脱皮的毛病。

几年过去了，陶华碧的生意越来越好。她用捡来的半截砖和油毛毡石棉瓦，搭起了能摆下两张小桌的小饭店。在红火的生意背后，她免费赠送的豆豉辣椒、香辣菜等小吃和调味品，成为吸引顾客的"秘密武器"。不过，她根本不知道这一个秘密。直到有一天，有人要买，她才知道她的豆豉辣椒是有市场的。从此，陶华碧白天开饭店，晚上在店里用玻璃瓶包装豆豉辣椒，一装就是 8 个小时，手都装得不听使唤。睡了不到两个小时，就又起床开门营业。

豆豉辣椒越卖越好，有人建议，能不能更大规模地生产。1996 年 7 月，陶华碧借南明区云关村委会的两间房子，办起了食品加工厂，专门生产辣椒调味品，定名为"老干妈麻辣酱"。捣辣椒溅起的飞沫让人眼泪直流，工人们害怕。身为老板的陶华碧就亲自操刀，产品生产出来了，她亲自背着，送到各食品商店和单位食堂进行试销。一周的时间，试销商便纷纷让她加倍送货……

如今，她开发的产品覆盖了全国除台湾省以外的所有省份，远销欧盟、美国、澳大利亚、日本、韩国等 20 多个国家和地区。

感悟

一个地地道道的农民，一个会做菜的文盲，但她却成就了一般人不能成就的事业。

最重要的一点,就是她有一颗吃苦的心,一种挑战人生的信念。用她的话说:"吃苦耐劳累不死人,只要肯吃苦,没得办不成的事。"

在勇士的眼里,艰辛也是一种快乐。至勇者往往是赤贫者,他们往往感到自己有足够的力量实现自己的理想。当命运把陶华碧推到一个自力更生的边缘时,她身上释放出来的是一种不可阻挡的力量和勇气。一个人对于生活有很多无法选择的东西,但一个人永远没有权力由于自己的沧桑而消散对社会的热忱,对理想的追求。

贫寒的家境并没有压垮她,相反,却磨砺出她坚忍不拔的品质,陶冶了她无坚不摧的性情,造就了她永不向厄运低头的意志。贫穷成为她一生努力奋斗的力量,在吃苦中她创造着机会,并捕捉和把握着机会,赢得属于自己最大程度的成功和胜利。

没有痛苦的人生,是索然无味的人生;没有痛苦伴随的欢乐,是无趣廉价的欢乐。人生的交响乐只有配置了痛苦的低音,才构成了抑扬顿挫完整的人生乐章。

别对自己
说　不

1969 年 8 月,一个平静的夜晚,约翰·库缇斯在澳大利亚的一所医院出生了。刚出生,他就被医生判了"死刑"。他只有矿泉水瓶那么大,脊椎下部没有发育,双腿像青蛙般细小,而且没有肛门。经过切口手术,他只能痛苦地排便。当时医生就劝他的父亲为他准备后事,但是他却奇迹般地活了下来。

慢慢地,约翰·库缇斯到了上学的年龄,父亲告诉他必须勇于面对现实世界,学会承受生活。然而当他走进学校的时候,迎接他的却是一场又一场的灾难。他的同学都把他当成怪物,不是追着他,就是弄坏他轮椅上的刹车,让轮椅失去控制,甚至把他绑在教室的吊扇上,然后开动吊扇……

一次在上幻灯片的课堂上,约翰·库缇斯突然想去厕所。他举起手,希望老师能看见他,但课堂上太黑了,老师根本就看不见弱小的他。不得已,他就悄悄从轮椅上滑落下来,向教室外移动。对他来说,每移动一步都感到钻心的痛,当走到教室外他发现自己的双手上扎满了图钉,一只手上扎了 5 颗,另一只扎了 6 颗。他难受极了,挣扎着叫了一辆出租车,然后爬回到家中号啕大哭。他想起那些恶作剧,想到自己受到的嘲笑和戏弄,他想到了自杀,并艰难地把床单撕成碎条,把它缠在自己的脖子上。这时母亲走

了进来,给了他一个特别深情的吻,说道:"约翰,你是上帝赐给我最美的礼物,我会永远爱你的!"听了母亲的话,他放弃了自杀的念头,决定继续活下去。

18岁时,他决定锯掉那两条不能发挥作用的残腿,手术后,他真正成了个半人。于是,他也学会了用双手走路,他的双手和正常人的双腿并行在一起。他笑着说,自己看到很多好风景——各种各样的腿、鞋子和女孩子的裙子。

约翰·库缇斯决心做一个自食其力的人。他时常对自己说:"一个人一旦确定了自己的目标,就应立刻写下来,然后去努力实现他,不要怕失败。1000次摔倒,可以1001次爬起来。摔倒多少没有关系,重要的是你能站起来多少次。别人对我说,约翰,你什么都不做也没有关系,没有人责备你的。但我说,我不可以。懒惰不是我的本性,我必须自食其力。"为了自食其力,他开始找工作。他趴在滑板上,敲开一家又一家店门,可是一次又一次都被拒绝了,但他继续一次又一次敲开别人的店门,最终一家五金杂货铺同意试用他。

一次偶然的机会,他对公众演讲有了兴趣。于是,他开始了自己的演讲生涯。

凭借自己的毅力,他到过190多个国家,做了800多场演讲,用自己的亲身经历去激励和感动别人。如今,他成为了一个世界级的"励志大师"。

感悟

他出生时即被医生断言活不过当天,18岁时接受截肢手术,30岁时罹患癌症;他没有双腿,却能满世界地跑;他孱弱无比,时刻面对死亡,却拥有完美的生活,并成为世界上最有名的励志大师。事实再次证明,他的成功在困境与压力中诞生了。

人的一生都会遇到大大小小不同程度的磨难与不幸,不论哪个人都摆脱不了命运之神的捉弄。然而正是这些磨难与不幸,才铸造了非凡的性格,帮助我们走向事业成功。

俗话说:"自古成功多磨难。"没有痛苦的人生,是索然无味的人生。没有痛苦伴随的欢乐,是无趣廉价的欢乐。人生的交响乐只有配置了痛苦的低音,才能构成抑扬顿挫完整的人生乐章。遭遇是我们最伟大的老师,也是最宝贵的财富,他会使我们遇到峭壁时想到的不是绝境,而是绳索。

每一次磨难都是通向成功的脚印。世上没有厄运,有的只是暂时的挫折和失败,但只要我们不对自己说不,成功的路碑就会昭示我们前进。如果我们坚强地做一粒种子,那么继续奋斗便是生长的广阔沃土。

　　塞翁失马，焉知非福。好事当中，有坏的因子；坏事当中，有好的契机。无论遇到什么事情，只要能够保持积极的心态，一切都会苦尽甘来。

困境中诞生的
中国直销老大

　　现任天津天狮集团董事长、总裁，中华全国工商业联合会执行委员的李金元读小学的时候，恰逢"文化大革命"的动荡年代。14岁就放弃了读书的李金元成为当时华北油山年龄最小的工人。16岁时，李金元又做起了"文化大革命"时代的"倒爷"。李金元不但倒卖过粮食、收音机、衣服，还造过干洗机，甚至还开办了印刷公司。到20岁时他已积累了20万元，虽然这20万元是陷入三角债中，让他最后经过艰难的选择不得不决定放弃。

　　如果说这之前的路还算顺利的话，李金元此后的创业之路却充满了挫折。

　　1993年，李金元35岁时，在天津开始了他的"天狮"事业。当时天狮公司还与传销没有任何关系，主要从事房地产业。但当时恰逢行业不景气，又遭遇国家紧缩银根、加强监管的"风暴"，李未出手就受到了打击，他的投资颗粒无收。随后，他即把投资转向保健品行业。

　　投资2000万元研发天然动植物功能素骨参，是他在保健品行业的第一个尝试。然而，李金元也由此再次尝试到了失败的打击。20多年的积蓄，2000多万元的家当，因为这个项目的失败而全部泡汤，让他遭受着毁灭性打击。他不得不用"冰水桑拿"这样的方式来逼迫自己面对现实。

　　但骨参的尝试使他开始了传销。1994年秋，李金元放弃骨参，转向生产"天狮营养高钙素"。这一选择终于开启了成功之路，成为李财富故事的真正开端。

　　到1998年，天狮集团已在全国设立了34个分公司，1700多个代办处。但似乎天将降大任于斯人也，故要他必须承受别人不曾承担的苦难。1998年高利润的传销业被国家禁止，这无疑使李金元又一次面临死亡。为了生存，李金元不得不带着他的事业远走海外。这一抉择，却成就了李金元。天狮先后在俄罗斯、东南亚、美国打开了市场。目前天狮集团来自海外的收入仍然占有60%的比例。

　　但磨难并没就此结束。2004年，天狮进入了一个内外交困的时期。2004年1月31日，被业界称为天狮"精神教父"的骆超突然向李金元提出辞职。2004年4月15日，天

狮大中华区总经理王君平又突然主动辞职。4 天后，天狮中国区数十位高级经理以上级别高管相继离去或被辞退，一些基层员工也被辞退。不久，天狮集团执行总裁钱港基也辞职。这对于天狮回归中国市场的打击是何等的沉重，天狮又一次走进低谷。但李金元再次艰难地挺了过来。他的天狮也已发展成为以高科技生物产业为龙头的多元化大型跨国企业，拥有 21 亿资产。李金元也成为了中国内资"直销老大"。

　　李金元的事业生涯演绎的是一个白手起家的经典财富故事，其间充满着白手起家必定要经历的苦难和抗争。很难想象他能够在这么多次的打击中挺过来。究竟是什么力量和信念支持着这个充满创业欲望的血性汉子？很难说得清楚，但我们能感受到良好的心理素质在支撑着他向前进。因为，在他的创富路上，有 1000 个理由可以让他自杀，但他却 1001 次地挺了过来。

　　到底什么才是成功的因素，每个人都可能有不同的答案。但良好的心理素质却是必不可少的。没有良好的心理素质，就不可能承受太大的苦难，就不可能承受接二连三的打击，也就无所谓成功了。只有首先具备良好的心理素质，才能有积极的心态。才能正确地看待遇到的事情。在李金元的人生中，传销经历永远无法抹去。如果不是因为 1998 年国家禁止传销，出走国外，李金元能否如此顺利实现其富豪梦还很难下定论。所以说，塞翁失马，焉知非福。好事当中，有坏的因子；坏事当中，有好的契机，无论遇到什么事情只要能够保持积极的心态，一切都会苦尽甘来。

　　抓住生命中刹那一闪的灵光，多一点儿勇气，多一点儿行动，多一点儿坚持，多一点儿尝试，你就会拥有生命赋予你的财富。

抓住生命中
刹那一闪的灵光

　　"深凹的面颊，扭曲的头发，淘气的露齿笑，一个 5 英尺高、100 磅重的顽童模样。"这个人就是马云——全球最大的企业电子商务网站阿里巴巴的创始人，CCTV 2004 年度十大经济人物之一。

貌不惊人,不懂技术,没有留洋教育背景,也没有任何显赫的社会背景,马云的创业经历是真正个人奋斗的典范。

马云从小就是一个傻孩子。小时候爱打架,打了无数次的架"没有一次为自己,全是为了朋友"。"义气,最讲义气",打得缝过 13 针,挨过处分,被迫转学杭州八中,从家长到老师、邻居,都对这个顽皮孩子的前途不抱希望。

读书时,他的成绩从没进过前三名。从小到大,马云不仅没有上过一流的大学,而且连小学、中学都是三四流的。初中考高中考了两次。中考数学 31 分,高考数学 21 分。高考失败,弱小的马云做起踩三轮车的工作。1984 年,历经辛苦的马云终于跌跌撞撞地考入杭州师范大学外语系——他的理想是上北大,但最后他只是进入了杭州师院,还是个专科,而且连考了 3 年。第一年高考他数学考了 1 分,第二年 19 分。他的成绩是专科分数,离本科线还差 5 分,但恰好本科没招满人,马云就这样幸运地上了本科,并凭着满腔热情和一身侠气,当选学生会主席。

大学毕业后,马云在杭州电子工业学院教英语。1991 年,马云初涉商海,和朋友成立海博翻译社。结果第一个月收入 700 元,房租 2000 元,遭到一致讥讽。

在大家动摇的时候,马云坚信:只要做下去,一定有前景。他一个人背着个大麻袋到义乌、广州去进货,翻译社开始卖礼品、鲜花,以最原始的小商品买卖来维持运转。

两年间,马云不仅养活了翻译社,组织了杭州第一个英语角,同时还成了全院课程最多的老师。如今,正如马云当年所愿,海博已经成为杭州乃至浙江省最大的翻译社。

1995 年马云 30 岁,他已经是杭州十大杰出青年教师,校长许诺他外办主任的位置。奇怪的是马云脑子里想的却是"我一辈子就教给学生书面的东西吗",他立马不干了。他毕竟是不甘平庸的人。

1995 年,"杭州英语最棒"的马云受浙江省交通厅委托到美国催讨一笔债务。结果是钱没要到一分,倒发现了一个"宝库"——在西雅图,对计算机一窍不通的马云第一次上了互联网。这个偶然的机会成就了马云。噩梦般的讨债之旅结束了,马云灰溜溜地回到了杭州,身上只剩下 1 美元和一个疯狂的念头。马云成为"阿里巴巴"的想法是,把中国企业的资料集中起来,快递到美国,由设计者做好网页向全世界发布,利润则来自向企业收取的费用。

但在当时,互联网对于绝大部分中国人还是非常陌生的东西,即使在全球范围内,互联网也刚刚开始发展。此时开展他的事业有难以想象的困难。1995 年他第一次上中央台,有个编导跟记者说,这个人不像好人!其实在很多没有互联网的城市,马云一律被称为"骗子"。但马云仍然像疯子一样不屈不挠,他天天都先这样提醒自己:"互联网是影响人类未来生活 30 年的 3000 米长跑,你必须跑得像兔子一样快,又要像乌龟一样耐跑。"然后出门跟人侃互联网,说服客户。业务就这样艰难地开展了起来。

一路走下来,他的梦越做越大。从"中国黄页"到"阿里巴巴","阿里巴巴"被业界公认为全球最优秀的 B2B 网站,即使马云在睡梦中,"阿里巴巴"每天也有 100 多万元的收入。

貌不惊人、不懂技术、没有留洋教育背景，也没有任何显赫的社会背景，马云却创造了一个奇迹。马云后来常说自己的创业经历至少可以证明："如果我马云能够创业成功，那么我相信中国80%的年轻人都能创业成功。"

在面对种种逆境时，大多数人会埋怨自己的命运：要是我更聪明、更成功些、更自信些，那该多好啊！但这种埋怨是在浪费时间，徒劳无益，也是在失去成功的机会。这些埋怨是没有意义的，因为命运是容不得谈判的。

涉足网络世界，对于马云来说纯属偶然，这段经历，用他自己的话来讲，相当地神奇。可见，成功并不难，只要你有胸怀天下的理想和脚踏实地的干劲。抓住生命中刹那一闪的灵光，多一点儿勇气，多一点儿行动，多一点儿坚持，多一点儿尝试，你就会拥有生命赋予你的财富。

在成功者中，很多人都有过一段在黑暗中爬行的经历，他们孤独无援，如同一只顽强的蜗牛在羊肠小道上蠕动。但最终见到了光明，孕育出了崭新的人生。

从雷雨中
观望彩虹

1864年，齐白石出生在湖南湘潭县的一户贫苦农民的家里。全家仅有几间破房屋和一亩水田，每年收获的粮食根本无法养活全家，父亲和祖父靠卖零工才勉强维持生活。

齐白石7岁那年走进学堂"发蒙"。由于家境贫寒，拿不出学费，他只上了半年学，就不得不停学。辍学之后，他帮家里干一些杂活，如浇菜、砍柴、放牛、捡粪等。趁着看牛的余暇，齐白石"牛角挂书牛背睡"，勤奋地温习旧书。他常把自己关在屋里练字，有时还喜欢照着书上的插图画画，画老牛、画小鸡。由于他对画画的兴趣，经常忘记父母交代的农活儿。

齐家指望他做一个能扶犁撑耙的"好撑舵"，但因他身体瘦弱，农活儿总是干不好，

家人不得不把他送去学木匠。齐白石跟雕花木工学艺,很快学会了师傅的刀法,并借鉴小说上的插图,创造了很多新的人物形象。雕花工离不开绘画,于是齐白石便萌发了学习绘画的强烈愿望。

为了让自己的绘画不半途而废,齐白石面对着贫困的家境,仍然去买了画笔和颜料。从此,年轻的木工在昏暗的桐油灯下,一夜复一夜地临摹画谱。在初步掌握了水墨画的画法后,他又四处拜师学习绘画技巧。25岁那年,齐白石结束了11年的木工生涯,在父母的支持下,走上了专业绘画道路。一开始绘画,没有钱买颜料和纸张,他只得边绘画边卖画,靠卖画挣得的钱来买绘画材料。就这样,一天天地积累,他的绘画水平稳步提高,最终成为书画界的一代宗师。

从一个放牛娃到一代绘画宗师,齐白石身经百炼,最终点石成金,艰难地完成了人生的美好蜕变。

培根曾说:"奇迹往往是在厄运中诞生。"成功是追求奋斗的结果,不过成功不一定都是在辉煌的光环之下,而更多地是在灯火阑珊之处。但是,真正的强者是能从雷雨中看到彩虹的。

在成功的入口处,如同地狱的入口处一般,成功的道路总是历经艰难。人类所有的创造,所有的成就都是在某一方面、某一阶段经历过无数次的痛苦和坎坷后实现的。在成功者中很多人都有过一段在黑暗中爬行的经历,他们孤独无援,如同一只顽强的蜗牛在羊肠小道上蠕动。他们艰难地奋斗着,但终于见到了光明,并从一个看不到任何希望的黑暗之中,孕育出了一个崭新的人生。

希望就是力量。在很多情形下,希望的力量可能比知识的力量更强大,因为只有在有希望的背景下,能力才能被更好地利用。

白手起家的
"门窗大王"

1982年,陈秋贵来到人生地不熟的纽约,不会说英语的他为了维持生计,只能暂时到一家华人搬家公司做些体力活,很多公寓和写字楼里都留下过他负重的身影。他把

家具从这个门搬进那个门。

后来在一个香港朋友介绍下，他辞去原来的工作，到一家华埠衣厂开始了新生活。一个偶然机会，他在朋友的公寓大厦找到一份管理员的工作，主要做一些水电维修、垃圾清理等琐碎事情。

但他知道，这毕竟不是长久之计，陈秋贵经过反复掂量，他觉得利用以前在台湾做铁工的经验，也许可以创造一番事业。但是，尽管打工积攒了一些钱，但对开办一个厂子来说还远远不够，于是他想到了同朋友合伙干。就这样，他跟朋友两人租下一个地下室，信心十足地做起焊接铁门窗的生意，他们唯一的"重要工具"，是陈秋贵买的一台电焊机。买不起运送铁门窗的货车，他们只有用双手把它们搬运到地铁站，然后通过地铁运出去。陈秋贵说，当时只知道利用地铁运货物可以省钱，速度又快，但不知道那其实是违法的。

20世纪80年代，纽约哈林区治安状况臭名远扬，人们避之唯恐不及。但陈秋贵不能避开这里，为了扩大业务提高收入，他经常深入"虎穴"，为客户安装铁门窗。

付出终于有了回报，陈秋贵的门窗生意有了很大起色。恰在此时，一个犹太人朋友打算转让部分机器设备，陈秋贵立即和犹太人取得了联系，计划买下那些设备，然而他没有资金。当时，华人移民在贷款方面缺乏必要的信誉，所以从银行贷款没有希望。最后，他通过集资的方式筹集到了购买设备所需的资金。陈秋贵开始拓展业务，不仅仅局限于修修补补，而是再次筹集资金，果断地把生意扩大到铝门窗的制作方面。

到1990年，陈秋贵和合伙人一起正式成立"协和铝塑门窗公司"。时至今日，"协和门窗公司(Crystal Window＆Door Systems,LTD)"依靠一流的质量标准和稳固的客户来源，已在纽约州牢牢地扎下了根，其业务遍及美国很多州，公司已有员工300多人，年营销额超过5000万美元，成了当今美国屈指可数的知名门窗企业。

人生在世，基本上有着两种生活状态，一是爬坡，一是下坡。对于智者都会选择爬坡，因为那是让生命活得更青春的一种生活态势。

表面上看来，爬坡很困难，很辛苦；下坡很容易，很轻松。但实际上，情况正相反。上坡的人生，有着无限的期待，因为心中想着"无限风景在顶峰"。因此，在整个向上爬的过程中，当事者势必充满着激情，充满着希望。即使遇到挫折，也会努力去化解它。再多的疲惫，再多的辛劳，只要有理想支撑，也是甜而有味的。

陈秋贵从一穷二白的起点出发，他承载着家人的期待，面对陌生环境的压力，他不惜付出，敢于思变。这世界没有什么救世主，只有自力更生，给自己以希望，用自己的智慧和力气去劈开一条属于自己的道路，在努力与打拼中争取可能成功的曙光。

希望就是力量。在很多情形下，希望的力量可能比知识的力量更强大，因为只有在有希望的背景下，能力才能被更好地利用。一个人，即使他一无所有，只要有希望，他就

可能拥有一切,而一个人即使富有,却不拥有希望,那就可能丧失他已经拥有的一切。

生活中有个谚语说:"要想甜,加点儿盐。"这里的"盐"和"苦"几乎是同义词,它是调味品,为你反衬人生的苦甜;它是催化剂,使你的人生"更上一层楼";它是你的金矿,使你的生命永不"超支"。

补鞋匠拼出的
飞跃集团

1977 年,因为家里穷,邱继宝初中毕业只读了三人高中就不得不离开他深爱的校园走上社会。为了吃饭,他弄了一辆自行车载送客人。虽然只能挣到微不足道的几个子儿,却足以让一个渴望自立的人尝到涉世之初的一点儿温暖。但好景不长,三天后,他连人带车被扭送到了公社。理由是:割资本主义尾巴。

为了生存,他选择了告别父母,远走他乡做一个补鞋匠,当时他的唯一的家当就是补鞋用的箱子和几件工具。几年的补鞋岁月,邱继宝走过繁华的城市,也去过最偏僻的乡村,遥远的东三省也留下了他的足迹。1980 年,他带着补鞋积攒下的钱回到了家乡浙江,并在一家缝纫机零部件厂做了学徒。

有一天,做了一年多学徒的他突然萌发了自己办厂创业的念头。于是,他用了自己的所有积蓄,又贷了 300 元的款,租了三间旧房,办起了电器仪表厂,生产喷雾器零部件。也许一年多的学徒生涯使他对缝纫机行业有了特殊感情,不多久,他便决定转产缝纫机零部件。但由于他只有初中水平,他开发的产品没有多大的新颖之处,初入市场几乎就被判了死刑。为了实现自己的创业梦,他不惜重金购买先进技术,请进科技人员,设计开发自己的缝纫机。

当时国内外的缝纫机市场几乎被日、美等国的企业瓜分完毕,加上本国林立的缝纫机厂家更是竞争异常激烈。他认识到走出去的重要性,死死守住本地市场无异于坐以待毙。于是,他决定进军广交会。可事情大大出乎他的意料,由于他是个体经营者,邱继宝被毫不犹豫地拒于广交会的大门外。为了创造跟外商接触的机会,他便横下决心翻墙进去了,结果被保安抓个正着,不但被罚款 50 元,还被罚站了半个小时。

没办法,他只好通过一个老太太高价买了一本发黄的《香港各企业的电话簿》,然后他把自己产品的样本、照片、邮寄到香港各个经营缝纫机的厂家。几千封邮件石沉大海,但他没有灰心,继续邮寄、打国际长途,一次又一次他被拒绝了,一次又一次他拿起

电话。最终，几个厂家被他的执著打动了，他打开了自己的市场。经过几年的发展，他创办的那个名不经传的小厂如今已成长为国家的大型企业——飞跃集团，并创造了年产各类缝纫机 60 多万台、年出口创汇 6500 万美元、上缴税收 4624 万元的神话。邱继宝本人也成为了一个不折不扣的百万富翁。

当问及邱继宝作企业感受最深的是什么，他只用了一个字做了回答："苦！"

感悟

一个极成功的企业家的第一个答案是"苦"，这绝非矫情，而正是他经过几十年的摸打滚爬最终从苦海里湿漉漉地爬出来后的最深体会。

人这一生又何尝不是要吃很多苦啊？孩童时苦苦学步，长大了苦苦攻读，工作后苦苦适应，年迈了苦苦抗病……然而这些都是人之常情、人之长苦。君不见有的特殊的苦与死往往只有一步之遥！也许，正如生命中缺不得盐一样，人生也需要苦的历练。邱继宝创业时的艰难困苦已成为他最后垫底的财富，成为了他生命的"盐"。

生活中有个谚语说："要想甜，加点儿盐。"这里的"盐"和"苦"几乎是同义词，它是调味品，为你反衬人生的苦甜；它是催化剂，使你的人生"更上一层楼"；它是你的金矿，使你的生命永不"超支"。

从第一张专辑到现在，我都是很有志气地要做好音乐，我觉得人不能自满，一自满就骄傲。

周杰伦：

我是个只想赢的人

他，28 岁，音乐上的皇帝。

创作力是他崛起的关键。曲风无远弗届，从古典到摇滚、嘻哈、饶舌甚至中国传统戏曲，歌的意境更是贯穿中、西、古、今，从中国、欧洲到美国印第安部落；从本草纲目唱到外层空间。周杰伦用声音变魔术，如环游世界 80 天一般，总有意外的惊奇。出道前，写过数百首歌曲却乏人问津，他并不气馁，反而当成在累积创作能量。

"我是一个只想赢的人，从没想过会输。"周杰伦在接受访问时说。以下是访谈的部

分内容。

问：你是个不怕挑战的人？

答：应该说是一个好胜的人。不管做什么事情，电影啦、音乐啦，都想当个赢家。从我学生时代就这样，因为功课不是很好，功课好的学生就看不起你，说你只会打球、只是钢琴好，音乐好只是玩嘛……所以我就做给他看，我要证明成绩不好的学生还是有别的活路。

问：《时代》杂志亚洲版给你的评价是"多元跨界"，你如何培养创造力？

答：我很喜欢想东想西，大家不会想到的东西我都想去尝试。最简单的方式就是扩大自己的生活圈，让自己无时无刻都像个"海绵体"，吸收所有好的、坏的信息。我很多歌的灵感都是这样来的。

创造力部分是天生的，但后天有很多东西要学，钢琴要学、用电脑做音乐要学、当导演要学，这些就是基本功。别人看我现在很光鲜，但事实上我四五岁时，别人在玩，我就只能学钢琴，很羡慕别人的童年……如果没有基本功，我有天分也没啥用。

问：除了基本功，还有别的吗？

答：还有一个很重要，创作力要强，要先从模仿能力开始。我没出专辑前，一开始先模仿别人唱歌，最后才找到自己的特色。最早时的那个中分头啊，就是模仿林强。还模仿张学友唱歌的方式和他写的歌曲。后来发现有些东西在他们身上没有，像是哭腔，还有我咬字也没有特意去清楚或不清楚，觉得这好像满"diǎo"的。

问：模仿最怕陷在里面，没了自己，你如何找到自己的特色？

答：那也要模仿不像才会发生的(笑)。比如说我模仿张学友，他唱歌很厚，我声音有点薄，但这就是我的特色。要从模仿里，不断提醒自己特色是什么，怎样才能跟别人不一样。有人会陷在里面。因为他们没有瓶颈，学得太像！所以我觉得……好险我不像张学友。

问：你现在已经到一个境界，创造力会不会碰到极限？就像爬山，还要再往上爬，其实很累？

答：不会耶，像我刚刚讲的，我很好胜。而且我的创作力，有点像职业病(笑)。我无法让观察能力休息。我听音乐无法像一般人那样享受，我会仔细听他的曲，这个段落是怎么样的，假音唱几度，已经成了职业病(表情苦恼)。

问：你会不会害怕不再有名、不受欢迎？

答：会啊，当大家喜欢的跟我喜欢的不一样，我真的会很慌张。艺术的价值观，别人无法认同，就跟垃圾一样。尤其在娱乐业，一定要跟消费者贴近。这是我唯一会比较害怕的东西。如果那天真的来了，就是我退居幕后的时候。

人要留名，比起知名度，我反而觉得位置比较重要、被人尊敬比较重要。你想，一个人不可能到老知名度永远都很高。但他的位置，到死永远在那里。

问：你觉得怎样叫成功？

答：就是很多不太讲好话的人看到你都会觉得很"diǎo"，就成功了。

白石老人刻过一方印章,上书:学我者生,似我者死。真正的艺术,必须是与众不同的。失去了个性,也就失去了灵魂。一个真正的人,就是上帝所创造的一件至善至美的艺术品,只有拥有独一无二的个性,才算不辜负上帝造物的特别馈赠。

世间从来就没有什么救世主,是沉没还是升起,奋斗才是唯一动力。

两只蝴蝶驱走
倾家荡产的无助

庞龙从小就喜欢唱歌。从 1988 年起就开始奔波于东北的各大酒吧歌舞厅之间,并非音乐专业出身的他因为拥有极具天赋的嗓音,而在当地逐渐打拼出一些名气。当跑场歌手毕竟不是长久之计,当时在一位舞厅 DJ 的介绍下,庞龙被一家房地产公司录用,当上了企业某部门的团委书记。之后,他又被调到公司下属的一家酒店当管理部经理,结果干了几个月酒店就赔了几个月,庞龙只好再次踏上了舞厅歌手的舞台。1994年,庞龙赴北京发展,在继续跑场演出的同时,开始进修音乐专业。两年后,他顺利考取了沈阳音乐学院,开始从业余歌手向专业歌手转型。

从沈阳音乐学院毕业后,他就到了北京做起了舞厅歌手,那时唱满一场只有 5 块钱。庞龙的家境不好,家人无力支援他长期在外漂泊,他只好到全国各地去走穴,当歌舞厅的歌手,有一顿没一顿地勉强支撑。有一年大年三十,庞龙应邀坐了几天火车到某城市演出,答应好要连演多少天的,但结果首场就遭遇了寒流,客人不多、气氛不佳,庞龙就此被提前"下课"。那几天他是靠吃方便面挺过来的,所有的眼泪只有往自己肚子里咽。

通过十多年的累积,到 2000 年时,庞龙自信可以出一张销量不错的专辑,于是他卖掉东北老家的房子,又跟亲戚朋友借了近 20 万巨款,倾家荡产筹集了近 50 万的资金发行了一张专辑《人生三部曲》,然而并没有达到他预想的效果,血本无归。

一时间庞龙的处境艰难起来,精神几近崩溃。他漫步在北京的天桥上,看着来来往往的人群,忽然觉得北京没有他的容身之地,一种自杀的幻觉不时冲击着他的心灵。有一次坐地铁时他真的差点儿跳下去。

天无绝人之路,就在他最困难的时候,一位朋友安排他到西安一个酒吧驻唱并担当业务总监。这才让自己的生活重新有了保障,带着希望,庞龙又投入到写歌唱歌中。但因为是被蛇咬的缘故吧,随后的 4 年里,他再也拿不出勇气说出专辑的事。

1997 年,庞龙的好友牛朝阳写了首《两只蝴蝶》叫他试唱,但因为风格不同,他将它扔在一边,这一扔就是 8 年。

直到 2004 年,在刘晓庆从看守所出来开拍《281 封信》时,原先庞龙给找答应唱《两只蝴蝶》的歌手因更换了号码联系不上了,他只好硬着头皮唱了这首歌。就是这首他不至于跟牛朝阳翻脸才唱的歌,让他一夜成名。2004 年底《281 封信》播出后,《两只蝴蝶》火了,在网络上的点击率不到一个月就突破了 400 万,庞龙终于出了一张专辑,短短几个月全国销量逼近 40 万张。

人生就仿佛一幅七彩的图画,生存在这个社会上,会遇到很多种选择和苦难,唯有拥有坚持和把握,每一种憧憬才能在其中找到自己的色彩;也只有如此才能激起所有色彩的飞扬,才能让你的人生在收获的季节留下沉甸甸的金黄。

生命的道路上,我们需要两条腿:一是坚持不懈,一是抓住良机。

我们每个人都会遇上很多的机遇。有偶然的、有人为的、有自己争取的,它们会以各种不同的形态出现在我们生活中间。

或者发现但却没有能力抓住,或者发现了并且抓住了;或者因为当时自己的近况不佳,根本就无心去顾及它们;或者因为当时的自己已经颓废而对此置若罔闻……之所以会有这么多"或者",我想应该是每个人在遇见它们的情况不同而致吧。

当你从黑暗的深渊中坚持爬上来的时候,当你从彷徨犹豫中坚定走出来的时候,当你从荣誉的温床中坚毅地站起来的时候,你会明白,原来凭着坚持,凭着机遇,我们每个人都有机会透过狂风暴雨,见到明媚的阳光。

人的理想只有通过不懈的追求，自强不息的奋斗才能实现，而
小富即安、满足平庸的人生只能是残缺的人生。

吃着碗里的
看着锅里的

1982 年，还是农民的李兴浩就开始尝试着做生意了，他当时的生意就是卖冰棍。没有冰棍箱，李兴浩就用旧棉袄将冰棍包起来，再用尼龙绳一扎，拎在手里四处兜售。就这样，他靠"3 元钱批发 100 根冰棍"的买卖，赚了上百块钱。

卖冰棍时，李兴浩发现不少工厂需要用碎布擦机器，于是又大批收购碎布加工、推销。历经多次碰壁，他的 50 斤碎布终于卖给一家机器厂，所得 75 元。但这一次，让他有了新的想法，那就是开一个服装厂。

此后，李兴浩的身份不停地变化，从服装厂老板、酒楼老板到空调维修店老板。1987 年，李兴浩开酒楼时，酒楼空调老出毛病。于是他不得不花钱请人修理，但每修理一次就要交 100 元的维修费。李兴浩很为这 100 元鸣冤叫屈，于是就花钱雇了一名专职维修工，最后索性自己开起空调维修店。

1989 年，李兴浩开了第一家空调维修店。到 1992 年，李兴浩已拥有 280 名维修工，几乎可以维修所有品牌的空调。在维修空调时，喜欢折腾的他就想为什么不能生产空调呢？于是 1993 年，李兴浩与一台商共同组建志高空调。不料刚投产三天，志高空调就遭遇科龙降价 1000 元的价格战。是年，志高空调仅售出几千台，到 1995 年也只有 1 万多台的销量。

1996 年 8 月，认定前途暗淡的台商暗中撤资走人。李兴浩信赖的执行总经理，也在关键时刻另立门户，甚至怂恿志高员工集体辞职，数百人的企业一夜之间走得空空如也。

1996 年 8 月，独掌志高的李兴浩东山再起。

同年，日本三菱计划在中国内地寻求发展机遇，邀请包括格力、科龙在内的 10 多家广东空调企业开会谋求合作，但感兴趣的只有李兴浩。正是依靠与三菱的合作和自身发展，志高走出低谷。

2000 年某月，广东某空调企业的记者招待会上，有位消瘦精干的佛山人抢过话筒要发言，该企业老总喝道："李兴浩，这里没你的事，你怎么来的？"

然而仅两年后,在雅典奥运会 AC(会场空调)招标中,志高击败三菱、LG 等十几个国际知名品牌而一举中标;同年,韩国现代集团主动要求与志高合作生产空调。三个月内,志高生产的现代空调就在国内创下 8000 万元销售业绩。随后,越来越多的世界 500 强企业注目志高,其中有三菱、爱默生等日、美制造业巨头,还有摩根斯坦利、美林等资本大鳄。

感悟

人生价值的实现是在追求卓越的社会实践中完成的。人的理想只有通过不懈的追求,自强不息的奋斗才能实现,而小富即安、满足平庸的人生只能是残缺的人生。世界领带大王曾宪梓曾经说:"屋檐下的麻雀是不可能有远大和崇高的目标的,只会在低矮的田间吃上几粒粮食就心满意足了;只有山巅上的雄鹰,才敢于顶风斗雨,在无边无际的天空翱翔,才能猎获重大的目标。"追求卓越不是一句空话,它是实实在在的社会实践。

鲁迅曾经说过:世上本没有路,走的人多了就形成了路。变革的时代,为每一个有志者提供了广阔的发展空间。

饱含苦难的人生,乍一看总是不幸,却给了无数平庸者立起的机会。因为苦难,必须得咬紧牙关,用孤独磨砺坚强,从而塑造一个新的自我。

用"戏比天大"
演绎壮美的人生

常香玉出生在河南巩县偏僻的山沟里,为了躲避童养媳的悲惨命运,父亲不顾一切让她学戏,遭到乡里族人的强烈反对,族长说:"唱戏的是下三滥,张家族里不能出唱戏的,她要敢学戏,咱们就打死她。"最后一家人不得不夜里挑着担子,逃出了村子。

背井离乡的常香玉和父亲,辗转于密县、开封一带。在巩县站街,她认开饭铺的常老大做干爹,把自己的名字张妙龄改为常项羽,后来根据这个谐音才叫了常香玉。

后来,常香玉父女结识了大知识分子王镇南,王镇南为常香玉写出了《六部西厢》,

常香玉很快唱红开封,14 岁就开始挂出头牌,名噪中原。

"七七事变"爆发,常香玉和父亲成立中州戏曲研究社,编写抗日的剧目,受到欢迎。开封当地的一个军阀,看上了红极一时的常香玉,准备纳她为妾。常香玉至死不从,军阀恼羞成怒,两次派人向剧场扔手榴弹,想要炸死常香玉,戏班里死伤 7 人,常香玉幸免于难。此时,日军开始日夜轰炸开封,不得已,常香玉父女离开了开封。

1940 年 8 月,常香玉患肋膜炎脓胸,在洛阳伤兵医院,摘除两根肋骨,靠产妇的奶水得以挽回性命,因此,她经常说,她的命是老百姓给的。

然而,祸不单行,大病初愈,这年冬天,常香玉又遭受到国民党卢专员的欺凌,被逼投崖。

1942 年,在宝鸡,为了反抗土豪李樾村,常香玉倔强地吞下了一枚金戒指,而再一次命悬一线。当时的医院用古法,要求常香玉吃大量的韭菜,但是,常香玉死心已定,不肯照办。这一次,是陈宪章劝说,她才吃了韭菜,喝了蓖麻油。

1953 年,常香玉为了去朝鲜参加慰问志愿军的演出,她打掉了已怀了 3 个月的胎儿,冒着生命危险来到了朝鲜战场。半年的战地演出,她的一个学生不幸牺牲,永远留在了朝鲜。

1966 年,"文革"爆发,常香玉理所当然地成为全国最大的"戏霸",而遭了最为残酷的武斗,她被"假枪毙",在数万人面前,遭受批斗。

苦难,没有使她忘记她的戏曲。为了唱戏,她就把被子捂到头上,在被窝里喊嗓子。粉碎"四人帮"后,她如鱼得水,为人民奉献了诸如《拷红》、《白蛇传》、《花木兰》等优秀剧目,成就了"人民艺术家"、豫剧大师的称号。

世间有一条荆棘小道,它是天堂之门的坚定守护神,也是万物坠入地狱的惟一通道。它的名字很可怕:苦难。人,从呱呱坠地开始,哪一步路不是与苦、与难交手,哪一天不是在苦水和困境中跋涉?

与苦难周旋,就是以柔克刚,举重若轻。周旋,就是生命环节里最艳丽的一场舞蹈。表演《千手观音》的,是群地道的残疾人,可是观众从璀璨的舞台上看到了手和手的对话,心与心的交流,那么和谐,那么绚烂。华彩的乐章来自苦难的打磨,梦想伴着残缺的身体起步,寂寞在无边的渴望和泪水中结晶,只要有一双正常的手,就足以把神圣奇幻的舞姿抬到最高、舞到最美。在这场人与苦难无休无止的比赛中,谁是强者,昭然若揭。

饱含苦难的人生,乍一看总是不幸,却给了无数平庸者立起的机会。因为苦难,必须得咬紧牙关,用孤独磨砺坚强,从而塑造一个新的自我。

> 人都是在不断地反抗自己周围的环境中成长起来的。我们每一天都与环境、与他人、与自我搏击,在这种搏击中,勤奋不断让我们超越生命的平台,抵达人生的制高点。

勤奋成就
中国软件业奇才

他,3 岁因小儿麻痹症而落下终身残疾,没有进过正规大学的校门,20 多岁在一个街道小厂当技术员,38 岁之前还不知道电脑为世间何物。就是这个无论从哪个角度说,都从未受到社会眷顾的"弃儿",今天却被誉为中关村最富有传奇色彩的知识英雄,中国软件业界中的奇才,国际上都赫赫有名的"杀毒王"——王江民。

其实,王江民走出的人生第一步就非常沉重。他出生在山东烟台一个普通家庭,从记事起王江民就知道自己和别人是不同的,小儿麻痹症给他留下了一条病腿。他只能在家里的窗户上看着楼下的人群,然后用一张纸撕成一些小条条拧成一些转转儿从楼上往下扔。小时候他就勤于钻研,比较喜欢学无线电搞半导体收音机。从矿石收音机到晶体管收音机,再到双波段收音机;从到无线电通讯,到电唱机留声机,这些东西他全都自己搞出来过。

"人都是在不断地反抗自己周围的环境中成长起来的。"高尔基的名言是王江民青年时代最欣赏的。他拖着那条不灵便的腿,经常被人欺负。在很长的时间里,王江民都有自卑的感觉,觉得自己是社会的弃儿。但是通过读书他对人生有了新的认识。他迫切地感到要增强自己的意志力,适应社会,适应环境,征服人生道路上更多的坎坷与磨难。

上中学以后王江民觉得应该开始磨炼自己的意志,于是练习爬山、游泳。别人要游到 1000 米、2000 米,那么他也要游到 1000 米、2000 米,游到两三千米以后再上岸的时候都不会走路了,累得站不起来了。王江民就是这样,凭着坚强的毅力和勤奋的努力为自己打开了本不属于他的一扇又一扇门。

1971 年他初中毕业,没有上过一天高中的他终于在一家街道工厂找到了工作。

那时候,王江民只是不满足于当工人,想当好一名技术员。凭借自己的刻苦和钻研,他改变了自己的命运,成为工厂里的技术骨干和革新能手。由于王江民在当地树立了身残志坚的榜样,还被授予了"全国新长征突击手标兵"、"全国青年自学成才标兵"、"全国自强模范"等诸多称号。几年后,他被调到了一家国有企业,从事光机电设计和程控软件设计。

王江民感觉到，自己是搞技术开发的，如果不懂电脑就跟不上时代的潮流。他已经搞了十几年的机电技术，所以又开始学点儿电脑，那时候已经38岁。就这样，38岁的王江民在不知不觉中开始了他人生旅途中的一项新的事业。

那时候，按照学校老师的规定，作为家长的王江民每天要为上小学一年级的儿子出50道题，挺费事，也挺费时间的，所以王江民就想通过编个程序，把他们打印出来。从此，他开始和电脑结下了不解之缘。通过他不懈的钻研，他居然成功地编写了一套小学一、二年级的数学和语文教学辅助软件，幸运的是后来就在《电脑报》的评选中，被评为教育类软件第一名。这让他对计算机软件领域有了更大的兴趣和热情。

正是王江民这样的"较真"，为他自己创造了一次又一次新的机遇，也让他离成功越来越近了。在工作中，他开始发现计算机老有病毒出来，影响设备的正常运行。

于是，王江民开始研究电脑如何杀毒。软件商人的嗅觉是最灵敏的，当王江民的杀毒软件从KV6迅速升级到KV100时，一位电脑经销商跟王江民商量，你能不能别再送了，我帮你卖吧。一石激起千层浪，王江民的产品被卖到了中关村，杀毒软件KV100一炮打响。软件经销商们纷纷到山东向王江民申请许可经销权。于是，王江民一不小心成了今天拥有正版用户最多、市场占有量最大的KV系列杀毒软件的发明人。

初中毕业，却拥有包括国家级科研成果在内的各种创造发明20多项；38岁开始学习计算机，两三年之内成为中国最出色的反病毒专家之一。王江民的经历告诉我们：勤奋改变命运。如果说生命是一只肩负人生梦想的鸟儿，那么勤奋则是这只鸟儿搏击长空迎风而歌的翅膀。勤奋使生命有了高度，使梦想接近白云蓝天。

天道酬勤，有多少付出才会有多少收获。如纪昌学射、孔子学琴、苏秦刺股发愤、匡衡凿壁偷光……

勤奋磨砺人生，如同一架犁铧，如果不长期磨炼，必将失去锐气，最终使原本可以种出更多食粮的生命土壤板结。勤奋是梦想的翅膀，你相信吗，如果不停磨砺，历经千辛万苦后的丑小鸭终会变成白天鹅。

丹麦童话作家安徒生的一句箴言印证了勤奋给命运的奖赏：只要你是一个天鹅蛋，即便生在养鸡场也没关系。言外之意就是，不因环境的恶劣而让信仰暗淡下去，不因机遇的不利而让勤奋的翅膀停止飞翔，终究有一天我们飞翔的翅膀会在天空写下：没有飞不过的云，没有高不过的山。只要你睿智的心灵种入一粒叫勤奋的种子，你坚定的信仰定会插上勤奋的羽毛！

正如王江民所说的：年轻人要少一些浮躁，多一些真才实学，要坚持勤奋学习，知识丰富了，能力高了，才能抓住机遇，机遇有的是。

读懂成功

任何困难都有一个突破口，正如任何成功都有一个突破点。聪明者可以轻易寻找到这个点。

毕其一生成就成人教育的
世界潮流

开创了一番伟业的美国著名成人教育家戴尔·卡耐基原本就是一个很普通的人，而且曾经很自卑，但他后来终于觉醒了，依靠自己的奋斗改变了自己的命运。

卡耐基出生于一个贫苦农民的家庭。童年的卡耐基深受母亲文化气息的影响。他母亲信教，婚前曾当过教员，所以鼓励他一定要上学读书，希望他将来做一名教员或是传教士。家境的贫穷促使少年时代的卡耐基以艰苦奋斗的精神去读书求学。1904 年，他高中毕业考入了华伦斯堡的州立师范学院。为了赚取必不可少的学费书费，他要经常给人家干活，每天回家还要帮助父母挤奶、伐木、喂猪。到了夜晚已经很累了，他就在煤油灯下刻苦读书。但他不肯向现实屈服，总想寻求改变命运、出人头地的途径。他发现学校里的同学中有两种人最受重视：一种是体育出色的人，如棒球队的球员；再一种就是口才出众的人，那些在论辩和演讲比赛中的获胜者。他知道自己的身体不够强壮，缺乏体育运动的才能，就决心在口才演讲方面下工夫，争取在比赛中获胜。他花了几个月的时间苦练演讲，但在比赛中一次又一次失败了。失望和灰心使他痛苦不堪，甚至使他想到自杀。然而，他终究不肯认输，又继续努力，从第二年开始获胜了。这个突破为他以后的志向和事业埋下了思想的种子。

毕业后，卡耐基当过推销员，学过表演。推销工作使他赚到了钱，也锻炼了他的口才，但这种工作不是他的理想，他在大学里就梦想当一名作家或演说家，成就一番伟业。他认为只能赚钱谋生而不能实现理想的生活不是有意义的生活。于是，他决心白天读书写作，晚间去夜校，他很想教公开演讲课，因为他认识到口才与演讲对一个人走向成功极为重要，而他在这方面下过工夫，有些经验。

的确，每个人都有优势和劣势，避开劣势发挥优势是最佳的人生选择。最后，戴尔选定了目标，并开始为之而不懈努力。戴尔·卡耐基并非有演说的天赋，尽管当时曾有一位满怀信心的文化讲习会主讲人断定他将具有非凡的演说能力。卡耐基参加了 12 次比赛，却屡战屡败。"在哪里跌倒了，就在哪里站起来。"戴尔·卡耐基这样说，也这样做。

80 年前的瓦伦斯堡人一定不会忘记，在瓦伦斯堡州立师范学院附近的 102 号河

畔,经常有一位身材颀长清瘦,但衣着破旧的年轻人,一边踱着步,一边背诵着林肯及戴维斯的名言,并不时地做一些手势和面部表情训练。这就是卡耐基决心再次迎接挑战的准备。

一次,戴尔·卡耐基正练习自己的一篇演说稿,神情专注,还不时夹杂着手势。这时,附近的一位农人见此情景,以为出现了一位疯子,立即报告了附近的警察,当警察气喘吁吁地跑来时,戴尔才明白发生了什么事。

功夫不负有心人,只要不断地努力,就一定会获得成功。

正是口才与演讲上的训练和经验,扫除了他以往的怯懦和自卑心理,使他有勇气和信心跟各种人打交道,增长了做人处世的才能。他要把他的亲身体会告诉给人们,他要从事口才、演讲与交际艺术的研究和教育。于是,他说服了纽约的一个基督教青年会的会长,同意他借用一间房子在晚间为商业界人士开设一个实用演讲培训班。从此,他开始了为之呕心沥血、奋斗终生的成人教育事业。

卡耐基的哲学思想、卡耐基成人教育的原则和方式,不仅普及到美国各地,而且跨越国界,漂洋过海,传播到了全世界。全球5大洲50多个国家的卡耐基成人教育机构,从英国的会议大厅,到原始部落的茅屋,从酷热的热带地域,到寒冷的斯堪的那维亚,接受卡耐基训练的毕业学员中,有很多是内阁成员、国会议员和高级外交官。洪都拉斯的两任总统和总统夫人,冰岛的总统和许多内阁成员,都是卡耐基课程的毕业学员。这遍布世界的国际成人教育,形成了现代成人教育的一种潮流,一种卡耐基运动。

卡耐基把成人教育作为自己终生奋斗的事业,毕其一生,锲而不舍。他本人从顺境到困境,再从困境到顺境,从一无所有到百万富豪,达到事业的顶峰所走过的历程,是异常艰辛的。当我们仰慕卡耐基的成功时,我们更要对人生作深刻的省悟。

人生就是一个不断奋斗的舞台。事业的顶峰和成功的快乐的确令人神往,但洒在其中的汗水又是无法计数的。卡耐基是幸运的,因为他的奋斗有了很好的收获,他赢得了大多数人无法企及的成功。我们虽然不可能都取得与卡耐基相当的成就,但这并不妨碍我们向成功奋进的步伐。卡耐基是我们的榜样,我们从他的成功历程中能学到许许多多的东西。卡耐基对我们人生的启迪是极为丰富和有益的。

一个教导人们如何演讲与交际的大师,想当初却在演讲比赛中屡遭失败,这个巨大的反差启示我们,要达到成功的第一条守则就是:开始行动,向目标前进!而第二条守则是,每天继续行动,不断地向前进!

> 无论面对什么都不要畏惧，要学会抓住瞬间的勇气，抓住瞬间的勇气也就抓住了机遇。要坚信自己会通往成功，努力会弥补你的一切不足。

抓住瞬间的勇气
释放雪域的光芒

韩红有点儿黑，有点儿胖，也不算太漂亮，但韩红就凭着她很有自信很有穿透力的歌声，在今天这个需要偶像的歌坛上成为一个偶像，尽管有些另类，却红得光彩照人。

韩红生于西藏，成长于北京，但不幸的是，她的父亲在她6岁时去世了，母亲托人把韩红送到北京奶奶的家里后另嫁他人。之后，她就跟着奶奶、叔叔一起生活。奶奶性格非常坚忍而且为人特别耿直，爷爷在奶奶30岁时去世了。然后她就带着韩红的爸、韩红的两个叔，还有韩红的姑一起生活。韩红的奶奶一边在服装店当裁缝，一边在街上卖冰棍，一个人养着4个孩子苦着过。奶奶用这种日子教会了韩红，无论面对什么都不要畏惧，这些对韩红影响很大。

刚上小学，大夏天中午韩红一放学，奶奶就把卖冰棍儿的车推到了学校门口，午饭装在一个盛冰棍儿的隔温瓶里，然后看韩红呼噜呼噜地把饭吃完。奶奶在一旁卖冰棍儿，韩红就趴在冰棍儿车一角写作业。冰棍儿卖完了，作业也写完了，韩红就坐在冰棍儿车上，奶奶推着她回家。基本上当时的日子就是这样周而复始。

后来，生活并不宽裕的二叔发现韩红爱唱歌，便用自己多年积攒下来的钱，先后给韩红买了吉他、录音机和钢琴。她后来因为打架差点儿没被送进工读学校，结果退学了。在韩红20岁生日后不久的一天，她终于作为文艺兵被招进部队。然而令韩红不解的是，作为文艺兵的韩红并没有进歌舞团，却成了通信站一名普通的接线员，之后她由一名普通的士兵，成了通信部宣传干事。尽管如此，韩红一直没有放弃对音乐的追求。

1995年，作曲家王酩要办一个通俗歌手的明星班，公开招生。当时又黑又瘦小的韩红，穿着一身黑衣服，裤脚还是绑起来像灯笼裤那样的，拿着一把吉他，冲到台上就唱，结果韩红被录取了。

有了一定专业知识的韩红，更加认定了她的发展方向。为了获得知名度，为了得到认可，最快最直接的途径就是参加大赛。于是韩红经常骑着自行车奔走于各种赛场，由此得了个"大奖赛专业户"的绰号。但很长一段时间，没有一个艺术团要韩红，韩红干脆

自己找上门去……

经历了风风雨雨的韩红,知道自己过不了形象这一关,她不再一根筋地非要拜倒在哪家门下,非要在电视大赛中崭露头角,她甚至停止演唱,做起了幕后音乐制作人。但在韩红的骨子里一直没有停止过期盼,一件偶然的小事,又在瞬间给了她勇气。有一次为一位长得很漂亮的女歌手录音,女歌手总在镜子前照来照去的,挑剔着自己的化妆。韩红又好笑又好气,就抢过镜子说"我也照照",这一照,感觉自己长得还行,挺可爱,没毛病。韩红再一次站到了台上,这一唱就一发而不可收,就有了她的第一张专辑《雪域光芒》。

韩红的成功告诉我们,对生活要永远充满坚强与自信,无论面对什么都不要畏惧,要学会抓住瞬间的勇气,抓住瞬间的勇气也就抓住了机遇;要坚信自己会通往成功,努力会弥补你的一切不足。

参军,进文工团,成名成家,磕磕碰碰,一路走来。歌坛很少有女人像韩红这样红起来的。身材不高而显得敦实内敛的韩红没有耀人的容貌,她的成功凭借的正是这种无论面对什么都不要害怕和畏惧的个性,自信的她终于迈入了音乐圣殿,站到了音乐的"青藏高原"最高点。

有时候迈向成功,只需要瞬间的勇气。也许你从来都是那么自信,自信,你会等来成功,然而,无边无际的等待却是一片叶子由嫩绿开始到枯萎的整个过程,它会使你在无尽等待的时空里将年华蹉跎。所以你需要鼓足勇气,抓住机遇来临的每个瞬间。

一瞬间的时间有多少人降生,一瞬间时刻,有多少人改变了自己的命运?要坚信自己会通往成功,努力会弥补你的一切不足。

成功者与失败者的区别,只是多了一点儿坚持和忍耐,有时是一年,有时是一天,有时仅仅只是一遍鸡鸣。

成功有时候是
漫长的坚持

基于父亲在铁路上工作的原因,17岁的张国立,便成为了一名铁路工人。在刚去的

第一年,在贵州的一个隧道里炸石开山,当在黑黝黝的地下干了 8 个小时后推着一车石头来到洞口看到太阳时,不知怎么,他竟蹲在那里哇哇大哭,原来这世界是如此美丽。

1971 年,张国立考入了铁道部成都第二工程局文工团两年制学员班。毕业之际,文工团的工地战宣队相中了他,从此成了一名报幕员。

1975 年,在拍铁路题材电影《紫云山下》时,他扮演了一名群众演员。相对于舞台而言,电影激起了张国立对于表演的更多热爱。为弥补专业训练上的缺乏,他开始访师求教,但也许是读书太少的原因,一些老师甚至觉得跟他都没有语言。这让他很受打击,也很受鼓舞。

然而文化功底岂是一朝一夕的功夫。就是因为文化功底,甚至因为自己的长相,要么没有人找他拍戏,要么找他拍戏就是在电视剧中扮演二三流的角色,但他都无怨无悔地接受并认真出演。正是这种敬业精神,在积累中他的名气也逐渐提升,1982 年的时候他在四川已经小有名气了。终于有一天,机遇来了,导演米家山邀请他参拍电影《弯弯的时机》,并获得了飞天奖。

随后由于成都铁路文工团被撤销,张国立调到四川人艺,在前后整整 10 年之中,他每天都是骑着自行车上下班地拍戏,但都没有什么太大的反响。

平淡中,他迎来 1988 年的人生良机。33 岁的张国立加入到导演米家山设计的明星阵容,参拍了《顽主》,这是张国立演艺人生的转折,他在片中成功地扮演了三 T 公司的经理于观,但是这部戏之后,葛优红了,梁天红了,马小晴红了,唯独张国立没有红。

他不仅没有气馁,反而来到北京,并坚信能在北京混出样来。初到北京的张国立其状态和他以后拍摄的电影《混在北京》很相似,靠配音才有些微薄收入,连骑的自行车都是朋友送的。也就在不断找活儿的过程中,他尝试性地拍摄了第一个 MTV——屠洪刚的《感觉自己》,结果一拍而不可收拾,一口气拍了《雾里看花》、《长城长》、《春天的故事》、《今儿个高兴》、《霸王别姬》、《东西南北大拜年》。有一阵张国立成了 MTV 的专业导演和获奖专业户。有了这个原始资本的积累,他开始了更大的拼搏。

1996 年,他与邹静之合拍的 40 集电视连续剧《宰相刘罗锅》热播各地晚间黄金强档,这也为出演该剧的张国立打开了一扇走向红星的大门。当时,他也正值自己的不惑之年。

此后,张国立趁热打铁,自导自演并连续制作了三部《康熙微服私访》和《铁齿铜牙纪晓岚》等古装电视连续剧,他亦庄亦谐的形象深得人心,伴随着不断攀升的收视率,张国立这个名字也开始蜚声海内外……

感悟

"罗马不是一夜建成的。"这是张国立面对生活的态度。从他大器晚成的经历中,我们不难悟出成功诞生于不屈不挠的拼搏。

有这样一个故事,相传,有两个人向酒神求教如何酿酒。酒神授之以法:选端阳那天饱满的米,与冰雪初融时清冽的高山流泉之水调和,注入千斤紫砂土铸成的陶瓮,再用初夏第一张看见朝阳的新荷盖紧,紧闭九九八十一天,直到鸡叫三遍后方可启封,酒即成矣。

二人假以时日,历尽千辛万苦,按照酒神的吩咐把酿酒的材料调和密封好,然后潜心等待。第八十一天终于到来了,等来了第一声鸡叫;仿佛过了很久很久,又等来了第二遍鸡叫;第三遍鸡叫什么时候才能等来呢?

其中一个人忍不住了,他迫不及待地打开了陶瓮,结果里面只是一汪浑水;而另外一个,虽然欲望仿佛一把火一样在他心里慢慢地燃烧,让他按捺不住想要伸手,但他还是咬咬牙,坚持到了最后的第三遍鸡叫响彻天空。他打开陶瓮:多么甘甜清澈、沁人心脾的美酒啊!他成功了,与前者相比,只是多等了一遍鸡鸣而已。

很多时候,失败者并不是输在才能上,他们不乏艰苦的劳作和智慧,而是败在了那么一点点坚持和忍耐上。成功者与失败者的区别,只是多了一点儿坚持和忍耐,有时是一年,有时是一天,有时仅仅只是一遍鸡鸣。

在现实生活中,那些"横冲直撞"的人,往往也是在某一方面行动能力特强的人,是不怕失败的人。

盯着目标
只因欲为电影疯狂

犹太人出身的美国导演斯皮尔伯格幼年父母就离异了,这在他的心灵上投下了很大的阴影。由于当时美国的种族歧视现象还比较严重,斯皮尔伯格所在的萨拉托加更是个反犹太活动活跃的地区,在学校大厅里,时常会有小硬币向他飞来。正是这种歧视,斯皮尔伯格一向对学校没有兴趣,他的学习成绩从未好过。当他沮丧地以平均分数C的成绩中学毕业时,没有一所大学愿意接收他。

但为了躲避应征入队去越南,他得上学,但南加利福尼亚大学把他拒之门外,无奈他只有去一所位于长滩的比较公正的学院——加利福尼亚州立学院长滩分校。这期间,痴迷电影的他从小时候拍电影至今,已拍了好几部电影。1963年当他拿着他刚拍的电影《火光》到旧金山寻找伯乐时,结果所到之处,那些不耐烦的制片人对待他的片

子就像对待令人讨厌的瘟疫一样。

　　为了从小的梦想,面对种种挫折,他不折不挠,勇往直前。他怀着敬畏的心情,经常到环球公司转悠。虽然他已经拍了5部片子,但因为没有担保人,没有资助人,他也只能在公司的大门外默默徘徊。

　　他很想到拍摄环球公司的拍摄现场去看导演们干活儿。但他却先后被人从《被撕坏的窗帘》和《战争君主》的拍摄现场轰了出来,当公司负责人兼音乐合成给《被撕坏的窗帘》或一些较次的片子配音时才让斯皮尔伯格进场去。直到一位知名导演注意到这个脸上长着丘疹、躲在暗影中的男孩儿,他这才在这里有了一席之地。1967年夏,他靠自己的勤奋以外来志愿者身份在这里有了名气。因此他就索性装作就是在这里工作的。事实上,他并不清楚自己以这样的身份会在这里徘徊多长时间,也许两年,也许6个月,反正他根本没有想过21岁能实现当导演的梦想。

　　但他非常钟情自己的目标,勤奋的斯皮尔伯格在长滩拍了一个片长仅有24分钟的《阿姆的林》。1969年参加了第二届亚特兰大电影节,结果竟然获了奖。

　　为了实现自己的梦想,正在攻读大学的斯皮尔伯格在卜大学还是当导演中最终选择了放弃学业,决定把自己的每一分钟都卖给公司。这在商业上被叫做"死亡条约",只有疯子或者有着疯狂野心的人才会签这种合同,而斯皮尔伯格不仅签了,而且一下子就签了7年。

　　最终,斯皮尔伯格成功了,先后拍出了多部具备世界水准的经典电影,如《夺宝奇兵》、《拯救大兵瑞恩》、《大白鲨》等。

　　在通往目标的历程中谁都会遭遇挫折,可怕的是它让我们产生一种不自信的感觉,一种在经历挫折后对自己能力的怀疑。其实,挫折并不能证明什么。因为我们是人而不是神,我们不可能十全十美。相反,我们能力的大小,只有在经受了各种各样的考验之后,方能证实。挫折就是这样一种必须经受的考验,它可以提醒我们去寻找和发现我们自身的不足之处,然后对它们进行改善。挫折使我们有了这样一种机会:让我们清醒地认识到事情是如何朝着失败的方向转变的,以使我们在将来能够避免因重蹈覆辙而付出更加高昂的代价。

　　最重要的是,挫折还使我们看清了自己通往目标的道路上一个必须去加以征服的敌人,这个敌人不是别人,他通常就是我们自己,人类最杰出的成就经常是在战胜自我的同时被创造出来的。人类最崇高的目标也经常是在彻底战胜自我的同时到达的。

在人的一生中充满着成功与失败、顺境与逆境、幸福与不幸等矛盾。人生挫折是一个人迈向成功的征途中必不可少的基本元素。

坎坷让他
打开平安的天窗

　　克莱门提·史东是美国"联合保险公司"的董事长,美国最大的商业巨子之一,被称为"保险业怪才"。

　　史东幼年丧父,靠母亲替人缝衣服维持生活,为补贴家用,他很小就出去贩卖报纸了。有一次他走进一家饭馆叫卖报纸,被赶了出来。他乘餐馆老板不备,又溜了进去卖报。气恼的餐馆老板一脚把他踢了出去,可是史东只是揉了揉屁股,手里拿着更多的报纸,又一次溜进餐馆。那些客人见到他这种勇气,终于劝主人不要再撵他,并纷纷买他的报纸看。史东的屁股被踢痛了,但他的口袋里却装满了钱。

　　史东还在上中学的时候,就开始试着去推销保险了。他来到一栋大楼前,当年贩卖报纸时的情况又出现在他眼前,他一边发抖,一边安慰自己:"如果你做了,没有损失,而可能有大的收获,那就下手去做。"还有:"马上就做!"

　　他走进大楼,如果被踢出来,他准备像当年卖报纸被踢出餐馆一样,再试着进去。他没有被踢出来。每一间办公室,他都去了。他的脑海里一直想着:"马上就做!"每一次走出一间办公室而没有收获的话,他就担心到下一个办公室会碰到钉子。不过,他毫不迟疑地强迫自己走进下一个办公室。他找到一项秘诀,就是立刻冲进下一个办公室就没有时间感到害怕而放弃。

　　那天,有两个人买了他的保险。他的事业也就从这两位客户开始了。他在保险公司的账户上也有了几元钱的佣金,数字虽小,它却标志着零的突破,也是史东人生历程中的一座里程碑。第二天,他卖出了四份保险;第三天,六份;逐渐地,他认识到要勇敢地面对困难,不达目的绝不罢休。这也造就了他不怕碰壁的坚强性格,为日后成为竞争中的强者奠定了基础。

　　20岁的时候,史东自己设立了只有他一个人的保险经纪社,开业的第一天,他就在繁华的大街上销出了54份保险。有一天,他有个令人几乎不敢相信的纪录,122份。以一天8小时计算,每4分钟就成交一份。

　　1938年底,克莱门提·史东成了一名拥资过百万的富翁。

到 20 世纪六七十年代,他拥有个人资产达 4 亿美元之巨,可算得上是美国最富有的人之一。

人们在社会中生存,就必然会遇到这样或那样的挫折。尤其在市场经济大潮中,人的活动与交互关系越来越频繁、越来越复杂。这一变化在激发人们多种多样的动机和目标的同时,也增加了个体人生挫折的概率。

由于遭受挫折,有的人就徘徊不前,半途而废;有的人就唉声叹气,激流而退;还有的人则悲观失望,自暴自弃。然而,挫折并不因为人们的不快、悲叹、惊慌和恐惧而不再光临;相反,怕碰挫折,却往往会碰更大的挫折。对此我们不能消极地忍耐或回避,而应直面正视人生挫折,积极寻求克服和战胜挫折的有效途径,抚平伤痕,向人生的成功目标奋斗。在这方面,古今中外许许多多的杰出人物为我们提供了诸多有益的启示。

司马迁在《史记》中曾经记载:"文王拘而演《周易》;仲尼厄而作《春秋》;屈原放逐,乃赋《离骚》;左丘失明,厥有《国语》;孙子膑脚,兵法修列;不韦迁蜀,世传《吕览》。"大发明家爱迪生经过 8000 余次的失败,最终才发明了电灯,给世界人民带来了黑夜中的光明;著名药物学家欧立希为了发明一种名叫砷矾纳明的新药,遭受过 605 次失败,在第 606 次实验中才取得了成功……可见,有作为的人,并不是因他们掌握了什么走向成功的秘诀,而恰恰在于他们在挫折面前不是选择唉声叹气、悲观失望,而是选择义无反顾、勇往直前、不达目的,誓不罢休。

挫折是迈向成功的阶梯。任何成功都包含着挫折,每一次挫折是通向成功不可逃避的台阶;挫折还是一剂治疗灵魂疾病的良药,它可以使人清醒地思考人生的苦乐,认识人生的价值、意义,认清社会上的各种在平时认识不到的问题。

人生之路,机遇与挑战并存,成功与失败相连。我们所应做的就是善待人生,笑对挫折。我们不一定能拥有一个个美丽的风景,但完全可以创造一个美好的心境,以此去努力和追求,那么在我们的前方将会有坦荡的旷野和蔚蓝的天空。

　　每一次磨难都是通向成功的脚印。世上没有厄运，有的只是暂时的挫折和失败，但只要我们不对自己说不，成功的路碑就会昭示我们前进。如果我们坚强地做一粒种子，那么继续奋斗便是生长的广阔沃土。

二

读懂情感

爱一个人意味着什么呢？这意味着为他的幸福而高兴，为使他
能够更幸福而去做需要做的一切，并从这当中得到快乐。

真爱，
让你学会宽容

爱一个人不是非要得到他，有时候，心中给他放一个位置，可能让爱显得更珍贵。

　　一位同室兄弟从大一到大三一直在追本班的一个女孩子，追得很苦、很累。所有人，包括他自己都能看出来，这是一段没有结果的爱情故事。那女孩子总是若即若离的。快毕业时，他停下来了，很痛苦。忽然有几天，那女生没有来上课，后来听别的女生说，她的腿摔伤了，在家休养。那位仁兄竟立即买上一大袋水果，跑到那女生家里看望。

　　我们只当他来了勇气。回来时，便笑问他："岳父岳母"的态度如何？

　　"哦，你们想哪儿去了？我要是真是那个意思，能这样去她家吗？"的确，也许是走得匆忙，他衣衫不整，头发零乱。"就是听说她腿伤了，心疼。"最后两个字他说得很慢，声音也很低。

感悟

　　爱情是自私的，但爱也是宽容的。

　　得到爱是一种莫大的幸福，如果因种种原因未能占有爱，但只要有机会去表达，完成心中那份特有的情怀，也不能不说是一种有效的释放。

　　世间的情与爱，从燃烧到熄灭，或者说是从开花到结果，不管结局是不是"有情人终成眷属"，我想只要有过这种让自己平生以来心灵有所震动的初恋感觉，也不能不算是一种得到，一种生命最厚重的经历，拥有和占有一样的富有情调。

　　所以，我们遇到这种情况后，一定要从现实诸多的条件中去理性地筛选进与退、得与失的元素，而不要一意孤行，甚至不顾一切。对爱来讲，如果不从占有的意义去说的话，事实上爱的表达与获得的空间是非常大的，不一定只有一条道路可供选择。比如鉴于爱的唯一性，在不能一分为二的前提下，可以考虑将爱转换为亲情来释放回报出来。

　　无私的爱是最高境界的爱。怀着这种爱的人，仅仅谋求他所爱的人的幸福，却不在乎自己是否承受着痛苦和磨难。

一道自私的
爱情考验题

　　要是我和你妈同时落水，你先救谁？许多热恋中的女孩最喜欢出的就是这道题，最想得到答案的也是这个问题！

　　她从 20 岁开始，就把从一本杂志上看到的"要是我和你妈同时落水，你先救谁"这道题作为她嫁人的一道门槛。

　　她做梦都想找一位把女友看得重过母亲的男友。

　　她问第一个他："如果我和你妈同时落水，你先救谁？"他说："当然先救我妈。"她问："那为啥？"他回答："母亲只有一个，女友成千上万，当然先救我妈。"她想：幸好考考他，否则自己就上当了，一个先救母亲的男人是靠不住的，况且只是让你回答先救谁，难道说这么一句话的勇气都没有吗？她很干脆地就和第一个他拜拜了。

　　后来，她又处过几个男朋友，她都用这一道爱情考题考他们。让她颇感意外的是，竟然没有一个男朋友说先救她。她长得漂亮，气质脱俗，她实在弄不明白，那些男人为什么不肯说先救她。

　　最让她伤心的是第六任男朋友，那是个很优秀的小伙子。可以这么讲，她只要求他说先救自己，她就会嫁给这位小伙子。可他却苦着脸回答："我都救，同时救两人行了吧！"她说："你同时救不了两人，你只能先救一人，后救一人。你是先救我，还是先救你妈？快说呀？"他被逼得急了，推托并无奈地说："我其实不会游泳，我宁愿自己淹死算了。"她很失望，只好忍痛和他分了手。

　　她独自领受并厌倦了单身贵族的生活，已经 30 岁了。她突然觉得还是第一个他好，是个可依靠的男人。她回到了第一个他的身边。

　　一天傍晚，她和他在公园散步，她又问了十年前的问题。他回答："我还是十年前的那句话，我只能先救母亲。"她问："为啥？"他回答道："你念念不忘要别人先救自己，太自私了，我母亲辛辛苦苦把我养大成人，还从来没想过让我先救她后救谁，这叫无私。如果你们同时落水，我自然先救无私的人，后救自私的人。"说完，他扭头而去。

感悟

爱有三种：无私的爱、相互的爱和自私的爱。无私的爱是最高境界的爱。怀着这种爱的人，仅仅谋求他所爱的人的幸福，却不在乎自己是否承受着痛苦和磨难。第二种爱是相互给予的爱，怀着这种爱的人在追求所爱之人幸福的同时，也关注自己的幸福。而自私的爱是最低级的，它使一个人无视他所爱的人的感觉而只着眼于自己的快乐。

爱一个人应当懂得放，应当让她(他)有自己的空间，这样才会让对方更加地自由。爱一个人，就是努力使她(他)更加的自由，否则，那怎么可以称为真爱呢？

爱是不是自私的？我认为，爱是博大的。因为她(他)优秀，我爱上了她(他)。我不会干涉她(他)的一切。

孩提的时候不懂得爱，有着父母的百般呵护，想到的总得到，总以为只有索取和得到，才能体会到家庭的温暖。总是怕失去这么一点点的被关注，总是怕被人淡漠，年纪小似乎就是得到爱的最有理的借口。小的时候，面对着爱，就是这么的恬不知耻无休止地乞讨。

年轻的时候不懂得爱，有过罗曼蒂克般的一见钟情，有过信誓旦旦的海誓山盟，总喜欢吃着碗里的，看着别人嘴里的。年轻的时候，面对着爱，总是有太多的浮躁，总是这般心猿意马。对爱的放纵和不羁是年轻的特性，却不愿承担爱这一责任。

中年的时候，经历了太多的坎坷，看多了世间的人情世故，回头再看着花园里站着的那个共同生活了多年的女人，看着屋外嬉闹的儿女，才知道，爱，要的只是能和这世上的一个人一生一世，即使要平平淡淡地爱，却也是这么的不容易。在中年的时候，才知道爱也是一种尊重。

爱是对生命、对成长、对自由和对幸福的肯定，爱既然是一种力量的体现，爱就是一种认知。当你把爱用来遣散空虚和寂寞的时候，爱是一把双刃剑，爱就要求你为自己的自私付出代价。

爱本就是一种意志。有了爱，我们才有了生存；为了爱，我们才会生生不息。

> 爱有时并不在乎拥有他,而在乎是否给了他幸福。拥有与离开之间的哲学才是真正的爱的哲学。

为了让爱情保鲜
可以选择离开

现实生活中,真挚的爱为什么往往以离散作结,而原本平淡的爱却可以陪伴一生?

媚儿是我的网名,缘于来生想做一个超出红尘外的妩媚女人。但我的男友却说媚儿这个名字总是有种不安分的因素在里头,不够温婉,而男人,大都喜欢温柔似水的女子。

跟男友相恋了三年,一千多个日子,我们现在正在商量的是关于我们之间的人生大事。但当真正面对的时候又突然觉得很茫然,这个高高大大的男人,这个喜欢洁净的男人,这个处处都极温柔的男人,真的就是陪我一生的那个人吗?

男友常常赞夸那些古时白衣胜雪的女子,说温婉灵秀、眉眼可人的女子是男人一生中最想成就的追求,而在这个物欲横流的社会中,如此经典已经是不复存在了。男友说他喜欢我文字中透出的那股子淡淡的忧伤以及那份缠绵的感情。可是,三年了,我该不该告诉他,其实我并不是他想要的人。

一天,我突然问我的好友:"做淑女是什么感觉?"好友不语,继而微笑着回答:"宛如夏天里多穿了衣服。"我们相视大笑,相交多年,她总是最了解我的一个人。

终于跟男友提出了分手,其实,不是不喜欢他,只是,与其让一个人到最后失望,那么,不如提早结束。这样,大家才都不会很痛。正如看电影,如果你早知道电影的结局是你极不愿意看到的,那么,你还会呆呆坐着一直到散场吗?尽管这张电影票的代价很昂贵。

独自走在落叶满地的街上,嘴里喃喃地说着:"其实,让爱情保鲜的唯一方法,就是离开。"

感悟

爱有时并不在乎是否拥有了他(她),而在于是否给了他(她)幸福,这才是至关重要的。

人这一生在爱情上可能会遇到三个人:一个是你爱的人,一个是爱你的人,一个才是与你厮守一生的人。这三个人可能是同一个,也可能是两三个不同的人。真正的爱不是为

对方去死去活的保证，更不是为对方捐卖器官的牺牲，越是感人的爱，越是强烈的爱，越没有生命力。属于真正伟大而源远流长的爱只能是精神的爱。而所谓精神的爱，为了对他的爱可以放弃任何的一切，甚至是放弃去拥有对方让他(她)去找寻并拥有自己的幸福。这在一般人眼中看似是一种放纵，实质上却是包含了至深境界的一种爱，也只有这样的爱才是无与伦比的。

拥有与离开之间的哲学才是真正的爱的哲学！

原来爱情有时候就这么简单，一个守候，便能说明一切。

守候深处
藏着一份浓浓的爱

明明爱情结束了，但相爱的一方还会等待，难道是痴情吗？

那个时候，女孩和男孩正处在恋爱的季节。每次打电话，两个人总要缠缠绵绵许久。末了，总是女孩在一句极为不舍的"再见"中先收了线，男孩再慢慢感受空气中剩余的温馨，还有那份难舍难分的淡淡情愁……

后来，两人分手了。女孩很快就有了新男友，帅气，豪爽。女孩感到很满足，也很得意。后来，她渐渐感到，他们之间好像缺些什么，这份不安一直让她有种淡淡的失落。是什么呢？她不明白。只是两人通话结束时，女孩总感觉自己的"再见"才说了一半，那边"啪"的一声挂线。每当这时，她总感到刺耳的声音在空气中凝结成冰，划过自己的耳膜。她仿佛感到，新男友像一只断线的风筝，自己那无力的手总也牵不稳那根无望的线。

终于有一天，女孩和他大吵了一架。男友很不耐烦地转身走了。女孩没有哭，似有一种解脱的感觉。

一天，女孩又想起最初的男孩，心中涌起一份感动：那位听完她"再见"的傻男孩。这种感动让她慢慢拿起电话。

男孩的声音依旧质朴，波澜不惊。女孩竟无语凝噎，慌忙中说了"再见"……

这回女孩没有收线，一股莫名的情绪让她静静聆听电话那端的沉寂。不知过了多久，男孩的声音传了过来："你为什么不挂电话？"女孩的嗓音涩涩的："为什么要我先挂呢？""习惯了，"男孩平静地说，"我喜欢你先挂电话，这样我才放心。""可是后挂线的人总是有些遗憾和失落的。"女孩的声音有些颤抖。"所以我宁愿把这份失落留给自己，只

要你开心就好。"

女孩终于抑制不住哭了,滚烫的泪水浸湿了脑海中有关爱的记忆。她终于明白,没有耐心听完她最后一句话的人,不是她一生的守望者。原来爱情有时候就这么简单,一个守候,便能说明一切。

有些人会用一生去守候一个人。

于是,有人问:"你用一生去守候一个人,也无非是希望他最终会选择你吧?如果没有终成眷属的盼望,又怎会用青春去守候?"

他错了。守候的本身,便是爱情,不需要任何结果。终成眷属,当然最好;成不了眷属,也无悔一生的守候。守候,是对爱情的奉献。我愿意为你守候,不管你将来会不会离我而去。真心的守候,不需要"守得云开"。看不到天际的明月,那又有什么关系?我心自有明月。我们将以另一种形式长相厮守。

你说:"你不要等我。"我等你,是我自己的事。

守候的日子,是很难熬的。但你给我的快乐,远远胜于那些痛苦和孤单的岁月。守候的甜蜜,是你不会了解的。所以,你说:"你太傻了。"

我不傻。当你不爱我,我不会守候。我永远不会守候一段已经消逝的爱情。是你的爱让我守候到如今,一切尘世的喜乐皆比不上。

守候,既是奉献,也是收获。

不惜为自己的爱人奉献一切,又努力为爱人顽强打拼的人,才配拥有爱情。

爱在一无所有中
才能灿然绽放

一个年轻的富商,在偶然的就餐中,无可救药地爱上了美丽的餐厅女服务员。

他向她求爱,并表明了身份。她微笑着回答:"这不可能!你那么富有,而我只是一个平民百姓。再说,你们富人都不拿感情当回事,容易见异思迁,太不可靠了。"

无奈,不死心的他,在这个镇子上住了下来,每天去她所在的餐馆进餐,并买来最华丽的时装和最昂贵的宝石。但她无动于衷。

他急了:"你究竟要怎样才答应我?""除非你和我一样,变得一无所有。"她开玩笑似的回答。

第二天,他离开了小镇,回到家,把他的钱捐给了国际红十字会。

而后,一穷二白的他再次来到她的身边,不幸染上了风寒,但无钱可医。她知道后,为其真诚所感动,便主动走到他身边,担负起照料他的责任。

不久,他便病愈了,并如愿地娶到了自己心爱的姑娘。

随后,他们一起来到巴黎,开了一家餐厅。经过多年艰辛的打拼,他又成了闻名遐迩的富豪。

很多人觉得他有点儿傻,问他为什么这么折腾自己时,他回答:"你知道,我喜欢的人只有一个,而赚钱的机会却有很多。爱情可以让我变成穷光蛋,同样也可以让我成为有钱人。"

感悟

爱情是不掺假的,爱情不是在市场中追求实用和实惠的商品。爱情只相信相互之间的取悦与无所畏惧的付出。如果掺入一点儿假的色彩,爱就会在名与利中走向铜臭化的险地。

看待爱情的真与假往往从一无所有和一穷二白的地平线上去望,才能看透爱情的内在生命力,因为作为归属精神与心灵的爱情,只有脱去物质与金钱的外衣才能换取真实的声音。

一位哲人说过,不惜为自己的爱人奉献一切,又努力为爱人顽强打拼的人,才配拥有爱情。

选择一份爱就意味着一份付出,这是失去的获取,也是对追求爱情的考验。所以有人说爱情给人的是一种压力也是一种动力。当你宣布为爱付出物质上所有的时候,就意味着你已经读懂了爱情与名利无关的真实内核。

读懂情感

> 是爱就会有付出和牺牲。因为爱，所以选择了牺牲，没有值得不值得，只有愿意不愿意。

为 爱
选择一生沉默

他是个哑巴，虽然能听懂别人的话，却说不出自己的感受。她是他的邻居，一个和外婆相依为命的女孩。她一直喊他哥哥。

后来，她考上了大学，他便开始拼命地赚钱，然后源源不断地寄给她。她从没拒绝。然后，她坚定地对他说："哥哥，我要嫁给你！"

他像只受惊的兔子逃掉了，再也不肯见她，无论她怎样哀求。她这样说："你以为我同情你吗？想报答你吗？不是，从12岁开始我就爱上你了。"可是，她得不到他的回答。

有一天，她突然住进了医院。他吓坏了，跑去看她。医生说，她喉咙里长了一个瘤，虽然切除了，却破坏了声带，可能再也讲不出话了。病床上，他泪流满面地注视着她。

于是，他们结婚了。

很多年以后，没有人听他们讲过一句话。他们用手，用笔，用眼神交谈，分享喜悦和悲伤。他们成了相恋男女羡慕的对象。人们说，那是一对多么幸福的哑夫妻啊！

爱情阻挡不了死神的降临，他撇下她一个人先走了。人们怕她经受不住失去爱侣的打击来安慰她。这时，她收回注视他遗像的痴呆目光，突然开口讲话："爱人已去，谎言也该揭穿了。"人们惊讶之余，都感叹不已，这是一份多么执著的深厚得像童话一样的爱啊！

从此，她不再讲话，不久也离开了人世。

感悟

是爱就会有付出和牺牲。因为爱，所以选择了牺牲，没有值得不值得，只有愿意不愿意。当你认真解读了爱的时候，你才发现，爱是全心全意为对方着想，为对方可以不顾自己的一切。

爱总是有一个对象，需要你从对方的角度设身处地地为他（她）着想，并学会牺牲。

然而,这并不意味着完全丧失自己,而是意味着,我们生命的一部分与对方成为一体,而另一部分则保持自己的独特性。

在爱的关系中,牺牲实际上是一个悖论,如果你牺牲的出发点是为了回报,你就很难得到爱。然而,如果你只是为了爱而牺牲,在牺牲中你起码可以得到成长,甚或得到爱。

如果说故事中男人的物质付出仅仅赢得女人的好感的话,那么男人的拒绝表现的就是一种无私的付出,换来的是用心灵赢得的一场爱情。当她以"公平"的身份赢得那份值得为之牺牲的爱时,她便牢牢地抓住了厮守一生的幸福。所以无言的世界里,他们始终在对话,以爱在交流,此时无声胜有声,把爱的真谛释解到了极致。

其实给人幸福,被别人需要着,是一件能给自己带来很大满足与快乐的事情。

人对爱人的追求,往往是在画圆,从圆内出发,行走一个圆线后,才会蓦然发现自己的爱心原来是在圆内而非圆外。

原来爱情
这么近

我们总说:"我要找一个自己很爱很爱的人,才会谈恋爱。"但是当对方问你,怎样才算是很爱很爱的时候,你却无法回答他,因为你自己也不知道。

从特种兵中尉转业的他,帅气不失自信,成熟而且干练,生活总爱挑战些什么,然而,长久以来,因为他追求在路上的感觉,一直没有找到属于自己的关怀和牵挂。

他身边从不缺女人,天生女人缘,无论什么时候,总有几个要好的姐妹左右相随,经常一起游玩、讨论,他认为他很了解女人。

女朋友中数她最善解人意,是转业时认识的,还曾经合伙做过生意。她爱上了他。有什么事都会和他商量,帮他剖析女孩的心理,甚至参与制定追女计划。她为他升职高兴,为他失意伤心,他成为了她的生活轴心。

一次,他因为借钱的事被丢进了监狱,她想方设法营救他。等他出来时,面对找不到工作的他,她特意把所有的积蓄拿出来为他开了个酒店,为不伤害他男人的自尊心,说是合伙开店。可他没有钱,她说她只要他的人。当酒店盈利后,她故意让他成为大老板,可他并不知道其中真正的含义。

他始终当她是知己和好妹妹,觉得一切应该,就像对待一个亲人。他还在不停地追逐着他的爱情,追逐着他在路上的感觉。

某一天他跟她说,我要去西部驾车游了,可能要几个月。她听后一边嘱咐他,一边为他准备需要的东西。这期间,他们用手机不断地联系着,但渐渐地她发现她的手机费逐渐增多,他也开始频繁地打起了她的电话。

终于,他发现在离开她之后,他变得更孤单,甚至有点儿虚幻,平时觉得没有多少话对她说,现在却发现,总有一大堆的话要讲给她听。

一天,他说,他带的钱快花完了。她电话里告诉他,她马上坐飞机亲自给他送钱。下机后,看到他一身风霜的样子,她很心疼,抑制不住地扑进他的怀里,不停地抽泣。他愣了一下,终于也紧紧拥住了她。她哽咽着说了一句:"你能不能低头好好地看看我?"他松开手,抬起她的下巴,深深凝视着她的脸,在她的眼瞳里他突然看到了一个真正的自己。

哦,原来爱情这么近,低头便见了!

感悟

我们总是以为,我们会找到一个自己很爱很爱的人,甚至发誓把美丽拥抱,所以很多时候选择以浪子的身份奔波在路上,体验生命中在路上的感觉,经历着情感深处那种新奇、刺激与梦想。可是后来,当我们猛然回首,我们才会发觉自己曾经多么天真!

或许每个人都希望能够找到自己心目中百分之百的伴侣,但是你有没有想过:在你身边会不会早已经有人默默对你付出很久了,只是你没发觉而已呢?最远的人原来是你最近的爱。不要让你仰望的目光忽略了你身边为你付出的一份真爱。很爱很爱的感觉,是要在一起经历了许多事情之后才会发现的。所以,还是仔细看看身边的人吧!他或许已经等你很久喽!

在寻觅梦想的路上,我们千万不能因为追求月亮而失去星星对我们的情感眷顾。正如一首歌中唱道:"萍水相逢,你却给我那么多,你挡住寒冬温暖只留给我,风霜寂寞凋落在你的怀中。人生风景在游走,每当孤独我回首,你的爱在不远地方等着我。"

在爱的天空里,感动有时候让浪漫的云朵显得更加美丽和厚重,付出与给予中让我们更见真爱真情。付出是爱的真谛,奉献是爱的含义。大爱无声,大爱无形!

爱情的感动
盖过爱情的浪漫

面对爱的人突然遭遇变故,你是选择坚持还是放弃?面对他(她)的不幸,你是付出还是逃避?

这是一个凄美感人的爱情故事,男主人公是一位摄影师,在一次偶然中将走在大街上的一个女孩摄进了镜头,从此女孩走进了他的心。

一天,男主人公在理发时,不经意地来到了那个女孩所在的理发店。事实上,她对他也心怀好感,她特别喜欢他那双富有魅力的眼睛,于是她借故特意为他洗头。从这次意外的相遇之后,他们双双坠入了爱河。喜爱飙车的男主人公经常带着她奔驰在爱的高速路上。

女孩成了摄影师唯一的主角,从女孩那一脸灿烂的笑容上,我们仿佛已经看到了他们走过红地毯时的幸福表情。

但事情往往出乎人们的意料。有一天出了意外,在摄影室的暗房中女孩的眼睛被液体伤到了,瞎了,那一双乌黑闪亮的眼睛从此再也没有了光泽,他们都很痛苦。医生告诉他们只要有人愿意捐献眼角膜,她还有复明的希望。可时间过去几个月了,也没有找到可以手术的眼角膜。

这个用眼来审视世界并深爱着她的摄影师急了,喜欢飙车的他最后一次骑上了他心爱的摩托车,回忆着她坐在他身后时的美丽时光,然后停下车将钥匙送给了别人,从此消失了。

女孩的眼睛由于有人捐献了眼角膜恢复了从前的光彩,但第一眼她并没有看到她心中的男主人公。她特别伤心却始终忘不掉他。她寻找着,但没有人告诉她他到底去了哪里,他就像空气一样从城市里消失了。

日子不知过了多久。一天,在另外的城市里,茫然中走着的女孩意外地看到了他,奇怪的是这个可憎的负心人竟变成了瞎子。她心中涌出一种莫名的心绪。她向他走去,

一阵风吹过，从男主人公身边吹来一张相片恰好落在了她的脚边，当她把相片拾起交给他时，他自言自语地说："有一个我深爱着的女人，虽然我不能与她在一起，但我仍然深爱着她。"说着他站起身，蹒跚着走了，萧瑟的大街上只剩下一个泪流满面的女孩。

此时，女孩似乎明白了一切，是他把自己的眼角膜给了他心爱的女人，并且选择离去的方式以不让她伤心。

顿时，女孩复杂的泪水滑过了美丽的脸庞。

当男女主人公真挚无私、浪漫感人的爱情逼临我们的心灵时，我们似乎再也放荡不起来了，再也无法以玩世不恭的态度来面对爱情了。爱情不仅是浪漫的色彩，更是感情的涌动。爱她就该让她活得更好，爱她就该为她付出所有。他做到了，没有商量，不需张扬，用一种超乎寻常的勇气和不可想象的行动，给本该幸福的爱情多了一份厚重的悲情和感动，为爱情立了一个触及云霄的丰碑。而对他来讲，得到了什么，正如他说的，在他黑暗的天空里，他得到了一种心灵的幸福：有一个我深爱着的女人，虽然我不能与她在一起，但我仍然深爱着她。

爱情有时候，就是这样，无私得让故事趋于童话，但在社会中这种深爱的奉献又真实地存在。

当一个男人心痛地离开他心爱的女人时，是因为爱；当一个男人勇敢地留下来照顾他心爱的女人时，也是因为爱。

在爱的天空里，感动有时候让浪漫的云朵显得更加美丽和厚重，付出与给予中让我们更见真爱真情。付出是爱的真谛，奉献是爱的含义。

面对现实社会里的阻力，再忠诚的爱往往也败得一塌糊涂。因为爱与被爱的人无法逃脱充满世俗观念的空气的包围。

要是我知道
你还活着就好了

1917年，第一次世界大战期间，空袭警报声中，伦敦街头一片混乱。年轻军官罗依·

克劳宁在滑铁卢桥及时救了姑娘玛拉。交谈中,他知道玛拉是一位芭蕾舞女演员,两人一见钟情。

当晚,罗依取消了赴上司的宴会,观看玛拉演出的《天鹅湖》。散场后在舞会上,罗依向玛拉倾吐爱意。罗依向玛拉求婚,玛拉幸福地答应了。罗依给玛拉买了结婚戒指,准备结婚,然而等他们赶到教堂时已经来晚了。罗依与牧师约定,明天11点准时再来。

然而就在当天傍晚,罗依的部队要提前开拔。玛拉不顾一切地赶到滑铁卢车站,火车已经启动。

送行的玛拉由于耽误了当晚的演出,被剧院开除了。她与好友凯蒂一起搬到了一处廉价公寓,相依为命。

在罗依的安排下,罗依的母亲找到了玛拉。就在这时,玛拉无意中从报纸上获悉罗依已经阵亡。绝望的玛拉承受不了这巨大的打击,一病不起。凯蒂为了支付生活费和玛拉的医药费被迫当了妓女。玛拉万分感激凯蒂的友情。罗依死了,对她来说,这个世界什么都不重要了,她不能让凯蒂一人负担两个人的生活。痊愈后,为了维持生活,玛拉也沦为街头应召女郎。

一天,当玛拉正在滑铁卢桥上招徕顾客时,竟突然看到了罗依。原来他并没有死,两人百感交集,经历了生离死别的罗依不由分说地把玛拉带回了家,准备要结婚。此时此刻内心痛苦的玛拉反复地说着:"要是我知道你还活着就好了。"

罗依家专门为他们举行了舞会。舞会上,不少人对克劳宁家将要娶一位平民出身的舞蹈演员有微辞。刚刚平静的玛拉又陷入忐忑之中。

深夜,玛拉意识到过去的经历是不会被上流社会的人们所谅解的,她不愿再维持假象,向已经接受她的夫人说明了真相,表示要永远离开罗依。夫人没有挽留她,并答应不把真相告诉罗依。

玛拉留下一封道别信,感谢他的爱,然后离开了克劳宁家。罗依追到伦敦,找到凯蒂,凯蒂向他说明了一切。罗依悲痛地说:"我要永远找她。"他们找遍了各个可能的地方,都不见玛拉。罗依忽然想到初次相见的滑铁卢桥,他拉住凯蒂不顾一切地向那里跑去。

这时,玛拉正在滑铁卢桥上。一队军用卡车隆隆开来,玛拉毫无畏惧地向一辆辆飞驰的军车走去,手提包和一只象牙吉祥符散落在地上。

感 悟

爱情是一块香甜的巧克力糖,不管是高高在上的贵族,还是为生活而忙碌的贫民,都对它充满着渴望,充满着幻想。就像在看鸡尾酒的眼睛一样,那诱人的滋味谁又愿意错过呢?

为了这份爱,极短的时间内她就答应要同他相守一生,为了爱情她甘愿受骂甚至放弃生存的工具和钟爱的事业,爱到忘了自己。为了忠于爱情,面对选择贫病的生活她

也没有妥协,而当知道她期待的对象不存在时,她心中的精神支柱也就轰然倒地了,活着的意义显得不再那么明晰,这难道不是另一种忠贞吗?

然而越是看似最忠诚的爱越是迈不过等级与世俗的坎儿。阴差阳错的人生变化如戏剧般令人瞠目。偏偏爱在最浓时战争发生了,偏偏爱在忠诚时噩耗传来了,偏偏在沉沦时爱人出现了……"要是我知道你还活着就好了。"多么无奈的话啊!无缘的人呀总是这么留有遗憾,不是来得太早就是来得太晚。

究其原因,我们抱怨什么?故事似乎在告诉我们战争、等级、世俗的同时,也告诉我们付出的爱像是泼出去的水,覆水难收,每一份爱都很重很重,最重的那份爱只能给最爱的人。

世间最珍贵的不是"得不到"和"已失去",而是现在能把握的幸福。

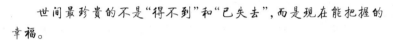

世间最珍贵的是
把握幸福

"幸福是什么?"人们经常这样问,但是往往在提问的过程中,幸福就已经离你越来越远了。

蜘蛛投胎成了一个富家小姐,父母都叫她蛛儿,到了16岁,长得十分漂亮,楚楚动人。

一日,皇帝在后花园为新科状元甘露举行庆功宴席。来了许多少女,包括蛛儿,还有长风公主。席间,蛛儿被甘露的才气吸引了。

后来,在蛛儿陪同母亲上香拜佛的时候,恰逢甘露也陪同母亲上香。蛛儿和甘露开心地聊起了天,终于可以和喜欢的人在一起了。但是甘露并没有表现出对她的喜爱,只是说蛛儿的想象力让他承受不了。

蛛儿纳闷儿地回到了家。

几天后,皇帝卜诏,命新科状元甘露和长风公主完婚;蛛儿和太子芝草完婚。这一消息对蛛儿如同晴天霹雳,她怎么也想不通,婚姻的结局却是这样。几日来,她不吃不喝,生命危在旦夕。太子芝草知道了,急忙赶来,扑倒在床边,对奄奄一息的蛛儿说道:"那日,在后花园众姑娘中,我对你一见钟情,我苦求父皇,他才答应。如果你死了,那么我也就不活了。"说着就拿起了宝剑准备自刎。

就在这时,佛祖来了,在冥冥之中对蛛儿说:"蜘蛛,你可曾想过,甘露是由谁带到你这里来的呢?是风(长风公主)带来的,最后也是风将他带走的。甘露是属于长风公主

的,他对你不过是生命中的一段插曲。而太子芝草是当年你网下的一棵小草,他看了你三千年,爱慕了你三千年,你却从没有低下头看过他。蜘蛛,你知道世间什么才是最珍贵的?"

蜘蛛听后,一下子大彻大悟了,她对佛祖说:"世间最珍贵的不是'得不到'和'已失去',而是现在能把握的幸福。"刚说完,蛛儿就睁开眼睛,看到正要自刎的太子芝草,她马上打落宝剑,和太子紧紧地抱着……

放弃,一个简单而又难以做到的事。它需要的是勇气,是对看似近在咫尺,却又难以实现的幸福的舍弃,是放下心中最难以割舍的情感,是对可望而不可即的追逐的无奈。面对如此之多的最爱,放弃,谈何容易?可是我们无从选择,有很多东西是我们不可能得到的,尽管它美妙异常,尽管它充满诱惑。

世间我们能够拥有的幸福能有多少?什么才是我们可以得到的幸福,什么才是我们最希望拥有的归宿?对于那些甜美却不可摘取的鲜花,我们只能放弃,一味地长吁短叹,一味地不甘不舍,只能使我们手中的幸福溜走。

或许会很痛,但痛过之后却是一片平静;或许会哭泣,但哭过之后我们还要继续追逐我们的幸福。只有放弃幻想,才能把握真正的快乐,对于不属于我们的东西,又何必奢望,我只希望得到属于我的幸福。

幸福其实很简单,就是懂得把握当下,知道满足。幸福可能是一个拥抱,也可能是一个笑容,最重要的是懂得珍惜和把握。有时候幸福就在身边,不要让它在不知不觉中溜走。

如果一份感情可以慰藉心灵,是不在乎它来自漂亮还是丑陋、贫穷还是富有的。

爱在勇敢的伸手中
升 华

你爱我,是爱我的什么?是财产?是容貌?还是我的地位与青春?

读懂情感

1996 年 5 月 3 日,英国老人约翰·布朗去世了;两天后,他的妻子朱蒂斯也溘然长逝。他们便是 20 世纪最动人的爱情故事"戴红玫瑰的丑女人"的主人公。

1942 年,20 出头的布朗赶到北非的英军第八集团军。此时,英军处境艰难,隆美尔攻势凌厉。布朗在大炮和坦克的轰鸣声里染上了战争恐惧症,甚至想逃走和自杀。一天,一本《在炮火中如何保持心灵平衡》的书深深地打动了他,成了他心灵的支柱,他有了一种给该书的女性作家朱蒂斯写封信的冲动。信寄出去,不久收到了回信。就这样在三年的通信中,两人相爱了。

布朗在战争中屡立战功。

1945 年,战争结束了。已晋升为中校的布朗急切地给朱蒂斯写信,要求会面。朱蒂斯回电说:"在伦敦地铁 1 号口等我。你的手中拿本我写的书,我的胸前将配一朵英国国花红玫瑰。不过,我不会先认你,让你先见到我。如果你觉得我不适合做你的女友,你可以不认我。"

布朗如约来到地铁口。但见一位卓越多姿的绿衣女郎从容地走来。是她吗?可她没有带红玫瑰。布朗张望四周,旁边一位戴着红玫瑰的女人正慢慢地走上前来。布朗定睛一看,张口结舌:这是一个重度烧伤、拄着拐杖的极度丑女人!认不认她?布朗的内心激烈冲突起来。"她在我最需要的时候,伸出了援助之手。经过残酷的战火的考验,我们的爱是神圣的,我没有理由不认她。"于是,布朗追了上去,叫住那名"奇丑无比的女人",微笑着说:"我是布朗。我们终于见面了,非常高兴!"

"不,您错了。是刚才过去的那位绿衣姑娘请求我戴上这朵玫瑰要我从您面前走过。她一定要我不主动认您,只有当您按照约定,先同我相识,才许我把真相告诉您,你已经成功地接受了一场或许比战争更严酷的考验。她正在对面的餐馆里等您。"

美丽是一种态度、一种心灵而绝不是一种容貌。世界上没有丑陋的女人,只有不在乎形象或者不相信自己魅力的女人!

对于爱情来讲,随着心灵的相通与时间的沉淀,美丑将不再是影响相互吸引和接受的决定因素。我们不否认容貌的影响力,但与两情相悦相比这种力量似乎显得有些力不从心。任何一种情感的厚重都来自于它固有的生长环境:故事中"她"在他最困难最绝望的时候给了他活下去的信心与勇气,而他也早已在与"她"长达三年的书信来往中深深爱上了"她"的聪明、善良、博学与睿智。这种吸引是超越一切非本质的因素:时间、空间、容颜……

爱情与美丑无关。如果一份感情可以慰藉心灵,是不在乎它来自漂亮还是丑陋、贫穷还是富有的。试想无论你年轻时有多么美丽,到老都会是鸡皮鹤发,牙齿脱落。又老又丑的杜拉斯在《情人》里这样说:"与你的青春美貌相比,我更爱你现在被时光摧毁的

容颜。"也许，真正的爱就像他说的这样，只有在剥去青春和美丽，才能真正让一颗真诚而挚爱的心滚烫地出炉。

有些失去是注定的，有些缘分可能只是擦肩而过，爱一个人不一定要拥有，但拥有了就一定要去好好地爱她。

蝴蝶在失去与得到中
选择飞舞

我们有多少人能在情感世界里坦然地说我对得起任何一个人？

曾听到过这样一个悲情的故事：一对非常相爱的男女，家乡见过他们的人都送出羡慕的目光和幸福的祈祷。

可是有一天，男人不幸受了重伤，几天几夜都没醒过来。晚上她就跑到镇上的小教堂里祈祷上帝，几乎哭干了自己的眼泪。

一个星期，两个星期……终于有一天，上帝被这个痴情而执著的女人感动了，于是上帝决定给这女人一个例外。

上帝在她同意用她的生命换取他的复活后，男人得到了重生，而女人从此变成了蝴蝶。

变成蝴蝶的她，每天都守候在男人的身边。看着他为失去自己痛苦而痛苦。为看不到自己苦恼而苦恼，事实上她一直都在他身边。

在季节的变换中，她最后不得不离开这里了。

第二年的春天，当蝴蝶迫不及待地飞回来寻找男人时，却发现熟悉的身影边站了一个漂亮的女人，她开始怀疑山盟海誓的生命力，开始怀疑地老天荒的传说。

蝴蝶伤心极了，想不到曾经属于自己的一切，转瞬间主角却换成了另一个女人。蝴蝶痛苦了一个季节后，便早早地飞走了。

花开花落，花落又花开。上帝与蝴蝶约定的三年很快要结束了，就在最后一天，蝴蝶的爱人跟那个女人举行了婚礼。那时蝴蝶才知道，没有她的那年冬天，因思念过重，男人病得快要死了，正是这位善良可爱的女医生才让他活了下来。她还知道，结婚前，男人写的第一个请帖，就是女孩的名字。

蝴蝶伤心中感动着，上帝问：后悔了吗？蝴蝶擦干了泪：没有。上帝说：明天你就可

以做回你自己了。蝴蝶摇了摇头:就让我做一辈子的蝴蝶吧……

感悟

　　爱情的感动似乎永远与付出和牺牲有关。事实上,作为人生中最具生命价值的情感体验,爱情给人最刻骨铭心的莫过于这种付出与牺牲。无论是遇到你爱的人,还是爱你的人,为了这个爱,他们总是那么义无反顾,总是那么心甘情愿。没有物质的掺和,也没有功利的涉及,只求一颗心,一份情。这种伟大而美好的东西让我们觉得爱情永远闪耀着不可触及的魔力。

　　然而情感有时候不是遵循一分辛勤一分收获的法则,在爱情这个不讲功利与私欲的天平上,它也往往是不按市场经济里的法则来行事,它不管使用价值,只讲价值。它讲究的是"缘"的偶然和"分"的必然。没有值得不值得,只有愿意与不愿意!因为爱就只牺牲自己的爱,因为爱就成就他人的爱。

　　一位哲人说过,爱到极致是放弃,爱到极致是付出。在情与爱的算式里,没有等于号。要么是大于,要么是小于。反躬自问,我们又有多少人会说:在生命中历经的情感世界里,对于曾经和自己有着情感连接的人,你是完全没有愧疚的。

　　追求爱情的过程,也是一个人修行悟道的过程。爱情是从两情愉悦的相互尊重中起步,从珍爱自己开始珍爱对方。

追求爱情
从懂爱情开始

追求爱情本身不错,错就错在追求爱情使用非常规的手段。

　　一个男孩爱上了一个女孩,他决定向女孩求婚。

　　但是第一次求婚,女孩拒绝了他。其实女孩是为了试探男孩是否真心,也是为了自己的矜持,而男孩却哭了。男孩的眼泪让女孩突然感到很失望,女孩说,你这么脆弱,这么不爱惜一个男人的形象,我怎么嫁给你呢?

　　男孩没有动摇爱意,于是有了一年以后的第二次求婚。这时他已"戒"掉了眼泪,变

得很坚强。女孩出于谨慎,又拒绝了他,谁知男孩"扑通"一声跪在她的面前,苦苦哀求。女孩更加失望,她说,人生不知有多少比爱情更难征服的困难在等待着你,难道你打算一辈子跪着做人吗?你这么不爱惜自己的尊严,我怎么嫁给你呢?

男孩仍然不死心,于是有了又一年后的第三次求婚。这时他的性格已像钢铁般见棱见角,隐隐柔情藏在侠骨之中。女孩对他进行了最后的考验,又拒绝了他,孰料男孩"腾"地从怀里掏出一把匕首,寒光一闪,他的一根指头已经飞离了身体,血流潺潺浸润着男孩绝望的咆哮:"你答不答应?"

女孩彻底失望了。她对男孩说:"我花了三年的时间来启发你,却仍然没有让你真正地懂得爱情——你连自己的身体都不爱惜,你还会爱我吗?"

爱不是感动,而是感觉。因为爱情的去向非常独特:它从来就不是向对的地方去,而是前往它想去的地方。如果两个人相爱,是不需要刻意改变自己去取悦对方的,甚至采取一种非常规的方式去取悦对方的。如果他不喜欢你,你怎么刻意地去追求也是没有用的,就算你用真诚打动了他,这样得到的感情未免有点儿勉强。他(她)当初不那么接受你,一定是你有些方面不那么符合他(她)心目中的要求,即使被你一时的行动所感动,可时间长了,就难保证他(她)不变心了。

可经常有人这样说:"放弃他(她)我活不下去,我很爱他(她)!"其实这样的想法很可笑,生活中,谁没有了谁就不能活了呢?通常我们以为"唯一"的东西其实都不是真的。任何只顾疯狂地去爱别人而不顾自己有否被爱,或者只顾索取而不真心付出的人都不会有好的结局。

有人说,追求爱情的过程,也是一个修行悟道的过程。真正的爱情不是剥夺,而是一种获得,可以帮助你在心理上逐渐成熟,了解到爱的责任,并且从这份爱中享受到一种坦然的快乐。

爱他(她)就要从爱自己开始。

给爱留一点儿独立思考的空间，完全的剥夺和占有往往不能使爱长久。

不要剥夺
爱人的思考力

爱一个人就是给予，到底给予了什么呢？给予过重时，又是不是一种剥夺呢？

一个男孩带着剑去行走江湖，途经乡间，救下一个被野兽围困的女孩，并得到了她的爱情。

不久，男孩从远方回来，听到爱人哭喊求救，一只野兽正袭击她的家，于是他勇猛地拔剑准备刺杀野兽，此时，女孩哭着喊："别用剑，用石头比较好。"他犹豫着，还是按她的指示用石头打死了野兽，她高兴地扑进他的怀里。但男孩觉得没有立下功劳，因为没有用自己的剑，他默默地收拾了行囊，又去远行了。

又过了些日子，男孩回来时看到一只更大的野兽在袭击女孩的家，他马上拔出剑往家冲，心里却想也许应该用石头。正在犹豫不决时，野兽向他扑来，弄伤了他的手臂，男孩被逼到墙角，犹豫地望着窗口的女孩，女孩大喊："用木棍打它……"于是他拾起木棒与野兽搏斗。

野兽死了，男孩却羞愧地拒绝了爱人的拥抱，默默离开了那个地方，他一路走着，带着无以言表的沮丧。当他听到远处的呼救声时，男子汉的责任让他又拔出了剑，但就在这时，他犹豫起来，因为不知该用剑、石头，还是木棒！如果女孩在，她会如何建议呢！但那困惑只是瞬间，急促的呼救声让他又重新树立起信心，找到原本的自己，拔剑扑入野兽群中，杀死了它们。

男孩再也没有回到那个女孩身边。

感悟

每个男人心中都是"海边那个勇敢的少年"，他们虽然感激你的关怀和建议，但他

们更需要自信地面对生活。如果你自以为知道你所爱的人该如何，因而设法改变他，不管你的动机多么善良，都会剥夺爱人对自己生活选择和生存方式负责的权利；也许这种举动，慢慢会让男人因丧失自信心转而怀疑自己在你心目中的位置，最终悄悄离去。

因此，男人与女人在矛盾丛生的现实中要想融洽相处，就要彼此给对方独立的做事空间，给爱一条鲜活的生路，包括思考力、判断力、执行力、自信力等，而不是以剥夺的方式占有对方独立拥有的空间，过多的否定和过多的提醒往往会让爱变味，让一份投入的爱反而走向反面。

爱情需要的是你用自己的方式完整而坦诚地把自己展现给你的爱人，甚至那些不完美的方面，让他能真正了解你，而绝非按着你的思考方向，一味地盲从，这样爱人失去的既是对生命的自信，也是对生活的自信。不具备独立空间的欣赏与独立思考的愉悦，爱也许会失去多姿多彩的活力。

生活就像是情感在错位中搅出来的一碗八宝粥，享受它的秘诀就是学会惜缘惜福。

不要让情感在错位中
悄悄溜走

《大话西游》除了周星驰的无厘头之外，还告诉我们一个人生与爱情的深刻主题。故事是这样的：被贬为凡人的孙悟空名叫至尊宝，成了一个没什么法力的山大王。他爱上了白骨精白晶晶，后来，为了救回因误会而自杀的娘子白晶晶，借助月光宝盒，穿梭时空，想回到半个时辰前。但因操作失误，他却回到了500年前，遇到了紫霞仙子，于是，他意外发现，500年前自己居然是孙悟空。紫霞夺去了他的月光宝盒。为了拿回月光宝盒，回到500年后去救白晶晶，他只有追随紫霞的左右，虽被紫霞所爱，但他却不爱紫霞，只爱500年后的娘子白晶晶。

紫霞仙子用缩身法进入他的心，在他的心里留下一滴眼泪，然后走了，他却从此爱上了紫霞仙子。后来，至尊宝遇到了刚刚来拜师学艺的白晶晶，他想遵循以前的轨迹，就告诉白晶晶500年后他们是夫妻，他们现在就可以结婚。白晶晶很惊讶，也用缩身法进入他的心，问他的良心是不是真的，却发现他爱的是紫霞，白晶晶没跟他结婚。

后来为了救回被牛魔王胁迫做小妾的紫霞，他自愿戴上钢圈，向观音承诺抛弃一切情欲，保唐僧去西天取经，于是得以恢复法力成为孙悟空。可是，他这个时候已经不

能救紫霞了,因为,每当他伸出手,都会因为内心有情而遭到紧箍咒的折磨,只能眼看着紫霞飘走。

片子里精彩滑稽的语言,怎么也挡不住那动人以情的情感错位:当他是至尊宝的时候,他没有法力救回自己的娘子;当紫霞爱他的时候,他爱500年后的娘子白晶晶;当他开始爱紫霞的时候,紫霞却已经离开他被牛魔王所困;只有当他恢复法力有能力去救紫霞的瞬间才没有错位,他爱她,她也爱他,可是,他们却失去了相爱的权利。

我们常常就活在这样的错位里:有时候我们因为工作或这样那样的原因忽略孩子,忽略家人,以为可以找个时间弥补亲情,却发现孩子已经长大,他的童真已经永远的与你失之交臂了,你再也不可能拥有。我们忍不住幻想,期望时光可以重来,一切可以重新修订。可是,时光不可能重来,就是可以重来,面对相同的人、相同的地点,还是会像至尊宝一样,只因为紫霞的一滴泪,而改变所有的结局,无法回到从前。用六道轮回的观点阐释错位,就是一只猪活到尽头的时候,心生忏悔:这一生荒废了许多时光,来生一定努力做一个好猪。没想到来生它变成了一条蛇,它已经永远都当不成一个优秀的猪了。

于是有了"珍惜现在吧,不要等失去了说后悔"的忠告,于是有了"爱他就从现在开始吧,不要用承诺去期许来生"的良言。于是惜福就成了人生最要紧的几件事之一。

感情缘于岁月的沉淀,缘于忠贞的守候,更缘于能一同面对狂风暴雨,一同共享流岚虹霓!

虚拟的网恋
是一朵风干的玫瑰

她是一个漂亮单纯的上海姑娘,职高毕业后在一家百货公司做统计工作,充满幻想的她无论上班还是业余时间喜欢上网聊天,在QQ上认识天南海北的网友。其中一个网名"珍惜你的人"的男人和她更是一见如故,聊得非常投机,他的优秀与风度让她佩服到极点,甚至彼此还发了照片给对方。

和男朋友生气的时候,他更成了她的依赖。从网络的语音到手机通话,"珍惜你的人"对电话费毫不在乎。他富有男性磁力的声音,让她更是对他充满憧憬。就这样,日久天长,她发现她离不开他了。他的学问,他的声音,他的风度,他的财力……她觉得他是上天专门为她派来的"王子"。她喜欢上了这个素昧谋面却经常以老公自居的男人,禁不住他的怂恿,跟男朋友吹掉后,辞了工作,跑去深圳找他。

见了面住在一起一段日子后,她渐渐地发现"珍惜你的人"根本不像他在电话里说的那样在大公司供职,不过是在一家小公司做销售,经济入不敷出,经常还要朝家里伸手。就这样一个人,又怎么可能像他在电话里说的那样,可以给她介绍一份好工作,或者养活她呢? 还有好多好多的谎言在时间的流逝中开始显露。

两个人开始吵架,一向温柔款款的"珍惜你的人"还动手打了她,让她备感屈辱,在极度伤感和失望中,踏上了回乡的路。

感 悟

在快节奏的现代生活中,人们对爱情也在探求有没有"快捷方式"。终于在如风的"网"事中他们找到了感觉,寻找灿烂生活的行为方式。在这里你完全把自己视同为佐罗、周星驰甚至李白、苏东坡,在陌生中与陌生的自我面对,是解剖还是流露? 从发出"爱"的信息,到与"爱"的对象拥肩而坐,男或女相见、相识、相知、相爱的流程,缩短为十日半月,甚至三两天,科技的推力,让爱情提速!

等到在方便的通讯下,以约定的记号面对面时,才感受到:无论你们聊得多么投机,无论网上如何称呼,此时此刻,面对一种大相径庭的期望误差,从未有的陌生让你感觉这种"玫瑰之约"纯属风干后的无奈,轰轰烈烈的爱情只能是一网情深、一帘幽梦。

别再执著于"躲在一个阴暗的角落,怀揣着强烈的自卑在网络上描绘心中永远也达不到的理想的化身"。世界上最出名的女人——伊妹儿从一定意义上只能是网络人,彼此间的交流只能是数码组成的信息,至于感情还得在现实生活中开花、结果。不要把爱情当成脚下被踢来踢去的那只好玩的球,也不要把爱情当做花脸,用自制的油彩随心所欲地涂抹着它的面孔。

感情缘于岁月的沉淀,缘于忠贞的守候,更缘于能一同面对狂风暴雨,一同共享流岚虹霓!

读懂情感

受过伤害的女人往往因一朝被蛇咬而产生十年怕井绳的心理,这种自我保护同时也失去了许多不该错过的姻缘与幸福。

不要让爱变成
泣血的悲痍

在北京城南陶然亭内,一对青年男女拥肩而立的雕塑掩映在白杨绿柳之间,20 世纪 20 年代北京著名女诗人石评梅和她的情人高君宇就并葬在这里。

高君宇与才女石评梅在 1921 年的一次同乡会上相识。高君宇碰巧还是石评梅的父亲石鼎丞的学生,石评梅多次听父亲夸奖过这个学生,对高君宇而言,评梅那时已是北京诗坛上颇有声名的女诗人了。所以两个人初见之后都以"识荆"为喜,从此书信往来频繁,友情日深。

爱情并不如意的高君宇在摆脱了旧式婚姻的束缚之后,全心全意地爱着当时任北京师大附中女子部主任的石评梅。可是初恋受挫之后对爱情怀着伤痛和疑虑的女诗人却抱定独身主义的宗旨,固守着"冰雪友谊"的藩篱,不肯和他言婚嫁。高君宇因之十分痛苦,然而他在给石评梅的信中这样写道:"你的所愿,我愿赴汤蹈火以求之,你的所不愿,我愿赴汤蹈火以阻之,不能这样,我怎能说是爱你!⋯⋯请相信,我是可一切心与力专注于我所企望的事业的⋯⋯"全然是一副侠骨柔肠!

为了表明自己对石评梅的尊重和理解,也为了表明自己对爱情忠贞不贰的态度,1924 年 10 月远在广州的高君宇特意买了两枚象牙戒指,一枚寄给北京的石评梅,另一枚戴在自己手上——他是以象牙戒指的洁白坚固象征他俩之间的冰雪友谊的。

也许是天妒英才吧。由于长期南北奔波,积劳成疾,1925 年高君宇英年早逝,终年不满 30 岁。

石评梅在检点遗物时发现了一片早已干枯的红叶,上面墨汁依旧,正面写着两句诗:满山红叶关不住,一片红叶寄相思。这是 1923 年高君宇从西山碧云寺寄给石评梅的爱情信物。评梅当时在红叶的背面题写道:"枯萎的花篮不敢承受这鲜红的叶儿。"结果,她又把红叶寄还了高君宇。睹物思人,评梅伤心欲绝,她意识到自己乖僻执拗的独身主义主张铸成终身大错,在爱情上一误再误,错过了一个真正爱自己的人。

石评梅痛悔不已,决心在高君宇死后用悼亡孤苦的眼泪来偿付自己所欠下的相思

情债。"我无力挽住你迅忽如彗星之生命，我只有把剩下的泪流到你坟头，直到我不能来看你的时候。"在高君宇去世后的每个周日，不论风雨，石评梅都要去他的坟前哭祭，终于悲痛过度，3年后便魂追于地下，时年26岁。

"生前未能相依共处，愿死后得并葬荒丘。"最后友人按照石评梅的遗愿将二人合葬在陶然亭。

死亡对人来说或许是一种释然、一种解脱。而当所爱的人离开人世时，活着的另一半必定深陷于生命中最痛苦的时刻。再多的不甘、不愿，再多的泪水、叹惋都无法挽回生命的逝去；未曾说出的话语、未曾流露的情感，也不再有任何表达的机会；无论有多不舍，多深的伤痛，只能让它随着泪水倾泻、流淌……最伤感的悲剧总在这个时候落下帷幕，留给我们无尽的遐想。

每一次的天灾人祸、每一次的生离死别，承载着太多的情非得已、无可奈何，我们岂能哀叹命运？或深陷其中不能自拔。不，一切都将过去，生活还要继续。心里面那块永远空着的位置，是用来储存温暖的回忆和真爱的。事后，一旦触摸到它，或许旧有的一切会变得分外的甜蜜、留恋。

生活可以改变一切，创造未知的喜剧和奇迹。你是属于你自己故事的主角，只有在你的天地里才能找到最真实的自我，生活不需要自暴自弃、怨天尤人，而要"回忆过去一秒所发生的点滴，留意这一秒遇见的惊奇，期待下一秒将来的感动"。

遇人不淑是女人最大的不幸，而识人不明更是主观犯下的错。无论时代怎么进步，女人依然会看错人，选错郎，因为，恋爱中的女人是瞎子。

百宝箱
与幸福一起沉没

明朝永乐年间，天生丽质的杜十娘是燕京城里有名的歌妓。她能歌善舞，知书达理，把女人的魅力全备齐了。

154

欢场卖笑,毫无真意可言。直到有一天,遇到了初涉人世的年轻太学生李甲,她才真正掬出了纯真无邪的柔情。

原来,沦落风尘的杜十娘内心中早有自己的打算:遇到一个诚挚可靠的郎君,就赎身从良,委身相随。现在她觉得机会已经来了,眼前这个从绍兴来的大男孩,似乎不像一般公子哥儿那样轻浮圆滑,而是性情笃厚,应当是可托之人。

时任布政司的李甲之父听说儿子混迹于妓院,立刻声明断绝了父子关系,并割断了李甲的经济来源。

不久,李甲已身无分文。此时芳心暗许的杜十娘出手相助,不仅还了李甲欠的钱,还自己出钱让李甲为自己赎了身。

两人坐上一辆雇来的小车,离开了挹翠院。何去何从呢?两人最后决意先游苏杭,再回家说服家人。

行到了瓜洲,遇到一年轻的富贾孙富,他夜饮归舟,正待安歇,忽听到杜十娘的歌声,顿时睡意了无。第二天,他设计邀请李甲去城中饮酒并问:"父与色谁亲?欢与害谁重?愿尊兄三思而行啊!"

李甲本来也很怕父亲,现在被孙富的一席话说得心乱如麻,胆战心惊,开始接受把杜十娘卖给孙富的建议了。

杜十娘听了他的叙说,简直不敢相信自己的耳朵,还以为一切都是在梦中,想不到为了钱,他会如此薄情。她伤心极了,眼泪大颗大颗地滚落下来。

第二天,杜十娘便起了身,一番打扮之后,抱起藏有千金的百宝箱,纵身一跃,跳入冰冷的水中,转眼就无影无踪。

遇人不淑可能是古人杜十娘最想说的话吧。爱是没有过错的,错的是那爱的对象,不能承接爱,不能感悟爱,不配得到爱……总之一句话——所爱非人。

爱的不确定性,让爱在这悲剧中,似乎是孤立的一盆水,似乎是碰运气,可以从楼台上闭着眼睛,泼到任何一个人的头上,凭的是冥冥之中的概率。

所以又有很多人以为,只要成功地找到了一个可爱的人,爱就会迅速地滋生起来,剩下的事,就是不断地收获爱的果实了。爱主要是一个寻找的过程。找对了,就一好百好;找错了,就一了百了。爱往往有一个轰轰烈烈的开始;成败仅仅维系在开端部分。

事实上,真爱的给予不在于爱对或者爱错了对象,而在于爱的主体,是否能保持冷峻清醒的思考和判断。当你在人世间积累各种知识的同时,你还需不断地历练对于爱的思索和实践。遇人不淑是女人最大的不幸,而识人不明更是主观犯下的错。无论时代怎么进步,女人依然会看错人,选错郎,因为,恋爱中的女人是有时是瞎子。

爱不仅需要表白，而且需要智慧和技巧。这会让彼此感受到一种最为生动的爱情体验。

爱需要
智慧地表白

女孩将要远行。火车开动之前，男孩敲开了车窗，递给女孩一副纸牌："火车上闷，你拿着玩，好吗？"

女孩接过牌，脸一直朝向男孩，期待他说点儿什么，但男孩只说了句"一路顺风"就转身走了。女孩脸上是掩饰不住的失望。车子开动后女孩拿出纸牌，一张小纸片被带了出来，上面写着："你心情不好，就看看扑克上都写了些什么。"——每张扑克上都有一个字，连起来就是一段话，只是顺序被打乱了。

一路上女孩都在拼凑着54张牌，每当组合出一句话，脸上都露出浅浅的笑容。

终于组合完了，全部的文字是：无论发生什么／无论过去多少年／我对你的爱依然／不管你在天涯海角／我的祝福永远围绕在你的身边／火车渐远／我的思念却很长很长……

54张牌，54个字，让女孩泪流满面。

爱的表白是一门艺术，它往往是在特定的情境中需要特定的方式，选择恰当往往达到画龙点睛的效果。当年数学家笛卡儿用隐藏着心脏线数学公式表达出了他对公主克丽丝汀的爱。这种智慧的表达不仅让彼此感受了志趣相投的快慰，更多的是让一颗爱的心通过温馨而感人的方式传递给对方，让爱成为一种刻骨铭心的体验。

在芸芸众生中，有幸能遇到她，不知该是几生几世才能修来的福分，又怎能让她像一阵风一样从身边溜走？就算用尽最后一丝力气，也要从心底掘出最浪漫的表白，化作一颗小石子，在她心灵的最深处，荡起层层涟漪。

读懂情感

在爱的字典里,情感的流露常常以难以让人读懂的细节体现出来。

我不想让你
看见我哭泣

爱情的脾气常常让人觉得不可捉摸,你读懂了吗?你有过深切体验吗?

男孩和女孩是一对恋人。女孩很爱雨天,也喜欢淋雨。每当女孩跑出伞外淋雨时,男孩往往也想陪着她一起淋雨,但都被女孩给阻止了。

男孩总问:"为什么你不让我陪你一起淋雨呢?"

女孩回答说:"因为我怕你会生病!"

男孩反问:"既然淋雨会生病,那你为什么还要去淋雨?"

但女孩总是笑而不答。最后往往都是男孩拗不过女孩而待在伞下。因为男孩只要看到女孩开心就够了。

一天,男孩要出国了,临别前男孩最后吻了女孩,并真诚地对女孩说:"陪你在一起淋雨的时刻是我最快乐的时光!"

女孩听完便啜泣了起来。

男孩跟女孩说:"有一个问题,你现在能告诉我吗?"

"可以,说吧!"

"为什么每一次你在淋雨的时候都不让我陪着你一起淋?"

女孩缓缓地抬起头,支支吾吾地说:"因为我不想让你发现……我哭泣的样子!"

那一天晚上天空又下起了雨,男孩也站在了雨中。

那雨中的哭泣,是情感的倾心释放,也是心灵的蓦然绽放。爱情是说不出的意会,一瞬间有万千种情绪变化和体验,既是紧张的喜悦,唯恐一句话说错给对方留下坏印象;又是一种激动的满足,担心把醉人的尴尬暴露出来让人一眼读透。

在同一时刻里把真情隐藏,又在同一时刻里把自己流露,让那无言的泪花去止住

失声的痛哭,彼此逃避,又彼此思念,彼此告别,又彼此挽留。此时最大的幸福就是面对面心贴心任幸福的情感漫流过身体三万六千个毛孔。两个人只要互相拥有,就充满了幸福感。

如果真的想让儿女有一份幸福,作为父母就该给儿女提供较大的自由空间,用宽容和理解给予有力的支持。

我不是在
跟你母亲恋爱

女孩是家里的掌上明珠,自小她所有的衣服都是妈妈帮她买的,她该考什么证书、该找什么工作,也都是父母帮她安排好、联系好的。

父母帮她安排的工作轻松而体面不说,收入又高。也许是因为习惯了爸妈给自己安排好一切,又或许是还没遇到让自己动心的人,她从来没有想到过去尝试当年同学们个个受伤害的爱情,只是每天按时地上班、下班。

自从父亲出车祸后,女孩更是唯母亲的话是从。一天,在妈妈的授意下,她和男孩见了面。并很快与男孩开始了交往。

男孩由于年龄较大一点儿,首先提出了结婚的事。女孩说得问她妈妈。男孩与她妈妈商量,得到的却是这样的回答:妮子还小,她要创事业,急什么呀,我当年都是到27岁结的婚。无论男孩怎么说,她妈妈都拒绝了。

其间,她妈妈不断地考验着男孩。今天交代女儿要男孩陪着去给她爸爸上坟,明天交代看他舍不舍得给她买名牌衣服。一次,男孩的单位要他外出开拓市场,女孩的母亲知道后,害怕男孩出轨,便提出领个结婚证。妈妈的话是不容置疑的。这次男孩生气了。他觉得生活在被女孩左右的环境里,从相识、相知到相恋,所有的事情都在她妈妈的掌控之中,她从没问过他们想要怎样,总是自作主张地为他们安排好一切,男孩受够了。

男孩没有告诉女孩就去了外地,此时,女孩才真正发现,她已经深深地爱上了男孩。她给他打电话、发短信,但男孩的回应十分冷淡,再后来,男孩干脆不接女孩的电话。男孩决定不再跟女孩继续交往了。

看着妈妈做的这一切,女孩不知所措。她想起了男孩短信里的深刻告白:我不是不爱你,只是我不想跟你全家恋爱。

读懂情感

"舐犊之情"是每个父母的本能,但当超越了界限而变得有些过度时,亲情就走向了爱的反面。特别是在亲情与爱情碰面时,如果操心的父母对孩子在恋爱过程中指挥干涉较多,那么这种关心就不能收到期盼中的好效果。因为这份过了头的关心,给孩子的心理造成了极大的压力,甚至开始影响到他们的婚姻质量。

面对有些近似盲目的爱情选择,父母作为最无私的旁观者,他们的意见无疑是非常有说服力的。可是,当爱情不得不给亲情让位,当父母的干涉已经严重影响了子女婚姻质量时,我们似乎应该给这样的亲情打个问号了,毕竟,亲情和爱情是没有冲突的,也是不应该站到对立面上的。由于时代与经历的不同,父母跟自己的想法总不会是永远一致的,他们有他们的立场,如果一味照顾他们的感受而委屈了自己,那么委屈的就不仅是心灵,有时候甚至是一生的幸福。那该如何解决这个矛盾呢?自己跟自己的父母好好谈谈,因为父母跟你的目的是 样:让你幸福。告诉父母,自己与恋人相处是快乐的,即便对方有这样那样的不好,但我们有共同创造幸福的勇气和自信。如果他们真的为自己好,那就放宽心,站在身后支持自己就行了!

一份爱,与其说是一份关怀的温暖,不说如是一份牵挂的期待。这种期待的力量让爱的舞台上演绎出许多神奇的故事。

红苹果承载的
爱情力量

那是1942年的寒冬,纳粹集中营内,一个孤独的男孩正从铁栅栏向外张望。他渴望自由。此时,一个女孩从集中营外经过。看得出,那个女孩同样希望自己的出现能吸引男孩的目光。为了表达她内心的情感,她将一个红苹果扔进铁栅栏。

男孩弯腰拾起了那个红苹果,仿佛一道光芒照进了他那尘封已久的心田。第二天,男孩又到铁栅栏边倚栏而望,尽管为自己的做法感到可笑和不可思议,没想到女孩真的又来了,手里拿着红苹果。

接下来,无论雨天雪日,两位年轻人都会如约而至,通过红苹果在铁栅栏的两侧传递着融融暖意。

有一天，男孩眉头紧锁，对心爱的姑娘说："明天你就不用来了，他们将把我转到另一个集中营去。"说完，他便转身离去，连回头再看一眼的勇气都没有。

但女孩那恬静的身影却成了他战胜痛苦的法宝。战争中，他的家人惨遭杀害，他所认识的亲人都不复存在，唯有这女孩的音容笑貌留存心底，给予他生的希望。

1957年的某天，一男一女两位成年移民在美国的某地无意中坐到一起，讲述彼此在二战中的遭遇。

"如果我在集中营没有一个女孩的苹果，我可能活不到现在！"

"但那男孩因为要转移到另一个集中营而与女孩分别。"

"啊！是的。可您是怎么知道的？"

"那个女孩就是我！"

原来他们两个人都忘不掉那个苹果，都在等待和盼望中没有结婚。1996年情人节，在温弗利主持的一个向全美播出的节目中，故事中的男主人公在现场向人们表达他对妻子40年忠贞不渝的爱："在纳粹集中营，"他说，"你的爱温暖了我，给了我重生的希望；这些年来，是你的爱，使我获得滋养，给生活增添了绚丽的色彩。可我现在仍如饥似渴，期盼你的爱能伴我到永远。"

感悟

爱情的伟大就在于它在人遇到困难、挫折的时候，给人精神动力，支持人勇敢地进取。男孩在德国的纳粹集中营里，他每天面对的是生命的危险，加上他失去亲人的痛苦，使他对生活几乎绝望了，他想着的只是死亡什么时候会到来。他万万没想到，女孩子的红苹果和她的爱拯救了自己的生命，帮他度过生命中最为艰难的时刻。

有这样的一句话"成功的男人背后站着一个女人"。而这个女人对男人成功最大的也是最好的支撑就是一份令人心动的爱。如果没有妻子的爱，失业的霍桑成不了一位著名作家；如果没有女人的爱，罗丹的手也雕不出诸多经典之作。爱是给予，是力量，是希望，是精神支柱，是前进的动力，是奋斗的号角。

一份爱，与其说是一份关怀的温暖，不如说是一份牵挂的期待。这种期待的力量让爱的舞台上演绎出许多神奇的故事。

读懂情感

> 缘分就是于千百人中于千百年中，没有早一步也没有晚一步与生命中的另一半相遇，并享受着"执子之手，与之偕老"的快乐生活。

缘分不问
向左还是向右

康是一位提琴家，住在富景街10号四楼A座，翻译仪则住在同一幢公寓同一层楼的B座，两人仅有一墙之隔。但两人却因为一个喜欢向左走，一个喜欢向右走，而从未相会。两人寂寞的都市单身男女，对身外的世界，充满着企盼。

英俊而略带忧郁的康，常常引来身边女子的爱慕，他的音乐却被人忽略，康为此而深深烦恼。仪沉迷于她翻译情诗的文字世界里，但为了市场需要，却常常被迫翻译通俗恐怖小说，且因过分投入而往往弄得精神紧张。两人不曾相遇却不断擦肩而过：在旋转门一进一出，在电梯一上一下，在月台上分站两旁……这么近，那么远，总是咫尺天涯。

一天，两人都来到公园里散心，在湖边终于相遇。两人一见钟情，如同失散多年的情侣一起玩耍聊天。原来两人早在13年前的夏令营中就彼此一见钟情了，彼此暗恋的他们只记得对方的学号，虽然仪最终留了康的电话，但因阴差阳错也没能得以联系。

他们在兴奋中愉快相处了一天，黄昏将至，忽然下起大雨，两人匆忙交换了电话号码便分手了。不知是否天意弄人，两人的电话号码，都被雨水淋得字迹模糊。两人不断拨号却总是无法找到对方。

日子一天天过去，谁也没有再遇到谁。在缘分的天空下，他们守候着真诚与善良，选择了期待与梦想。他们沮丧得无法入睡，收音机里传来市府广场前倒数读秒的欢呼声，一年又这样过去了。

除夕夜，无望的两人再相思中都病倒了，康得到了外卖小红的照料，而仪则在医院遇到了大学学长胡医生。他们分别被小红和胡医生单恋着，在他们所谓的缘分中两个人都觉得不胜其烦。胡医生请来私家侦探跟踪仪，拍了许多照片，每一张里面都有康和仪同时出现。他们惊奇地发现茫茫人海中，两人均缘差一线。小红与胡医生因恼成恨，发誓一辈子不让仪与康相见，且将照片分别寄予两人。康及仪拆开信后，看见内里的相片，不禁悲从中来，嗟叹命运捉弄人。

走在人群中，他们格外思念那段甜蜜却短促的相逢，在这个熟悉又陌生的都市中，无助地寻找一个陌生又熟悉的身影。

怅惘、失落，缘来、缘散，令两人决定离去，在另一片天空下开始新的生活。两人各自整理行李，奇妙的事情却在此时发生，因为地震，阻挡他们的那扇墙倒了，他们俩在千百次的寻找中终于走到了一起。

据说，在这个广袤的世界上，一个人与另一个人相遇的可能性只有千万分之一，成为朋友的可能性大约是两亿分之一，而成为终身伴侣的可能性是五十亿分之一。

遇上一个你爱的人，是多么的不容易！在爱上对方之前，先是在痴痴地等待中千万遍刻画对方的形象。接下来是在人潮人海中，孤独地寻觅对方！而后是在前方某个路口或某个站台擦肩而过时，在激情燃烧的时候，勇敢地抓住上帝赐与的姻缘。在岁月的脚步中，没有留下"恨不相逢未嫁时"的遗憾，也没有留下"莫等无花空折枝"的嗟叹。不需要言语与言语的叙述，仅仅是意念与意念的交融，却获得了永久，这是多么的难得！

他们彼此深信，是瞬间迸发的热情让他们相遇，这样的确定是美丽的，但变幻无常更为美丽。他们也许擦肩而过一百万次了吧，他们是否记得在旋转门面对面那一刹那，或是在人群中喃喃道出"不好意思"、在电话的另一端道出"打错了"的机缘。是的，他们并不记得。他们会很讶异，原来缘分早已戏弄他们多年。

有一种爱在独立中体现出友谊的平等，在开放中体现出忠诚的力量。

在第三性中
忠爱50年

萨特自母亲再婚后一直有着感情的失落。进入大学后，同学波伏瓦的出现让他有了情感的回归。让他深感惊诧的是在波伏瓦身上显示出一种与他对等的智力水平。此外波伏瓦还给他一种让他感到稳定和可信赖的东西。这种东西在他的一生中只有母亲能给他。这是一种深层次的心心相印。他能够向她谈论一切，而她什么都

能理解。

对波伏瓦来说,她在萨特身上找到了自己理想伴侣的形象,这是她自 15 岁起就一直在寻觅的。由于父亲对母亲的支配地位,波伏瓦认定自己的伴侣一定要比自己强。而对于萨特,她是完全折服了。这是她有生以来第一次感到在智慧上低人一头,而这没有让她产生丝毫不快。萨特对写作的热诚也让波伏瓦自愧不如。萨特理解和尊重她的独立性更让她觉得萨特的与众不同。

他们坠入了爱河。他们在一起,无话不谈。

萨特服兵役的两年内,他与波伏瓦一起亲密地生活了两年,彼此完全奉献给对方。

之后,萨特被安排在勒阿弗尔公立学校。而波伏瓦被安排在马赛,相距有 500 多里地。她有一种被流放的痛苦感受。萨特体会到波伏瓦的心情,提出结婚。波伏瓦没有马上答应。

在这之前,他俩从未想到结婚。事实上萨特也不愿结婚,更不喜欢要孩子。她现在同萨特的关系已经相当幸福完满,不需要用孩子作纽带来维系彼此的感情。再说她要成为一个作家,需要大量的时间和活动的自由,而结婚生孩子恰好违背了这种意愿。

最终波伏瓦还是拒绝了他的建议。她知道萨特这样做完全是为了她自己,但她不愿自己的爱人做出那么大的牺牲。

最后他们为了对方,为了爱,彼此保持了各自的独立,将这种关系一直保持了 50 年。50 年间,他们彼此牵挂彼此关怀,在鼓励中彼此深爱。

萨特亮出了"存在主义"这面西方哲学的旗帜,而波伏瓦也写出了传世之作《第二性》。

感悟

人类天然的性是第一性;历史对女人的歧视是第二性;超越两者,萨特和波伏瓦以其一生的经历和追求,在 20 世纪创造了崭新的男女关系——第三性。

男女关系达到极点,就不仅仅是男男女女,而是在性爱的基础上超越性爱,是作为人而彼此给予平等和自由,是充分的相知和理解。虽然萨特和波伏瓦一再申明他俩的关系不是为了给谁做榜样,实际上它为我们演奏了一首爱的乐章,友谊的颂歌,忠诚和开放的交响乐。

柏拉图说:"爱情都是出于自愿的,双方的情投意合才是爱情的金科玉律。"萨特与波伏瓦虽然只是爱情中富于个性的一类,但他们通过事实雄辩地告诉我们:男女之间爱对方不一定就得跟对方结婚、生子,更不需用一纸婚书牢牢地拴住对方。忠贞是刻在岁月长河里的一块守护石和一盏不会熄灭的明灯。爱对方就是在了解的基础上理解对方,尊重对方,并帮助对方实现其梦想和抱负。这种爱是一种超越个人生理欲求和世俗

成见的大爱,是对爱另一半的深刻诠释。他们用第三性的梳子给他们之间的情感予以理性的梳理,避免了坠入情网后,人们像古代锁在木船里摇桨的奴隶一样,身心都不是自己所有了。

不要因为相貌、地位和金钱,而凌驾于爱情之上,我们的精神是同等的!就如同你跟我经过坟墓,将同样站在上帝面前!

用尊严赢得
芬芳的爱情

简·爱从小就寄居在充满敌意的舅父母家里,受尽歧视和虐待。年仅 10 岁的小简·爱就不得不举起小拳头,向欺侮她、殴打她的表哥打去,为此,孤苦伶仃的她被送进了破旧的孤儿院。在孤儿院,她继续受到精神和肉体上的摧残。

后来,简·爱厌倦了孤儿院里的生活,到桑菲尔德庄园担任家庭教师。在桑菲尔德庄园她从不因为自己是一个地位低贱的家庭教师而感到自卑,反而认为他们是平等的,不应该因为她是仆人,而不能受到别人的尊重。也正因为她的正直、高尚、纯洁、心灵没有受到世俗社会的污染,使庄园主人罗切斯特为之震撼,并把她看做了一个可以和自己在精神上平等交谈的人,并且慢慢地、深深地爱上了她。他的真心,让她感动,她接受了他。

而当他们结婚的那一天,简·爱知道了罗切斯特已有妻子时,她觉得自己必须要离开,她这样讲,"我要遵从上帝颁发世人认可的法律,我要坚守住我在清醒时而不是像现在这样疯狂时所接受的原则","我要牢牢守住这个立场"。这是简·爱告诉罗切斯特她必须离开的理由,但是从内心讲,更深一层的东西是简·爱意识到自己受到了欺骗,她的自尊心受到了戏弄,因为她深爱着罗切斯特,试问哪个女人能够承受得住被自己最信任、最亲密的人所欺骗呢?简·爱做出了一个非常理性的决定。在这样一种非常强大的爱情力量包围之下,在美好、富裕的生活诱惑之下,她依然要坚持自己作为个人的尊严,"我越是孤独,越是无亲无友,就越要尊重自己……"

就这样,简·爱抛弃了舒适安定的生活,在一个凄风苦雨之夜,离开了罗切斯特,在寻找新生活的路途中,风餐露宿,沿途乞讨,历尽磨难,最后在泽地房被牧师圣·约翰收留,并在当地一所小学校任教。

不久,简·爱得知叔父去世并给她留下一笔遗产,同时还发现圣·约翰是她的表兄,

简·爱决定将财产平分。圣·约翰请求简·爱嫁给他并和他同去印度。最终，简·爱自由的天性使她反叛了圣·约翰以上帝名义为她铸造的精神枷锁，并又一次抛弃了舒适的生活，拥有财富的她重新回到双目失明、残疾，但一无所有的自由了的罗切斯特身边，得到了自己理想的幸福生活。

这就是《简·爱》的故事，结尾罗切斯特身体残疾，庄园被毁，简·爱不再在尊严与爱之间矛盾，她和罗切斯特结婚的时候拥有了尊严和真正的爱。

小说告诉我们，人的最美好的生活是拥有尊严和爱。在当今社会，"人的价值=尊严+爱"这道公式在付诸现实时，常常离不开金钱的庇佑和帮忙。在穷与富之间选择富，在爱与不爱之间选择不爱。很少有人会像简·爱这样为爱情为人格抛弃所有，而且义无反顾。

爱情是两厢情愿、两情相悦的事情。不论天长地久的期待，还是有情人终成眷属的归宿，都必须具备自愿选择、平等相待的前提。也就是说在爱情的天平上，两个人没有轻重之分，就像《简·爱》中所说："你以为，我因为穷，低微，矮小，不美，我就没有灵魂没有心吗？你想错了——我的灵魂和你一样，我的心也和你完全一样……"

所以爱情是一个在平等的天平上心与心的相互愉悦，是在尊重的基础上建立信任、理解、关爱。爱情的内核是保持自我尊严的相互取悦与吸引。如果以爱情绑架或者爱情奴仆的方式来获取爱情，那么爱情只能走向相反的方向。爱情的幸福正如一首诗写的那样："我必须是你近旁的一株木棉/作为树的形象和你站在一起。"

当光晕渐渐消散，才看清楚，这个被忽视的、曾经朝夕相伴的人，才是最懂你、最爱你的人。

在最美的年华里
你错过了谁

他的父母和她的父母是同学，他们同一年出生，同一个班上了幼儿园直到高中，可谓"青梅竹马，两小无猜"。他喜欢她，连她的刁蛮任性也是可爱。

后来他们上了同一个城市的两所大学，每到周末，他都会带上一大包她最爱吃的零食去看望她。她心安理得地享受着。

大一的情人节，几个高中的同学一起去 HAPPY，往事的点点滴滴令大家开怀大笑。他的心渐渐暖起来，故意点起了鸳鸯谱，将周围的某某和某某配成一对。轮到她时，身边可以配的就只剩下他了。他眼中含笑："你的男朋友呢？"她却望向远方，头一昂："哼！在大学里，我一定会找到一个好男友的。"他的心撞到了冰山上，猛然地下沉。

他们见面的次数越来越少了。她忙着投入一次又一次的恋爱中，只是在吵架和失恋后，才会想起打电话向他倾诉。他的心很痛。

寝室的哥儿们不忍心他的郁郁寡欢，终于督促着他去认识了一个女孩，那女孩文静，秀气，而且对他体贴入微。

终于有一天，在她再一次失恋的时候，才恍惚记得好长时间没和他联系了。电话打过去，他的室友说他和女友出去旅游了。

她握着电话，愣在那里，他有了女友？她从没想到他会对另外一个人比对自己还要好。那一刻，他的种种好处排山倒海地涌来，将她吞噬，她的泪潸然而落。她知道，自己将一辈子错过这个爱她疼她的人。

错过的爱情如同错过的岁月一样，找不回来了，只能默默祝福对方幸福。

有的爱就如纯净水，纯粹、透明，但有时也会乏味。如果品味不出其中爱的滋味，你将永远错过这段爱情，或许当尝试过其他种种刺激的味道后，却发现最解渴的还是这杯水，可这时候的纯净水，已捧在别人手上了。

爱情故事的开始总是太早或者太迟。总是在不恰当的时候相遇，在无奈中分离。这样的故事往往纠缠着无限的怅惘和些许的遗憾，在许多熟悉的画面里，凋零着无关悲喜的情绪。在那些可能或不可能的故事里，被迫画下句点，只是一种选择，只能被命运选择。

爱情，错过一点点，就错过很多；也许，就可能错过了一辈子。爱情有时就是这么简单，简单到我们都不相信，我们本可以轻易地拥有，却让它在不经意间悄悄给溜走了。

读懂情感

> 爱的执著是因为沐浴了爱的人们，不能忘却那种彼此刻骨铭心的寄托与归属。然而在这背后又有多少个因误解而导致的遗憾与叹息！

风中悲响的
一只玉镯

世间有关爱情的悲剧，往往不是不爱，而是因为太爱，而多了些误解与忠贞的演绎。于是，留下的就只有用寂寞去寻找心中那份唯一。

一个满脸皱纹的货郎，推出一个货架，大街小巷地收镯子。一阵风过，货架上的镯子撞击出清脆的声音。

永清寺的木凳上，失神地坐着一个漂亮的女子，老尼正为她落发，她一只手转动着腕上的玉镯。

一缕青丝落地了，他最终没有来，玉镯从她的腕上脱落摔碎了。

后来，世间多了一个货郎，他就是这位漂亮女子心中的他。他爱那个女子。可惜她是府里的丫头，长得虽美，却地位卑贱，娶了她有辱门风。他不甘心，在绝食了七日后，准备与她私逃。哪料，他的想法被母亲识破。于是有消息传出，说他已另娶贵族千金。她闻知，便悄然离开了他，不知去向。失去她的他再也无心争夺功名了，而去做了一个货郎，专门收购玉镯，他希望能借此找到他心爱的人。但是，他始终没有找到那一只……

从此，这世间多了一个货郎。

感悟

世界上最大的悲剧莫过于两个最相恋的人一生一世不能牵手，于是有了梁山伯与祝英台的化蝶，有了罗密欧与朱丽叶的悲情。

真正的爱原本没有地位、贵贱之分，正如《简·爱》中女人公所说的：面对坟墓，每个人都是平等的。所以在爱的字典里，它没有特定色彩的区别，只有两情是否相悦的区别。

相爱是美好的，然而这种美好如果被人世间的观念或者陋俗陈规扼杀而不能使有情人厮守终生,结果只能是让没有生命的世俗观念胜利,让有血有肉的人饱尝痛苦,让一个原本幸福的家庭走向灭亡。尊重爱的权利,尊重爱的自由,才会让滚滚红尘不再有"为伊消得人憔悴"的等待,才会让攘攘俗世不再有"山长水阔知何处"的寻觅。

给爱一把椅子吧,这是尊重生命,尊重自由。司马相如与卓文君跨越千年的私奔让我们不得不相信在情感的世界里,没有权利、金钱与地位的鸿沟,只有两情相悦的勇敢奉献。如果非要人为地打上一个等级门第的烙印,那么换来的只是风中那悲吟的愁苦,一个人,两个人,一个家庭,两个家庭……

> 爱情不管怎样,都是有责任和义务的,每个人都不可能在爱情中自私地只为了自己;生活本来就是平凡的,所有的亮色和亮点不过是其中的点缀,甚或是稍纵即逝的。

生命中
只能回忆的廊桥

当爱情与传统伦理道德相抵触的时候,人们到底应该怎样选择?是选择自由的爱情,还是选择对家庭的责任?

卡洛琳和迈克姐弟两人都面临着家庭离异的困扰。这时母亲弗朗西斯卡去世的消息将他们召回了童年时生活的乡村。在母亲留下的一封长信中他们了解到了母亲深埋在心底的一段感情秘密……

1965年的一天,一家人都去了集市,弗朗西斯卡独自留在家中。摄影记者罗伯特·金凯的车停在了门前。他向她打听曼迪逊桥的所在。弗朗西斯卡上车亲自带他到了桥边。罗伯特忙着观察造型、选取角度,最后采了一把野菊花送给弗朗西斯卡以表谢意。弗朗西斯卡心中泛起了一种特别的滋味,于是邀请他去喝冰茶。两人互相讲起了自己的婚姻家庭:罗伯特与前妻离异,而弗朗西斯卡伴着丈夫和一儿一女过着单调而清寂的乡村生活。夜色降临,弗朗西斯卡在送走罗伯特后竟有一种依恋的心情。她终于下定决心驱车前往曼迪逊桥,将一张纸条钉在了桥头。

第二天,工作了一天的罗伯特终于发现了纸条。他接受了弗朗西斯卡的邀请,两人在桥边一起工作,拍照。夜色再次降临,两人回到弗朗西斯卡的家中共进晚餐,在轻柔的音乐舞曲中,两人情不自禁地相拥共舞,最后一起走进了卧室。以后的两天两人整日

厮守在一起。然而弗朗西斯卡却不愿舍弃家庭，两人痛苦地分手了。

罗伯特走后，弗朗西斯卡收集了他所有的作品。在1982年3月，她得知了罗伯特的死讯，并收到了他的项链和手镯以及当年钉在桥头的纸条。她把它们放在木盒中，每年生日翻看一次。1989年弗朗西斯卡过世了，她在遗嘱中要求子女们将她的骨灰撒在曼迪逊桥畔。卡洛琳和迈克都被母亲的感情故事和对家庭的责任心所感动。他们同情并理解自己的母亲；同时，他们也开始珍视目前的家庭，放弃了草率离婚的打算。

《廊桥遗梦》向我们描述了一段柏拉图式的经典爱情，再现了一段真挚的情感纠葛。在这段看似完美的婚外情之中，影片实际上不是在赞美这种情感，而是意在揭示美国中年人的伦理价值观与情感平衡问题。女主人公之所以会对男主人公产生感情，是因为她在长年平淡的婚姻生活中被迫放弃了原来的生活理想而埋身于琐碎的家务之中。所以当充满了自由气息的男主人公出现时，她就情不自禁地为他所吸引。但影片中的女主人公在再三斟酌之后还是选择了家庭与责任。

很明显这是主要面对美国中年观众的一部作品，从它的价值取向和演员选择上都很一致，它要说的就是：婚外恋再美也是婚外。《廊桥遗梦》之所以让人震惊，大概是它提出了爱情的本质问题之一即人们对于性爱的态度。在影片里，冲动而浪漫的性爱对传统观念进行了激烈的冲击，然而女主人公最终还是放弃了这段爱情，甘于在日后的平淡生活中仅在精神上回味这次情爱，这一切仿佛道出了人们生活中的真谛：爱情不管怎样，都是有责任和义务的，每个人都不可能在爱情中自私地只为了自己；生活本来就是平凡的，所有的亮色和亮点不过是其中的点缀，甚或是可望而不可即的。

人生中最大的缘分莫过于与爱人牵手一生。简单的牵手容易，可是要做到心中的魂牵，那就是一种学问和深情了。

菊花里缩放出的
爱　意

当我们都苍老得不能动的时候，是谁和你一起互相搀扶着走在铺满厚厚落叶的深

秋?

　　杰克和妻子每天傍晚散步，这习惯坚持了很多年。

　　杰克和玛格丽特结婚已满 60 年，女儿想接他们去颐养天年，他们却不愿意，他们对我解释说："我们生活得挺开心，不必去打扰他们。"我问："那谁来照顾你们?""我们互相照顾。"他们含笑对望一眼，手轻轻握在一起，他们的脸上流光溢彩，颇似刚刚相爱的情侣。

　　毕竟是风烛残年了，杰克屡屡生病，身体较为强壮的玛格丽特担负起照顾杰克的重任，她没有雇用任何帮手。

　　后来，老两口黄昏的散步，不再是并肩而行，而是玛格丽特小心翼翼地挽着杰克。在夕阳的余晖里，两个老人互相依偎着，缓缓走着，有滋有味地享受着黄昏恬淡而细腻的乐趣。

　　一天，杰克拄着拐杖来到我的院子说："你能不能帮我一个忙?我要买两朵你的雏菊。"我笑着点头，并说："干吗说买呢?随便拿吧。"我注意到，杰克手里拿着一顶女性戴的阔边草帽，杰克对我解释："明天是我和玛格丽特的结婚周年纪念日，我送她的礼物就是这顶草帽，帽檐上要有 10 朵雏菊。我院子里面的雏菊多是多，选了半天却只有 8 朵合适的，所以来打扰你。"我问："为什么要 10 朵?"杰克脸上漾开陶醉的微笑："她第一次出去和我约会，就是戴一顶缀上 10 朵雏菊的草帽，步入教堂时手里捧的花束也是雏菊，我数了，一共 10 朵，不多不少。"原来如此。我却担心起杰克的身体来，说："我来帮你选吧。""不，这是结婚纪念品，每一样东西都必须由我亲手来做。"

　　秋去冬来，杰克的病一日重似一日，常常看见护士出入，可是他们黄昏的散步仍旧雷打不动，只不过，变成玛格丽特推着杰克坐的轮椅。

　　少年夫妻老来伴。当一世的名和利都成为云烟，当一生的哺育都成为远走天涯的念想，当老年斑布满我们干枯得像树枝一样的双手的时候，老眼昏花的你，风烛残年的我，一对剪不断扯不开的冤家，该如何面对余下的晚年?

　　此时此刻，所有曾经的毛病都成为应该，所有曾经的瑕疵都不见踪迹，所有曾经的波澜都化作微风荡漾的涟漪。走过人生的四季，沐浴岁月的风雨，原以为天下之大，众生之多，蓦然回首，大千世界只剩下这小小的庭院和偶尔驻足的马路;只剩下你跟我一起漫步在岁月的夕阳里，倾听枯黄的叶子扑簌落下，听脚下踩出的刷刷的声音，我相信，那个人一定是我们的真爱，这可能是最浪漫的事，也是最真的留驻!

情感这东西是不会轻易随风而散的，但面对家，只能选择不纠缠过去，不绝望将来，把握好现在。

爱的细节驱走
家庭上空的阴云

当婚姻由浪漫走向平淡时，我们更多面对的是生活里琐碎的细节，也正是这些细节给婚姻生活带来不可小觑的结果。

一对夫妻，晚上看电视时由争论转为战争，结果，一夜无语，双方都在酝酿更大规模的战争。太阳升起来了，妻子比平时迟起了约半个钟头，她觉得她没义务为这个没良心的男人准备早餐。

妻子手忙脚乱地收拾着上班的家什，却顺手泡了一杯清茶，放在桌上，然后"砰"地将门一摔，大踏步而去……

丈夫有慢性咽喉炎，一年四季，总捧着一杯清茶，妻子每天的第一道功课就是为丈夫泡杯清茶。天地良心，今天的这杯清茶，绝不是妻子向丈夫低头的道具，实在是习惯了，自然了，下意识地为"敌人"服务了。

丈夫从沙发上爬起来，一眼看到了那杯冒着热气、飘着清香的茶，心中"咯噔"一热……眼睛湿漉漉的。

丈夫疾步出门，朝着正走得大义凛然的妻子喊："喂，你的东西丢了。"妻子停下脚步，冷若冰霜地回来找东西，可不知丢了什么。她突然想到丈夫在耍她，恼怒地抽身离去，丈夫却一把将她揽在怀里，"吧唧"一声吻了她，说："丢了我的吻！"妻子脸上的冰霜没有过程地一下就融化了，立马回敬他一个"吧唧"，道："这东西我不稀罕，还给你……"战争一下演变为和平。

在婚姻生活中，大风大浪大爱大恨大激情的日子毕竟少而又少，更多的是在碗边锅沿之间，在柴米油盐酱醋茶里面经历的平淡小事。一个不经意的动作，便能挽救一次

危机的暴发；一个小小的亲吻，可使夫妻的争吵化为泡影……

生命的轨迹往往是以粗线条的形式留于岁月的风中，而生活的温馨常常让我们玩味咀嚼那些感人的细节。如果爱情是激情成就的奶糖，那么婚姻就是由细节织就的彩锦。有缘千里的相会是短暂的，朝朝暮暮的牵手却是长久的。把握长久，它需要我们有一个平和的心态，用宽容与理解支撑爱情的天空，而不是以耍脾气、使性子，甚至以对抗的方式去对待相濡以沫的伴侣，它需要时时处处用细节的关怀和体贴来把握幸福，并享受其间的快乐与温馨。

生命在于一个过程，而婚姻在于诸多细节。婚姻中的细节常常决定是战争还是和平，是摘取仇恨还是收获柔情，也决定着我们幸福生活的参数是大还是小。珍惜和善用这些细节吧！

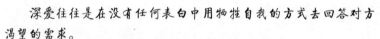

深爱往往是在没有任何表白中用牺牲自我的方式去回答对方渴望的需求。

大爱无音
大爱无形

为了爱，人们常常背负非爱的压力，以非常之情行非常之举。

一对年近古稀的再婚夫妇要求离婚。原告是丈夫，两人都白发苍苍，离婚的理由是妻子患了绝症。

打电话想通知被告到庭，女方已住院治疗了。

妻子正深受病痛折磨，此时离婚，可恶！

原告来电坚持要求尽快开庭判决离婚，迫切之心溢于言表！

急匆匆赶到医院准备现场开庭，迎面而来一位老人，胡子拉碴："你好，法官，我是原告。"

"被告现在情况好吗？"我看了他一眼。"医生刚给她打过针。"满脸皱纹的老人带着悲伤说。

"法官，我的妻子病重，怕是不行了……她想名正言顺地与前夫埋在一起，这是她的心愿，所以……"说罢，老人背转过身。

深爱需要表白吗？需要袒露吗？需要叫嚷吗？需要宣告吗？

不，不需要！深爱无言，真爱无声，相爱的人，不需要甜言蜜语，不需要豪言壮语，更不需要闲言碎语。相爱的人，不需要高声大气，不需要扯嗓吆喝，更不需要广而告之。相亲相爱，相濡以沫，脉脉含情，眸子里充满了深情厚谊，相互瞄一眼，胜过千言万语。

深爱里，没有干扰，没有烦忧，没有喧嚣，没有利欲，没有多余的、不相干的、粗俗不堪的话语，有的是充实的生活，无私的奉献，真诚的付出和快乐的牺牲。面对爱，每个人的内心深处都有一座火山，但会不会喷发，会不会永埋地底却是表白方式不同的结果。事实上深爱如海，静水流深；大爱如山，山高无形。

人生有很多意外发生，生活中不一定非得有玫瑰，但生命中一定要有属于你自己的一生一世的真爱。

站在爱的支点上
婚姻才有生命力

漂亮的她爱情生活很平淡。有个人对她很好，她也喜欢他，一感动，就把自己给嫁了。婚后一直没有去工作，日子过得平淡，也幸福。

在丈夫离职之前，日日衣食无忧，五年了，二人世界里云淡风轻，她从来没有后悔过当年的选择。

上天不会对一个人永远青睐。丈夫下岗了，那个两万人的国有大厂资产重组，做团委书记的丈夫首当其冲。

窘境可想而知。两个人必须出去找工作了。

她很快在一家合资企业找到了秘书工作，而丈夫却没有这个运气。她陪老总出入各种场合，大方得体，仪态万千，赢得了很多艳羡的目光。

直到有一天，老板的手终于不肯老实地保持在男女授受不亲的距离了，老板美女英雄一家亲的原则，放言有责任要帮她培养出新的经济增长点来。

犹豫了很久,她对丈夫说,有个家伙厚着脸老缠着自己,还是辞职吧。

丈夫泰然一笑:"吐他一脸口水!"她愣了半晌:可他是我的老板哦,衣食父母。丈夫没有回头,也愣了半晌:"你不会做对不起我的事,但是你在动心,对吧,所以才要以辞职来回避。"

她依然去上班,并陪丈夫去人才中心找工作。面对一次次的失望沮丧和无可奈何,面对老板的诱惑和40平方米压抑的家,她的心有些模糊了。

一天,再次失意地从人才中心出来时,丈夫突然问:"跟我这样你累吗?""累。有时看见别人活得真潇洒,似乎吃饭只是可有可无的事。而我们对吃饭却显得无比热爱,成天漫无目的地寻找着该死的工作,还总是一无所获。"丈夫说:"我们离婚吧。"她没有说话。

第二天,陪老板参加完一个订货会,老板多喝了几杯,手更加不知道该放在哪里了。

她感觉自己在放纵自己,对对错错,却懒得去想。爱情似乎很重要,到有一天没有了面包,爱情终于凸显出它苍白乏味。"你跟了我,一定不会后悔,除了名分,你要多少钱,我都给。像你这样的女人,应该过最好的生活,和一个穷鬼过穷酸日子,实在是委屈你了。"老板的脸上闪着惊喜的红晕。

她的心,突然变得生疼:只因为有钱,有人可以用如此轻蔑的语气提起她的丈夫。

带着酒气,她回到家一推门,一股白米稀饭的香气扑鼻而来。她好久没有在家吃晚饭了,但是,电饭煲里面永远有温热的稀饭,丈夫说,习惯了,改不了。

盛了一碗,吃下去,胃里面一阵舒服。这一夜,她睡得很香。

第二天,她辞职了。她换了份新工作,虽然工资不高,但是老总的手知道该放在哪里。

再后来,她的丈夫终于找到了工作,他们的生活重新步入正轨,只不过两个人更加珍惜对方。

人生有很多意外发生,生活中不一定非得有玫瑰,但生命中一定要有属于你自己的一生一世的真爱。有时候,一卡车的玫瑰,都没有一碗稀饭重要,因为玫瑰的香气一夕消散,而白粥的感动却历久弥新。

在充满浮躁、欲望和焦虑不安的商业社会里,人类真正缺少的恐怕就是一种平淡温馨的生活。对于夫妻而言,首要的任务就是能在纷繁的生活中理出个头绪,并把它真正驾驭起来。爱情的目标是婚姻,但婚姻并不意味着把爱情固定下来,事实是人在担当起婚姻和家庭责任的时候,更多的是在迎接命运的挑战。在快乐停停走走的空当里,有时候命运会以近乎残酷的方式来拷问我们对爱的坚贞、对家庭的责任、对未来的执著。

生活因此而严峻,人因此而负重前行。

其实,生活的全部真谛是在于面对诱惑和不幸,我们是否能够基于内心深处最原始和自然的底色,以平淡和清静的态度贯穿于生活之中。也许爱情与婚姻中现实的严酷永远大于浪漫与梦想的渴望,但面对一丝一缕一饭一粥的平淡日子,我想温馨的饭香永远胖过异性的体香,生活的真实永远会超越带着幻想色彩的可怕欲望。到那时,到底是冲动的惩罚,还是无奈的叹息,结果都永远不会是甜的。

让我们记住一句话吧:站在爱的支点上,婚姻才有生命力!

有爱的生命才会生生不息,承载生命的爱情才会地老天荒。

用生命成就
爱的诺言

在夫妻生活中,我们的爱会有多深,生命又会有多长?

这是发生在一对小夫妻身上的一个真实而悲凉的爱情故事。

一家油漆店的小老板,与妻子结婚三年了,有一个可爱的女儿,日子过得很幸福。

天有不测风云。一天,一场大火烧掉了他们所有的财产。他和妻子均被严重烧伤。所幸的是,一岁多的女儿因被邻居提前抱去玩了而毫发无损。他全身烧伤面积达90%,只有两只脚上的皮肤是完好的,妻子浑身烧伤的面积也达60%。

他们住院仅5天,就用去了近6万元的医疗费用。面对这些借遍亲戚朋友筹到的钱如此快地消失,他心痛如绞。医院的大夫告诉他们,他们夫妇俩治疗烧伤所需要的总费用有几十万元之多。这笔款,对于农民出身的他们是天文数字。

他意识到,是该自己做出抉择的时候了,与其两个人一起死,不如集中钱款救一个。他想,女儿还小,不能没有妈……

于是,他开始请求医生,停止对他用药,让他回家,而且事情的真相不能让他妻子知道。家人在一次次地努力筹钱失败后,不得不含泪答应了,医生也流下了无奈的眼泪。

临走之前,他向家人和医院提了最后一个要求,再见自己心爱的妻子一面,再触摸她一下,就一下。

重度烧伤的他躺在担架上,颤抖着伸出手——那只烧伤的手,仿佛穿越了几个世

175

纪,终于放到妻子同样伤痛的腿上。

在事先精心的安排下,妻子以为他只是需要转院治疗,而这只是个短暂的分别。尽管如此,她还是止不住地失声痛哭起来,在场的人全都掩面而泣。只有他异常平静地安慰妻子:"不要哭,我会好的,你也会好的;我们都好了,再去开店,过我承诺给你的好日子,好吗?"

面对死亡,他非常痛苦,但他为用这样的方式换回妻子的生命又感到欣慰,毕竟这是自己唯一能为她做的事情啊!四天后,他匆匆而去,年仅28岁。

农民出身的他,可能没有那么多的学问和爱情哲思,也许他只知道在他娶走妻子时对丈母娘说的"要让女人一生幸福并一生一世爱她"的誓言,并为这份誓言,以丈夫的责任和男人的气度而毫不利己走向天国,仅此就够了。

我们常常为自己百年归山的生命孜孜不倦地计划着寿辰,我们常常为天长地久的爱情恩恩怨怨地诠释着梦想。突然有一天,我们终于发现:幸福并不漫长,并且要以生命为代价。此时我们才真正感觉,我们的生命不是用年月计算,而仅仅在那一分一秒之间,我们才能真正感到爱不仅是过日子里沉淀出来的付出,更是责任下互爱双方献出来的一份刻骨的赤诚。当我们的躯体灰飞烟灭时,虽然生命没有了,但对女人的承诺却生生不息了,这是传递,不仅是爱情的美丽传说中的寓意,也是我们让生命与生命更近更美的旗帜。

有爱的生命才会生生不息,承载生命的爱情才会地老天荒。

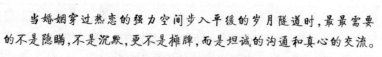
当婚姻穿过热恋的强力空间步入平缓的岁月隧道时,最最需要的不是隐瞒,不是沉默,更不是摊牌,而是坦诚的沟通和真心的交流。

让爱情的地铁
永远奔驰在春天

夫妻相处中为什么会有婚姻是坟墓的论断,又为什么会有婚外恋的野花;是缺少爱的元素,还是因为缺少心灵的沟通?

一对新婚不久的年轻夫妇,就像很多充满憧憬的异乡客一样,背着沉甸甸的背包和梦想,来到了北京,此时是1993年11月20日下午6点,男主人公向女主人公郑重许诺:我会让你幸福的。

7年后,想不到的是男主人公失业了,三个月下来他们穷得连房租都交不起。从物质上来说,并没有实现男主人公7年前给予的"幸福"许诺。于是他沉重的自尊感使得他无力向女主人公讲出真相,一天一天,他依然像平时一样早起上班,和她一起乘地铁。唯一不同的是她将地铁仅仅当做交通工具,而他则是在地铁站打发时间。随着时间的流逝,男主人公的愧疚感与日加深。他在怀疑这趟列车能开往春天吗?

这时一个男人打的一个冒失的求爱电话,偏偏被男主人公无意中听到了,他敏感的神经一下子瘫了。他以为自己明白了一切。为了自尊他向她编造了出国学习的谎言,想选择结束一切。

然而,她在意的不是物质上的东西,而更关注男主人公精神层面上的东西。她不知道男主人公的物质窘境,她只是感到男主人公和她一起乘地铁上班时他对她的爱一天天在消散。这是她最不能忍受的,对于她来说,这趟爱情地铁开往的似乎也不会是春天。

就在这时,男主人公为了打发无聊,冒别人的名义去医院看望一个因事故眼睛受伤的年轻女孩。在这里,奇怪的感觉发生了,在和女孩相处时感到前所未有的轻松和随意,而他也在和女孩的交往中感到一种生命的乐观感。

此时,男主人公想到更多的是坦白,但又不希望女主人公先说出分手的话语。而女主人公更是想维系这份难得的机缘。于是他们开始了一次次的沟通。然而现实中他们遭遇到的却是一次次的失败。

尴尬的相持中,女主人公不经意中在地铁里知道了事情的真相。原来所有的一切都只不过是彼此间的关爱。她默默地坐在地铁里,坐了整整一天,她品尝着男主人公那长达几个月的地铁生活,想着男主人公对她的爱,泪如雨下。

感悟

7年婚姻,平淡至极,一点点感情火花都可能引起婚外恋的熊熊大火。平淡之中,如果再加上少许隐瞒与沉默,危机就更加波涛汹涌。

一段美满的婚姻原本都是从真情真美中开始的,那时候的亲密与承诺让人回味无穷,温馨无限。然而现实面前,一个男人对女人的承诺,实践起来绝对不像说"I LOVE YOU"那么轻松。特别是当一个男人无力给他爱的女人幸福时,他更会因为自卑而变得格外敏感。在他看来,"谁还能奢望一个女人能够和一个事业失败的男人白头到老"。情感往往是靠物质来表达的,这是男人的爱情底色;而在女人这里,这种底色却显得那么

浅那么淡,"能和他在一起,其实我已经很知足了。"女人原来更偏爱精神世界里的那种依恋与心灵的守望。正像一位哲人说的,女人嫁给男人,是心灵的嫁娶;而男人迎娶女人,在乎的是物质的供给。女人的婚姻观是一种精神的托付,而男人的婚姻观是一种物质的创造。不同的表达原本都是一种爱的另类表现。

而可怕的是这种表现如此残酷,甚至到了一种分手的边缘。正所谓当爱已不再温暖,它只是牵绊,当口是心非已成为习惯,两人所能做的就是摊牌。误解因为爱开始,如果真的因之而让爱情随风而逝,等到真相大白,对深爱的双方而言这将是怎样的一种悲情!

爱情需要沟通,不是一个人可以顶得住所有的伤痛;爱是要沟通的,不曾了解的爱如何真正做到风雨同行。爱情的路上,不可能总是花好月圆,面对生活的困难与现实的坎坷,我们需要的是在相互的鼓励和安慰中,携手前行,这是伴侣的真义。有人说过,夫妻间一个人的痛苦说出来会变成一半痛苦,一个人的快乐说出来则会变成两个人的幸福。

男人啊,在爱的行程里,要学会收起男性的虚荣和清高,及时矫正自己爱情的坐标,以伴侣的本质含义感受生活,享受生命。

一个好男人通过一个好女人走向世界,好女人是一本书,更是一所好学校。

相濡以沫的感情
你无法跨越

人们常说一个好男人是一位好女人教出来的,你相信吗?

他成熟,稳重,很有男人味。

年轻的女孩都特别喜欢他,甚至表示即使做不了老婆,做情人也行,然而,却都被他严词拒绝了。

第五个女孩追得最紧,在她一再追问下,他告诉了女孩有关他与她的故事。

三年前,他大学毕业,工作不顺心,整天喝酒,发脾气。对女孩子爱理不理,因为去夜总会找小姐,甚至还被警察抓过。

这时候她出现了,教他很多东西。在她的帮助下,男人不再过分计较得失,也不在

乎眼前的事。按照她说的,接受现实,努力工作。那年年底,他工作上稍微有了起色,他们终于结婚了。

结婚时,两个人,一张床,家里的家具,也少得可怜。结婚一年后,男人才有了钱,背着她给她买颗钻戒。

男人身体不好。大冬天的,她每天晚上睡前还要给他熬汤喝。那汤的味道,不是一般人能做得出的。

……

女孩静静地听着,她认输了。

男人回到家中,径直走到卧室,打开了台灯。沿着床边,坐了下来,拿出了妻子的遗像,哽咽地说:"老婆,干吗让我变成这么好,让我承受诱惑? 干吗把我变成这么好,自己却先走了?"

眼泪,一滴滴地从男人的脸颊流下,打在手心里的相框上。

女人,对于男人们来说,意味着温暖、柔情、抚慰、欢乐和幸福。

好的女人使人向上,当你感到身心疲倦透顶的时候,一只温柔的手放在你的额头,一觉醒来,你又变成了朝气蓬勃顶天立地的人。当你糊涂又懒散、自卑自叹、挺不起腰杆时,好女人温柔的指责,像一条鞭子,抽打着你,让你猛然警醒,自觉前进。当你意气风发、志得意满的时候,好女人的话语不是六音不和的尴尬声音,而是催人奋进的号角,但又是那样的温柔动听。她是一面镜子,能照出男人的弱点和"软肋",照出男人人生态度中不彻底、不坚决的部位。

好女人给男人的,是一种教育。

好女人身上散发着一种清丽脱俗的春风化雨般的妙不可言的气息,她是让男人了解自己、寻找自己、走向自己、胜过自己,然后豪迈地走向真正人生的百折不挠的一种看不见的却绝对不容低估的力量。

凌峰说:妻子是一本书,要经常翻她看她。当她容颜老去时,我会爱她的斑斑皱纹;当她青春不再时,我会爱她苍苍的白发。

执子之手,与之偕老。其间包含着爱的责任、爱的持久、爱的坚贞。爱情面对生活更多的是在围城深处以恬淡和关爱过着平凡日子。

生命中
最后的牵手

当爱情转化为婚姻时,一生一世的路是否能到头? 牵手背后的感动是什么?

母亲从确诊为肺癌到将不久于人世,我们都一直瞒着她。到了后期,母亲坚持要回到家里治疗,而且晚上执意不让我们陪护。

每天晚上,母亲房间的灯都通宵地亮着。隔着氧气袋、呼吸机、药品等,父亲和母亲每晚都手拉着手静静地躺在床上。起初,我们还在心里偷偷地笑这对老夫老妻,后来发现在父亲陪护的这段时间,母亲的疼痛似乎减轻了,不再像以前那样辗转反侧;我们还发现在母亲睡着的时候,父亲拉着她的手默默地流泪;在父亲睡着的时候,母亲拉着父亲的手无声地哭泣……

一次,趁父亲不在身边的时候,我问母亲:为什么一直拉着手? 母亲说她其实早就明白自己得了什么病,拉着父亲的手才不会害怕;母亲又像是自言自语地说:"我和你爸爸这辈子没有过够!"听完,我的心一时揪在一起,喉咙被堵得要命。

就这样,母亲拉着父亲的手离开了我们,她走的时候似乎没有痛苦,面露幸福、安详的微笑。

送走母亲之后,父亲平静地对我们说:"我拉着她的手,在她有一丝丝疼痛、一点点颤抖的时候,都让我感觉得到,陪着她说话,给她安慰和鼓励,来减少她的痛苦。我要陪她走完她最后的一段路,我不放心她一个人孤单地走啊!……"

感悟

在我们平凡的生命里,本来就没有那么多琼瑶式的一见钟情,没有那么多甜蜜得催人泪下、痛苦得山崩地裂的爱情故事:在万丈红尘中,我们扮演的常常是一些平平凡

凡的普通人。冥冥之中,自有一双属于你的双手,它们紧紧地握住你,陪你走过所有的阴天和所有的艳阳天,一生一世。

他们的爱情或许并不动人,但却在平淡中美丽着、感动着。舒婷描绘过这样一道风景:大街上,一个安详的老妇人和一个从容的老人微笑着,从不同的方向面对面地走近,走近;然后是微笑着,鼻尖顶着鼻尖地站着,双手紧紧地握在一起,身后西下的夕阳把他们的头发和笑容染成一片暖暖的黄,身旁的人们也被他们的幸福感染得暖意融融。

这里没有999朵玫瑰,也没有魂断蓝桥——只有一种手牵着手,并肩漫步的感觉。手牵着手,坦坦然然地一起走入围城里,互相扶持着,把许许多多毫不动人的日子走成一串风景。这么多年了,回忆起来,所有平凡的片段,所有曾抱怨过、曾怀疑过的时光其实是生命中最温馨的篇章;所有淡淡的日子,其实都是像"空山灵雨"一样,淡得韵味绵长。

执子之手,与之偕老。这该是一种并肩站立、共同凝望太阳的升起与落下的感觉,该是一种天变地变情不变的感觉。

如果说,爱是水,那么,宽容,就是杯子。

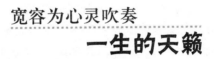

宽容为心灵吹奏
一生的天籁

在夫妻生活中,会不会说话很重要。一句赌气的话可以造成终生的伤痛,一句温柔体贴的话也可变成难忘的人生转机。很多婚姻的不睦,大多因为缺少了宽容中的一句话。

玛莉的父母青梅竹马,感情十分深厚。然而在小玛莉4岁时父亲就在越战中不幸阵亡了。随后,母亲一生没有再嫁,而是选择与女儿相依为命。

4岁的孩子对父亲印象模糊,但母亲时常追忆往事,翻阅照片,努力使父亲继续活在她们中间。

不久前,母亲病逝,女儿悲恸之余,收拾遗物,在母亲一只收藏纪念品的小盒子里,发现一首母亲亲笔写的诗——

记得那一天我借过你的新车,而我撞凹了它! 我以为你会杀了我,但你没有。

记得那一次我拖你去海滩,而你说天会下雨,果然下了。我以为你会说:"我告诉过

你了。"但你并没有。

你记得那一次我向所有的男子挑逗来引你妒忌？而你又没有。

你记不记得那一次我在你新车的地毯上吐了满地的草莓饼？我以为你一定会厌恶我。但你没有。

记不记得那一回我忘记告诉你那个舞会是穿礼服的,而你只穿牛仔裤到场？我以为你必然放弃我了。但你没有。

记得我写信对你说,你一定要从越南活着回来,我有许多许多的事要回报你。但你又没有!

雨果说,世界上最宽广的是海洋,比海洋宽广的是天空,比天空更宽广的是人的心灵。在爱情与婚姻中,懂得宽容才不会对生活感到失望和绝望,才会用宏大的气量去感受破镜重圆的快乐。

古希腊的一位哲人说过:学会宽容,世界会变得更为广阔;忘却计较,人生才能永远快乐。在婚姻、爱情方面,宽容是芬芳的花朵,爱情是它的果实;宽容是理解的桥梁,真诚和信赖是它的基石;宽容是清凉的甘露,滋润着干涸的心灵;宽容就像天上的细雨滋润着大地,它赐福于宽容人的人,也赐福于被宽容的人。如果我们对于爱情和婚姻从宽容出发,我们的爱情或婚姻也就有了长久和幸福的基础。

其实宽容也不难,有时候,宽容不过是一个微笑、一个眼神、一句温暖的话语。我们为什么要吝啬呢?只要能觉悟,什么时候都不算晚,给他一个微笑、一声问好。试着去宽容这样或那样的错误吧!那时,你会感到花是因你而开,月是为你而圆。

爱情的鞋子,不需要太奢华,不需要太铺张,甚至不需要太多装饰和点缀的牵牵绊绊。但是,它一定要能陪伴我们走最远的路。

婚姻的脚
需要适合的鞋

为什么有的婚姻看起来应该是美满的,结果却总是大争小吵呢?而有的婚姻看起

来是不合适的,日子却过得出奇的开心?

同学香是公认的校花,毕业后嫁给了在市政府做秘书的丈夫。真的是郎才女貌。

后来,爱人升职了,她也当上了母亲。

偶尔在街上遇见她,一身的珠光宝气优雅迷人,真是一个幸福的女人。

我向她打趣,有爱情的滋润,女人的美丽就是不一样。她微微一笑。

在谈及其他同学的婚姻,我总结性地评价:"你的婚姻是最成功的。"

她只是笑,平静之中似乎有了些忧伤。她说,婚姻如鞋,合不合脚只有自己知道。

"你那双优质的婚姻鞋难道不合脚?"我反问。

香的话匣子打开了,许是平时她寡有倾心诉说的机会,她历数丈夫的种种陋习:喝酒、抽烟、应酬多、早出晚归……让她慢慢地受不了,她是个很敏感的女人,很在乎自己的感受,天长日久,灰色情绪渐渐堆积,离婚的心情都有了。

我笑着对她说:"其实你的鞋子还是很合脚的,只不过鞋子里有几粒沙子而已。"

当爱情走到婚姻的节点上,你的脚就穿上了一双摆脱不掉的鞋。将婚姻比作鞋子的,是著名画家黄永玉先生,他在一幅画中写道:"婚姻就像鞋子,舒服不舒服,只有脚指头知道。"

新鞋子初穿起来总感觉不舒服,慢慢就会适应;这也挺像婚姻,开始难免磕磕碰碰,经过三十而立,四十不惑,五十知天命,终会奏出和谐之音。

婚姻的鞋子,要有适度的宽容,适度的约束,适度的柔软,适度的坚韧,我们的脚,才能踏实而舒服地游走其间,才能更长久地跋涉和攀登。削足适履是一种愚人的残酷,郑人买履是一种智者的迂腐;步履维艰时,鞋与脚要精诚团结;平步青云时切不要将鞋儿抛弃……

婚姻的鞋子,不需要太奢华,不需要太铺张,甚至不需要太多装饰和点缀的牵牵绊绊,但是,它一定要能陪伴我们走最远的路。所以在最终决定穿上它之前,一定要先试一试合不合脚。因为,这样一双鞋子,一旦穿上就不能轻易抛弃了。所以,我们要慎重地开始,给自己足够的耐心和观察的时间,但不要被光怪陆离的式样迷惑了选择的双眼。要寻找一个肯完完全全接纳你的鞋子。

> 男人的名片是用人格铸就的橡树，而不是像柳树一样以不负责的摇摆来吟唱风花雪月的故事。否则在你抛弃责任的同时，将失去爱的全部。

妻子手中
滑落出丈夫的名片

一对已结婚十多年的夫妻去城市的另一端看朋友，回来时天色已晚，又逢末班车，丈夫说，咱俩从前后两个门挤上去吧，人太多了。妻子点头同意。从前门挤上车的丈夫站在车厢中间，被一层层的人拥挤着，十分难受。忽然就有一只手悄悄地抓住了他的手，凭感觉他知道那不是妻子的手，因为妻子的手肯定没有如此温热、柔软、细腻而动人心魄……

他真希望这车能一直不停地开下去，哪怕到天亮都行。继而又想，这是一个什么样的女人呢？她怎么注意到我的？她叫什么名字呢？怎么样才能和她取得联系？忽然脑中灵光一闪，将自己的名片悄悄取出一张塞在那只可爱的小手里。

车终于到站了，丈夫恋恋不舍地下了车。从另一侧车门下来的妻子看起来并没有觉察到什么。

两个人横穿马路时，一辆摩托车疯也似的冲过来，妻子稍稍犹豫了一下，还是用身体撞开了丈夫……丈夫抱起浑身是血的妻子跑进医院，天亮的时候，医生出来告诉他："我们已经尽了力，你妻子只想见你最后一面。"丈夫走进病房时，妻子的一只手攥成了拳头，后来那只手像电影里的慢镜头一样缓缓张开，丈夫的名片悄无声息地滑落下来……

时下流行一句话：牵爱人的手，就像左手牵右手。在大多丈夫面前，左手牵右手，就是没有激情了；而在一般妻子的字典里，却是既然都左右一体了，伸出手去牵的，何尝不是跟自己生命一样重要的人。

所以拜伦精辟地说：男人的爱情是男人生命的一部分，却是女人生命的全部存在。探究其男人送出名片的理由，一位心理学家说得好，当男人感觉生活变得千篇一律、一

成不变时,深锁在无聊与寂寞中的他就会开始渴求改变,跃跃欲试寻求冒险。这些男人不是去外面寻找婚姻中欠缺的任何事物,而仅仅只是为了玩一玩,用以调剂他们平淡的生活,体验不同的性爱感觉。事实上这只是男人出轨的理由之一。其他的还有想证明自己的魅力、雄性荷尔蒙分泌下的性冲动、女人不够爱他、逃避压力、天生多情等。

面对左手与右手不同的感觉,我想最重要的就是男人与女人从心灵深处去追问这个问题,到底我还爱对方吗?如果有爱,就得好好地把握与珍惜,责任是对爱的最好回报和守护。爱对方就得用一生的时间和全部的忠诚来让对方活得更幸福。正所谓牵手的感觉不仅拥有一种愉悦,更有一种沉重的责任感。

爱情是人的天性。在所有的自然的力量中,爱情的力量是最不受约束和阻拦的。

爱是一种
不离不弃的创造

在爱情的歌曲里,残疾的身体与深挚的爱情哪个声音更能令人回味?

有一位因小时候触电造成手臂残疾的青年,一天到裁缝店做衣服,碰上一位清纯可爱的女孩,使他一见钟情。之后,他就经常去那个裁缝店接触她。慢慢地女孩子也对这位虽有残疾但却开朗自信的青年产生了好感,两人恋爱了。可家庭条件很好的女方家里坚决反对,不许他们再来往,并把女孩关在家里,不让她见男孩。

男孩选择了远走他乡,但强烈的思念让他最后回到家乡寻找她。在家乡的车站,碰见了决意出来寻找他的女孩。

两人私奔了。

面对事实,女方家里也只好同意了。结婚后,男孩带着女孩出来闯世界,吃尽了苦头,最苦的时候连吃饭都成了问题,那时根本就看不到任何希望。但女孩不离不弃,而且省吃俭用,从不乱花一分钱。在男孩遭遇挫折时,还不断地给男孩以鼓励,感动的男孩发誓一定要让女孩过上好日子。

他从摆地摊开始做,直到现在自己开了一个"儿童车行",生意越做越好,女孩也在他的"车行"帮忙,一家三口的日子也越来越好。男孩因为有残疾,在生活好起来后,在经济能够承受的情况下,还准备为残疾人做些事情,女孩也大力支持他。男孩觉得他这

一生最大的幸福,就是找到了他的真爱,拥有一位支持他、鼓励他、理解他、疼爱他的好妻子。而女孩看到的是男孩虽然身有残疾,但很自信、很开朗也很有毅力,从来不把自己当成残疾人,而且非常爱她,她相信她爱的人会给她带来幸福。

感悟

爱的情感包括喜欢,包括爱护、尊敬和控制不住,还有敞开,漠视外物只有你我的心魂敞开。所以爱情可以超越功利与金钱,超越身体的残疾,不会因为失语而缺少关爱的问候,也不会因为没有四肢而缺少喜悦的创造。

然而,现实中又有多少人能做到这种超越,由于人们追求完美的天性,往往把来自于身体的健全放在第一位,从而很容易忽视一个健全的灵魂和近乎完美的真爱。

如果希望拥有一种美满的婚姻,请放弃那些不切实际的期望值。一般来说,你的爱人不会像电影明星那么酷,既不是风月俏佳人也不是百万富翁。正如婚姻之外有各种义务一样,现实的婚姻关系包含两人的不同观点、不同品位。不完美,并不意味着你的婚姻出现了什么问题;相反,如果你能够认可这些差异,它们将会丰富你的婚姻生活。

寂寞只是一种暂时的心理感受,而出轨却是永远的精神负疚。

寂寞不是
爱情出轨的理由

出轨是不道德的,但出轨一定就有借口和理由吗?

女人出国一年了,留下了男人一个人在家。

男人是一位单位的领导。女孩是男人的部下,多次表示对男人的好感。

一天,女孩的电话打来了,她说,我闲着没事,到你家吃顿饭吧。男人说,不行,我正要出去。可女孩已经在男人的楼下了。

女孩手里买了很多菜,还有一瓶红酒,站在了男人的家门口。女孩不等男人说什么,便在厨房里忙碌起来。男人忙不迭地收拾房子,偶然看见女孩忙碌的背影,突然有了一种感动,但很快就将这种片刻的感觉压在了心底。

为了摆脱一种氛围,男人在另一间房子里不停地约熟悉的朋友来家里吃饭,可没

有一个能来的。过了一会儿,女孩端给他一盘热腾腾的饺子。他最爱吃饺子了,他的女人可很久没有为他包了。

两盘饺子、几碟小菜、一瓶红酒,女孩的脸上柔柔的笑,搅动了他的心。

说不清为什么,他在女孩不注意的时候,关掉了手机,拉上了阳台的帘。他能听到自己心跳的声音。

一瓶红酒喝完了,头晕的女孩软绵绵地倒在了男人怀里。男人紧紧地把她抱在怀里,也就在那一刻,他才感觉到女孩在他宽阔的肩膀里像他的女儿,他的心猛地一颤。

男人仍然喝着啤酒,不停地换着频道,他分明听到了女孩轻微的呼吸,但是,他努力地让自己的心冷静、再冷静。

女孩醒来的时候已经是第二天早上。男人一夜未眠。男人为女孩准备了早餐。吃饭的时候,女孩问,你不喜欢我吗?男人说,喜欢。那你不寂寞吗?寂寞。那你?女孩发问着。

送走了女孩,男人觉得有种从未有过的轻松。

感悟

人是一个需要沟通的动物,需要有声的诉说或者无声的倾听,于是人类从一开始就有寻找伴侣的渴望与需求,用家来维护物质与精神的满足。然而面对快节奏的社会,来自各方面的压力和挑战,事业需要产生的距离,夫妻相处产生的矛盾等常常让压抑与寂寞击垮原本脆弱的心,一天不说一句话,说一句又是自言自语,"欲将心事付流云,还恐清风知寸心",心事憋在心中,拼命地翻阅电话簿,到头来却发现没有值得倾诉的人。正如故事的主人公一样,"日子在我的手里细数着,黑色的天空压抑着散落的心情,风尘磨灭着爱的棱角,我是真的寂寞"。

生活是一种责任,赋予我们内心深处一种秩序,否则容易出"交通事故"!生活又如一日三餐,虽然平凡甚至难吃,但是必须坚持,否则就会有一种空荡荡的失落感。每个人都有对家庭和婚姻的责任,每个人的责任就是要看你自己对自己是否负责。寂寞只是一种暂时的心理感受,而出轨却是永远的精神负疚。因为责任在这里被你用冲动打入了万劫不复的地狱,而这注定是对"执子之手,与之偕老"最大的嘲讽。

正如一位伦理学家所说:婚姻需要经营,用真心,用耐心,用一生的责任,来保卫当初爱她一生一世的承诺!

我们都需要一座城堡，那里有不关的窗，不灭的灯。

橡树上盛开着
幸福的黄手帕

这个时代或许并不适合永恒爱情的存在，物欲横流，技术主义泛滥，安有爱情立足之处？我们一边怀疑真爱的存在，一边对什么是真正的爱模糊不清。但我们实在太忙了，我们匆匆地认识、恋爱、结婚，生活的重点也越来越倾向于物质和实惠，已没有多少人会对那看不见摸不着的东西较真了。

长途汽车隆隆南驶，坐在后座的温哥身穿一套不合身的褴褛衣服，动也不动，灰尘蒙面。他不断地咬嘴唇内部，寡合得仿佛身处愁茧，默无一言。

长途汽车深夜驶抵华盛顿郊外，停在路旁一家餐馆门外。大家都下了车，只有温哥没下，像在座位上长了根似的。

他在纽约坐了四年牢，现在获释回家。他现在心里特别矛盾，他不知道他的太太能否等他并重新接受他。

他心里特别清楚，因为他在牢中曾告诉她：我要很久才能回家，要是你受不了，要是孩子老问这问那，要是觉得太丢脸，就忘掉我吧。我会理解你的。

他告诉她不必给他写信，三年了，她真的没有来过一封信。

就在上周他获释的时候，他写了封信给她："假如还要我的话，就在镇口的橡树上挂条黄手帕，我就下车回家。假如不要我，就不必了——没有手帕，我就不下车，一直走下去。"

快到家乡的城镇，他的心越来越不安，他低着头不敢看。就在这时突然有人大叫："看啊，橡树上怎么挂满了黄手帕呀！"

温哥坐在那里，目瞪口呆地望着橡树：树上挂满了黄手帕——20条，30条，也许有好几百条，就像旗帜迎风招展欢迎他。

感悟

黄手帕原本也只是一件普通的丝织品，然而，当它融入一个约定的故事时，它高挂枝头的出现却显得那么让人心动与感慨。因为那是幸福的旗帜，充满希望的旗帜。

我们都需要一座城堡,那里有不关的窗,不灭的灯。今生今世,只要你一回头,就看见幸福的黄手帕,花枝招展地迎接你,永不嫌弃你。其实,这一生,我们所需的不过是有那么一些永不拒绝自己的人:亲人、友人、爱人……只是对爱人,心是那么窄,不能原谅他一次的拒绝、一个厌恶的表情,否则,就如遭雷击,痛不欲生。

有这样一个故事:有一个人因为生意失败,迫不得已变卖了新购的住宅,而且连他心爱的小跑车也脱了手,改以电单车代步。有一日,他和太太一起,相约了几对私交甚笃的夫妻出外游玩,其中一位朋友的新婚妻子因为不知详情,见到他们夫妇共乘一辆电单车来到约定地点,便冲口而出地问:"为什么你们骑电单车来?"众人一时错愕,场面变得很尴尬,但这位妻子不急不缓地回答她:"我们骑电单车,因为我想抱着他。"

这个小故事,没有教我们夫妇相处的方法,但我们从妻子豁达的心境,可以料想到这对夫妇的婚姻非常美满。爱是发自内心的,当你时时刻刻想起当初的那份真挚的感觉,你自然知道应该怎样跟你的伴侣,携手去走以后的道路。

爱永不止息。什么是真正的爱?能够甘苦与共的夫妇,他们的爱是一种不离不弃的感情,无论面前是顺境抑或逆境,双方都会互相支持,共同面对。纵使缘分由天,但怎样去相处始终是事在人为。

爱情总是想象比现实美丽,相逢如是,告别亦如是。历经沧海桑田,我们才能懂得最深最重的爱,必须和时日一起成长。一世约定,让爱做主,把灵魂装入爱情元素,让承诺感召幸福,高挂的黄手帕告诉我们:爱仍是人类最坚持尊崇的理念!"爱情就是天堂,我可以死在它怀里,一点儿都不恐慌,不害怕也不绝望。"——最深的爱是一种信仰,它的存在可以支撑人的灵魂或生命。

有这样一段话说得很好:爱你,是忠于自己忠于爱情的信仰;爱你是来自灵魂来自生命的力量。等待是枯燥的,但爱是生动的,为了将来的幸福,我宁愿承受现在的枯燥和单调。

爱是一种诚信,是需要付出代价的,如果不爱,或无法承受,那么就别轻易地将自己的心打开。诱惑和寂寞,本不是爱的理由。

阴阳两界间
爱的传递

人们都喜欢爱情长久,那么长久的爱情如何延续呢?

她一生都钟爱红玫瑰，和丈夫相爱至今已50年了。每一年，丈夫都会送给她一些玫瑰花，花上系着漂亮的丝带。

就在这一年初，丈夫去世了。

然而情人节那天，依然有玫瑰花送到了她的门前，附带的卡片上仍像从前一样写着："做我的妻子吧！""对你的爱今朝更胜往年，时光流转爱你越来越多。"看到这些花，她突然哭了，感动丈夫死前为她预订花的举动，也感叹以后再也无人送玫瑰花的悲哀。

她心爱的丈夫并不知道自己会如此逝去。他总是喜欢把事情提前安排妥当，即使再忙的时候，凡事仍能从容办好。

她修理了玫瑰，把花插进一只很特别的花瓶里，伴着玫瑰花，痴望着丈夫的相片，沉浸在美好的回忆中。

一年过去了，没有他的日子她觉得十分难熬。情人节前夕，门铃响了，有人又送来了玫瑰花。她心中非常惊讶，以为送错了，于是她就打电话给花店。

店主解释说："这是一年前您去世的丈夫送的，他提前预付了货款，委托我们每年送花给您。去年他还写了一张特别的小卡片，嘱咐说如果他不在了，卡片就在第二年送给你。"

她谢过店主，挂上了电话，泪水涌流而下。手指不住地颤抖着，慢慢地打开了附在玫瑰花上的卡片。

卡片里是一张他写给她的便条。她静静地看着："你好吗，我的妻子？我知道我已经去世一年了，我希望挺过这一年你没有受太多的苦。有生的日子我爱你千言万语说不尽，你是完美的妻子，是我的朋友和情人，让我心满意足。时光只过去了一年，请不要悲伤，我要你即使是流泪的时候也是幸福的，这就是为什么玫瑰花将会年年送来给你。玫瑰花每年都会如期而至，除非你不再应门，花店才会停止送花。"

曾有一个女孩告诉我，她每一次恋爱都不超过一年，她很想找一个能给她长久爱情的人。事实上，在爱情的道路上，每个红尘中的男女都期盼自己的爱情能够永久。

面对物欲横流的社会，爱情时时受到外部的冲击与诱惑，敏感的神经往往让我们在爱情的世界紧张兮兮，有时还动不动地向爱人呢喃叩问：你到底爱我吗？你会爱我多久？

事实上，爱情的生命永远是每个人心中的那份坚持，是躯体死了灵魂还在继续的那份坚持，只要心中有了这份执著，又何必去深究"永远到底有多远"？有时候永远也就是生和死的距离，好好地活着，就是永远了。

人的生命终结，但人的感情还在。灵魂与爱不以生命的有无而悄然消失，而是面对以前恩恩爱爱的场景与情感永远不褪色，永远不消逝。

送给爱人最美最贵的礼物不是价值连城的物件，而是装载着浓浓深情的一份爱心。

心酸的浪漫里
上帝送来最美的礼物

吉姆和德拉是一对贫穷的夫妻,但他们在深爱中过着相濡以沫的平实生活。他们各有一件特别引以自豪的东西,一件是吉姆的金表,是他祖父传给父亲,父亲又传给他的传家之宝;另一件则是德拉的秀发。

圣诞节前夕,他们在内心深处都埋藏着一个天大的秘密:送给对方一份最好的礼物。为此,德拉不知花费了多少幸福的时日筹划着这件可心的礼物,一件精致、珍奇、贵重——至少有点儿配得上吉姆所有东西的礼物。

德拉开始数她的存款。虽然早在几个月前,她就开始从杂货店老板、菜贩子和肉店老板那儿软硬兼施地一分两分地抠,但最终只有一元八角钱。看到什么也买不到的一点儿积蓄,德拉哭了。该如何实现对吉姆的爱的表白,无奈的她最后流着泪,选择了卖掉她为之自豪,并赋予她美丽和信心的一头金发。

然后找遍各家商店,终于为她心爱的丈夫找到一个礼物——一条朴素的白金表链,镂刻着花纹。正配得上吉姆那只金表。

德拉兴奋地回家准备为吉姆做晚饭了,并准备给吉姆一个惊喜。

吉姆按时回来了,22岁就扛起家庭重担的他显得有些疲惫,但精神很好。他同样兴奋地叫着德拉:"你猜我会送给你什么礼物?"当德拉来到他跟前时,他一时惊呆了,好久没有说话。

"我的头发剪掉了,为了给你买一个让你高兴的精致的礼物。"

"什么?你把头发剪掉了?"吉姆傻傻地问着。

"是的,也许现在我的头发可以数得清,但要知道谁也数不清我对你的爱!"

吉姆好像从恍惚之中醒来,突然一下子把德拉紧紧地搂在怀里。

"不会的,世上还没有什么东西能减低我对你的爱呢!关键是我也有原以为是最好的礼物送给你,但现在可能用不着了,所以我有点儿失态。你看看这个吧。"

德拉打开吉姆的礼物——一套纯玳瑁做的全套梳子,那是很久以前德拉在百老汇的一个橱窗里见过并羡慕得要死的东西。

怅然若失的喜欢中,德拉也拿出了她送给吉姆的礼物。吉姆一边说"真漂亮!"一边微笑着,"让我们把圣诞礼物放在一边,保存一会儿吧。它们实在太好了,目前尚不宜用。我卖掉金表,换钱为你买了发梳。"

感悟

德拉和吉姆,我们年轻美丽的主人公用自己的行动演绎了爱的至情表达。即使他们只是生活在社会底层的小人物,却拥有着对生活的热情和对对方的深爱,在这些温暖的感情面前,贫困可以变得微不足道。在圣诞节前夕,两个人还想着要为对方买一件礼物互赠,多么浪漫多么温馨。即使这一份礼物似乎失去了使用的价值,它们却成了世间最珍贵的礼物,变成一份真挚的爱赠给了对方。

纵然,爱的誓言和歌咏是爱的精神层次的高级表达,但诸如麦琪的礼物和才子佳人们的一把纸扇、一块玉佩、一只玉镯、一块手帕、一束玫瑰、一把提琴等等,何尝不是爱的一种需要和表达呢?爱情的信物是圣洁的,是不容亵渎的。在深爱中,精神也罢,物质也罢,怎么表达都是爱,物质的轻重贵贱与其功利价值色彩没有可比性!

爱,就注定了两个人一生的战争,因为爱的彼此在乎,所以有了争吵的矛盾冲突。在岁月的河床上,我们会发现有时候争吵只不过是爱的另一种表达形式。

争吵是爱的
另一种表达形式

有的夫妻争吵一生,到头来反而越老情越深。

爸和妈是通过传统方式经媒人介绍相识而结合的。爸性情温和,妈生性急躁。更要命的是,爸爸喜欢抽烟,妈妈则最反感抽烟。

从结合之日,冰与火一样的他们争吵就开始了。争吵的起因,多半是因为诸如吸烟一类的小事。最常见的镜头是:爸正抽着烟,妈在一旁发脾气:"少抽点儿!"然后就夺走香烟。

爸便不高兴地说："我刚点着，你就拿走了！"

妈也不高兴："我不是怕你抽多了咳嗽，心疼你吗？"

爸更不高兴："你哪里是心疼我，你是心疼钱吧！"两人你一句我一句地争吵起来。后来，爸就到朋友家去抽烟。场景就换成另一个——爸很晚还没有回来，妈坐在家里焦急地等着，外面有一点儿动静，她便竖起耳朵听，走到窗前往外望。整个晚上，妈就这样一遍一遍地往外望，直到听到爸熟悉的脚步声，急切地打开门，责怪地说："怎么这么晚？就不能早点儿回来？"爸满身烟味地说："在二根家走棋呢！"妈埋怨说："你是打着走棋的幌子，出去抽烟吧，抽死你我也不管！"

爸爸反驳说："谁要你管了，是你整天没事瞎管……"两个人就这样，一起过了35年。爸抽了35年的烟，妈留了35年的门，两个人为烟打了35年的仗。不过，不管争吵多么激烈，只限在颈部以上：瞪眼、嗤鼻、唇枪、舌战，绝不动手动脚。尽管如此，这场贯穿我成长过程的争吵还是给我的心灵蒙上了一层阴影。

我一直认为爸妈的婚姻根本是一场错误。在他们争吵激烈的时候，我曾试着劝他们分开。出乎我意料之外的是，我的这一建议使他们勃然大怒。很长时间以来，我一直百思不得其解：爸妈35年来总是争吵相伴，从一个争吵到另一个争吵，在争吵中曾愤愤地说过要分开的话，但是他们却从未分开。

如今，都已经是60多岁的人了，仍然会为了一些鸡毛蒜皮的小事争个你是我非。

感悟

夫妻之间的成长经历、生活习惯、家庭背景的差异，文化水平的差距和社会经济地位的不平等，对子女教育态度的不一致，对双方父母照顾的不平衡，性生活的不和谐，价值取向的不一致都可能成为夫妻矛盾的导火索和触发点，形成家庭矛盾，既然有矛盾就会有斗争。夫妻相爱一生的经历有时也是"战斗"一生的过程。

某种意义上讲，争吵是夫妻之间一种比较激烈的情感交流方式。争执中，大家把平时不好讲的、不想讲的、不能讲的，一股脑倾倒出来，算是一种发泄。激烈后的平静反思，更有助于相互磨合，相互改进。因此不要将吵架视为洪水猛兽，吵架在家庭生活中就像天晴久了下一阵雨一样的自然。吵架之后由于情感得到宣泄，矛盾得到了缓解，夫妻有时会更加亲密。

也许对有些夫妻来说，爱，就是两个人一生的争吵。因为彼此在乎，因为心里有爱，才会管他，才会不怕生气、不怕愤怒、宁可损伤身体也要和他争执、吵架。一如故事里的主人公几十年来他们从未间断过争吵，争吵成了他们生活的一部分。他们无法把争吵从他们的生活中剥离，无法把自己从争吵中剥离，就像无法把自己从对方的生活中剥离一样。

保持婚姻美满的最大的秘诀就是在心灵的支点上，如何给爱一个平衡，它是爱的彼此包容，更是爱的相互给予。

学会给
狮子系丝带

夫妻之间不是怕不会爱，怕就怕在不会相处，而让本来基础牢固的爱情变得那么单薄与苍白，甚至走上陌路。

有一对夫妻，经常吵架，丈夫的脾气暴躁，总是抱怨妻子不够温存和体贴；妻子呢，更是对丈夫的行为不能容忍，她感觉她的丈夫已经不爱他了。

心情沉闷的妻子来到老族长那里，对他讲述了和丈夫的事情，并请求老族长给她指点迷津。老族长考虑了一下说：我可以告诉你一个很好的办法，但有一个条件，你必须把这条丝带系在狮子的脖子上。

那时，村里经常有狮子走动，但无人敢接近它。第二天，妻子牵了一只小羊来到狮子面前，她什么也没做，只是把小羊放在那里。这之后她都会在同一时间里，给狮子送一只小绵羊过去。渐渐地狮子喜欢上了她，觉得她是一个很温柔、很殷勤的女人。狮子一见到她，就会热情地向她摇尾巴，并任由女人抚摸。就这样，女人很容易地把丝带系在了狮子的脖子上。

她去找老族长，请兑现诺言。老族长笑道：我的办法就是让你用驯服狮子的办法去对待你的丈夫，去试着再把丝带系在你丈夫的脖子上吧！

感悟

相爱容易，相处却是一门很深的学问。

男人与女人根本就是两种磁场不同的生物，男女之间的相处，互相容忍是免不了的。因每个人都是独立的个体，成长环境与生活习惯不同，也不是每件事情拿出来讲就能解决得了，只有互相包容、给予，不要去计较。有时候该隐瞒的，绝不说出来，以免造成不必要的误会。但是当男人开始逼着自己调适以配合女人时，理由却不是爱她，为的

只是不想领教她的烦时,男人离开女人的日子大概已不远了。

给予是一种在爱的召唤下的给予,这种给予可以让彼此的爱在相互的尊重与感动中继续绵延。其实男女之间就是一种在相互改变中的磨合,在彼此训导中的适应。包容和施予是这份爱最明显的体现,除此,就会走到爱的反面。这就是长期给爱保鲜的最大秘密。

爱情也有保鲜期。所以要想珍藏一份情浓缘深的爱,除了用婚姻来约束外,还要有爱情三十六计。

家的春天
需要相互美丽

爱情真的能兑现海誓山盟的诺言吗?

丈夫有了外遇,两人闹分居。

一天,丈夫突然打电话回来说要过来拿些东西,她马上从沙发上跳起,赶紧收拾整理东西,没一会儿工夫便把家弄得挺干净。

丈夫回来了,径自上楼收拾了一袋东西后就走了。

"现在他那颗心,为什么只牢牢地挂在外面那个女人身上,一分钟也不能多待呢?"

她把家里打理得一尘不染,自己却蓬头垢面,蜡黄着一张脸,宽松无袖的花上衣,随着她说话抬手的动作,老露出一撮茸茸的腋毛,极不雅观。

我对朋友说:"为什么不打扮一下呢?"

她说:"他会瞧我一眼才怪,连问问孩子的近况如何也没有,这样的男人,我还需要为他打扮吗?"

"当然需要,你想想,外面那个女人,唯一能做的,就是把自己打扮得漂漂亮亮,好紧紧抓住你先生的心。而你呢,如果再美丽一些,会不会占据有利的地位呢?"

朋友似乎突然醒悟过来,丈夫不久便又回到了她的身边。

结婚以后的人通常会有这样的发现:"两人世界"其实没有想像中的那么浪漫,不仅平淡如水,而且有时还繁琐得吓人,时间长了,竟毫无激情,甚至有的婚姻早早地触礁了。

爱情在时间上并不永恒,在空间上并不专一。感情是一种心理现象,从来都是处于动态的。不能认为有了爱情就拥有了一切。事实证明,爱情不是永恒不变的。随着人的意识、观念的转变,爱情观也会有所改变。爱情不是钢制的碗,而是只晶莹剔透的夜光杯,既美丽又脆弱,要时时小心翼翼地呵护和保养,一旦碎了,再怎么粘补,也无法复原如初了。所以,爱情没有一定的保护方法的话,是经受不起生活的重担和撞击的。相恋的人总是以为爱情最牢靠,如同磐石般不可动摇,于是要么不顾一切地疯狂付出,结果换回的竟是最深切的痛苦;要么就是演绎过家家的伴侣,将爱情变了味演化为亲情,成了母亲腌制的咸菜,一种可有可无的牙祭。

保鲜爱情须有一个爱的前提,如果你心里不再有这份爱了,保鲜的三十六计就没有执行的动力。爱情保鲜一如女人去美容店一样,需要从里到外的深层呵护。

人生的情感是化合物,需要去学会化解、融合。

时间会让你
重新选择

现实婚姻中,婚外情是常有的事。如何处理,常常决定一个人一生的幸福。

女人和男人相识了11年,最后结了婚。

4年后,男人又爱上另一个女人。

两个女人都非常爱他。面对矛盾,因为爱,这个女人选择了放弃。她给男人写道:我暂时离开,如果一年后,你们过得开心,我就自寻生路;如果一年后不幸福,我可以重新回来。

一年后,男人主动回到女人身边,女人问他:"还想她吗?"男人说:"那种爱情,属于一刹那永恒的完成,不能天长地久。我与你不一样,因为我们有生活的恩与情。"

故事的男主人公叫荷西,女主人公叫三毛。

感悟

在婚姻的路途上,婚外情事件,除了习惯拈花惹草的男女之外,一般来说,并不只

是"对"与"错"就能断人生死的,情感也不是一张结婚契约就能够保证的。一个人同时爱上两个人也是人性的一种可能。欺骗的背后,存在着太多的因素,也不是绝对的恶所能解释一切的。软弱的背后又有着千千万万个成因。而要勇敢真诚地面对这件事情,能力不足以及怕痛的男女是不愿去迎接的。

面对婚外情,我们一般采取的是"快速结账"的方式,这虽然很坚强,但不自然,人是血肉之躯,情感的来和去需要时间。冰冻三尺,非一日之寒。所以轻易地说分手,既是对爱人的不负责,也是对自己的不负责。处理的最好办法,就是给自己些时间,让自己消化痛苦;也给爱人一些时间,让他尝试新的感情。这是尊重,也是理性。

人生的情感是化合物,需要学会化解、融合!

男人是傻瓜。他们的基础是理智的逻辑,或本应这样。无论他们去哪里,做什么事,特别是与女人有关的事时,都表现出一种高女人一等的不讲理性。

忠诚,
在误解中失踪

夫妻之间,最长久的东西就是信任。失去了,情爱就会成为天上的云,一经风雨就会随时飘离。

第二次世界大战结束了,士兵因为被俘虏而荣幸地踏上了回家的路程。掐指算来与妻子分别已有6年了。

听到战友议论妻子。他想:我的妻子会怎么样呢?如果漂亮的妻子仍能坚贞地守候,我要把过去丢失的一切给她拾回来;如果她做了对不起我的事,我将一句指责的话也不说,远走高飞,隐姓埋名,把金钱与房屋全部留给她。

妻子通过市长知道丈夫要回来了,坚守妇道盼郎归的她激动不已,决定像新婚时那样为丈夫做一顿他最爱吃的菜。布置好房间和桌椅后,她上街买菜和酒去了。

就在这当儿,丈夫回来了,看到家里无人,桌上摆着两个酒杯,为两人设了座位的餐桌,他觉得自己受到了致命的打击。他认定她现在已不是一个人了。

丈夫最终选择了远走他乡。

如今，随着情人节的浪漫走红，一夜情的方兴未艾，以及网络、媒体、社会舆论对各类非常态性话题的津津乐道，这一切，将男女情感的神秘度、纯真感、严肃性冲击得七零八落。于是生活中的男女们开始变得神经质起来，不信任开始以流行者的身份游荡于夫妻与恋人之间，感情的基础在猜忌中一时变得不可靠和晃动。

一如《手机》的观察与描述。它像是一根锋利尖锐的银针，毫不隐讳地狠狠扎在社会肌体上，使人们倒吸一口冷气，对男女情感中出现的严重问题产生警觉和切肤之痛。惊讶、怀疑、臆测、愤怒、慨叹，所有这些感触都是必然的，而它们汇集到一点，人们不禁会问，曾经熟悉的另一半变得陌生了，曾经耳鬓厮磨的人变得没有以前亲密了，这是谁闹的？

信任是一种有生命的感觉，在男女之间，信任是一种高尚的情感，更是一种连接人与人之间的纽带。你有义务去信任另一个人，除非你能证实那个人不值得你信任；你也有权受到另一个人的信任，除非你已被证实不值得那个人信任。倘若你迟迟不敢去信任一个值得你信任的人，那永远不能获得爱的甘甜和人间的温暖，你的一生也将会因此而黯淡无光。

我于茫茫人海中寻访我唯一灵魂之伴侣，得之，我幸；不得，我命。

康桥的柔波
让第四种情感成为经典

在爱情与友情之间，有没有介乎二者之间的情感呢？

徐志摩是中国现代诗坛上屈指可数的大诗人之一。

1915年，由政界风云人物张君劢为自己的妹妹张幼仪提亲，徐志摩把从未谋面的新娘娶进了门。张幼仪出身显赫富贵却不骄纵，相夫教子，恪尽妇道。而徐志摩对这桩"无爱的婚姻"始终心存疑虑，在英国念书时结识林徽音更促使他决心离婚。

徐志摩初识林徽音是在风景如画高贵宁静的伦敦康桥,那年,他 24 岁,而她只有 16 岁。思想上的沟通、感情上的融和、对诗情的理解、对秋天的感怀使两颗年轻的心不断靠拢。徐志摩燃烧的眸子里写满了对林徽音的眷恋——

然而,命运是如此的鲁钝、盲目而任性。当徐志摩从梦中醒来时,他的心上人已罗敷有夫,也应了他的那句话,"我于茫茫人海中访我唯一灵魂之伴侣,得之,我幸;不得,我命"。

在此后的岁月里,徐志摩并没有从此失去林徽音,他们共同创办新月社,编辑出版新派诗集,在舞台上扮演相爱的男女主人公。舞台上两情依依的感觉鼓励着彼此,他们经常通信。

林徽音最终还是嫁给梁思成,而徐志摩也娶陆小曼为妻。但是两人还是互相关心和理解,尤其在文学上更是经常切磋,互相提高。

1931 年 11 月,林徽音邀请徐志摩到北平演讲,面对红颜的召唤,徐志摩不能不参加,火车赶不上,就托关系搭乘运邮件的飞机。当时天气很糟糕,但徐志摩只想及时出现在林徽音的身边。而那天在协和小礼堂作演讲的林徽音,几次都将热盼的目光投向门口,可她盼望的身影就是没有出现。第二天,当望穿秋水的林徽音得到徐志摩遇难的消息后,悲痛欲绝地昏倒在地上。

志摩死后,梁思成去了济南,从出事地点捡了一块飞机的残片,直到去世她都把它挂在卧室的墙上。这是她对志摩的真挚,是她胸怀的坦荡,从某种意义上说,也是她对世俗社会的一种蔑视。

徐志摩的爱情故事,揭示了人性中追求爱情的渴望和执著于爱情的痛苦与煎熬。徐志摩令人怀念与珍重的是,他对待生命的态度比任何人都要真。即使苦,他也要品尝那苦的真滋味。他说:"你要真镇定,须向狂风暴雨的底里求去;你要真和谐,须向混沌的底里求去;你要真平等,须向大变乱、大革命的底里求去;你要真幸福,须向真痛苦里尝去;你要真实在,须向真空虚里悟去……"诗人的生前身后都有诸多的非议,80 年前的中国有太多的苦难、太多顽固封闭的社会传统,以至于一个追求爱、美、自由的诗人对整个民族来说仿佛是一种奢侈;然而受了西方文明洗礼的他看见的正是几代中国人身上的匮乏,故他以自己的灵魂与诗歌来彰显这样一个从不被国人重视的生命主题,这也正是他的故事会一再被中国人记忆的缘由。

比真正的爱情少一点点,比纯粹的友情又多一点点,不是情人间的那种灵与性的疯狂,不是一般朋友间的那种随意和淡然,他俩之间的感情无法真正言明,既刻骨铭心,又不可捉摸,既浸入骨髓又超然永恒。一如他在《再别康桥》中写道:"轻轻的我走了,正如我轻轻的来;我轻轻的挥手,作别西天的云彩。"带走的是生命,留下的是真情。

爱一个人不仅要爱他的优点，还要学会包容他的缺点。

爱,
意味着接受

一个人的优点,我们谁都喜欢并能接受;但倘若要求在接受优点的同时必须接受一个人的缺点时,一般人就不会那么爽快了。

一个女研究生热烈地爱上了自己的导师,这位导师正值中年,是个有成就的名人。他的夫人知道了,不气不躁,找到了那位研究生,心平气和地问她对自己的导师知道多少。他有名气,有成就,别人很容易看到他的优点,很容易喜欢他,爱他。这位夫人又列举了只有她才知道的他的许多缺点和身上的疾病,讲了自己是怎样忍辱负重地帮助他,照顾他,使他有今天还有牢靠的明天。

最后她坦诚地问研究生:"如果你自信能比我做得更好,我就撤出,成全你们。"结果,在这场感情纠葛中撤出的是那位研究生。她没有想到:在成了导师的妻子以后还要长期忍受他的缺点和那讨厌的疾病。

感悟

婚姻是长期相濡以沫的情感交互,是生活中相互包容的一生牵手,而不是如初恋时只盛开浪漫的花朵,也不是如热恋时只有美好的偏执。真正的爱情意味着在你接受他优点折射出来的光辉的同时,也要无可选择地接受来自于他缺点的灰度。如果你有这个心理准备和能力,那么你的爱就是成熟的,也是稳固的,否则,你还没有资格去跨越属于爱的高度。正如一句话:喜欢与爱的区别是,喜欢表现的是喜欢他的优点,爱则显示的是爱他的缺点。

对于相爱的任何一方,如果只愿意接受优点,那么它得到的只能是短时间内的情爱的愉悦;若推至天长日久,那么这种对优点的迷恋必将因为其缺点的出现而阴云笼罩,给自己的情爱空间带来不幸。

人的一半是天使,一半是魔鬼。爱一个人就得学会既能与天使携手同行,也要能与魔相依相伴。

疲惫一天的男人回到家里,除了有妻子的照顾外,女人的撒娇可能是一种别样的安慰。

撒娇是女人
最温柔的手

爱情的水饺里,除了温柔体贴之外,有时候也需要必要的任性撒娇做馅。

男人与女人最终分手了。

男人事业有成,善良贤惠的女人满怀对男人的爱,无微不至地支持着男人。然而结婚5年来,男人总觉得女人越来越黄脸婆,甚至有点儿像木头,疲惫一天的心情总是无处释放。

他需要的是阳光。哪怕一丝一点。就在这时,她出现了,她特别会撒娇,先由秘书的身份,不知不觉就过渡到了情人。男人需要的就是感觉,其实他只是喜欢她孩子般撒娇的那种感觉,有时候,让他觉得特别男人,感觉非常欣慰。

他不是那种负情汉,但还是选择了分手,并留给了她许多财产。

多少年来,男人为了男子汉的风度,忍受了多少沉默带来的寂然,为了虚荣地扛起生活的重负,他们又经历了多少冷漠和失败。透过那深沉的背后,原来,男人也有一颗浪漫之心。

试想,作为大海般男人的胸怀,怎能一味地平静如寂死的图画,他太需要有人去激起朵朵浪花,让孤独的心灵聆听一回涛声的澎湃,让久藏海底的灵魂感受一回暖流的涌动。所以有人说女人是那海风,掀起阵阵波涛;女人是海鸥,时时与大海亲吻嬉戏。而在我看来,女人就是她自己那双温柔的小手,在男人疲惫时,有她可以按摩那劳累的神经;在男人消沉时,有她可以轻叩那醒神的麻骨;在男人奋斗时,有她可以洗涤一身臭汗;在男人过度深沉时,她又可以很懂火候地侍弄出串串涟漪,赂肢出男人的笑意。虽然痒痒的,但最使人舒心惬意。

201

撒娇是一种享受,撒娇是另一种对生活的理解。她可以使男人经常洗涤心灵上的尘垢,时时校正被生活扭曲的灵魂,享受幸福,感觉真实。

撒娇是女人的一种魅力,也是上帝安排女人赠送给男人的一束鲜花。面对生活带来的麻木,婚姻带来的平淡,撒娇显得那么必要与新鲜!

爱情,有时候就像坐公车,我很想坐这班车,但这班车不能载我去目的地,勉强上了车,也只能中途下车,只好望着这班车离开,而车上有一个我曾经爱过的人。

绑来的爱情
只能以残酷结束

他与她一见钟情,共坠爱河。

他是她的初恋,她全身心地投入这场爱情。他经常买许多她爱吃的零食,天冷了买来电褥子,天热了买来小风扇……她沉迷在爱情的甜蜜中。

他生日那天,她把她完全交给他,并得到了"宝贝我会爱你一辈子"的承诺。

但不久,他忽然变得非常忙,开始有意地冷淡她。她意识到他们坚不可摧的爱情出现了问题。原来他和他原来的女友死灰复燃了。

她不相信他们是好朋友关系。

在她看来,他是个很优秀的男孩子,长得帅,脾气好,对人细心周到,在工作上还非常认真努力,领导又说他大有前途。她绝对不能让别人抢走了这么优秀的"准老公"!

于是她开始每天给他定时打电话、发信息,让他告诉她他在哪里,在做什么。她每个周末都到他那里去过,在打扫卫生的时候小心留意他的床铺和衣服,看有没有别的女人的痕迹,并翻看了他的提包。

结婚前夕,她走到一家咖啡厅时却看见了他和一个女孩子在一起。那个女孩在哭,他拿着纸巾温柔地给她拭泪。她想都没想就冲进去,浑身哆嗦着站在他们面前,扬手打了那个女孩一个耳光。那个女孩正是他的前女友,来到济南后一直想和他和好,听说他要结婚,就把他约出来,让他再给他们之间一次机会。

但从此,她对他盯得更紧了。休班的时候她甚至会盯他的梢,看他是真的工作应酬还是和那个女孩在一起。

在吞服安眠药的威胁下,他们终于结婚了。但结婚后,她却动不动就检查他的手

读懂情感

机,看有没有暧昧的短信,终于有一天他愤怒了:"你让我有点儿空间好不好! 我交朋友你干涉不着!"

她害怕有一天他会跟她离婚,想用孩子拴住他的心。于是就瞒着他怀孕了。他知道后动情地说:"你知道吗? 咱们为供房子已经很累了,工作又忙,怎么养孩子?"可她一直神经质地认为有了孩子他就不能跟她离婚了。

怀孕四个月的时候,他的前女友打来电话,说她和他怎么怎么了。脑子一片空白的她再次喝了安眠药。她的命保住了,但孩子却没了。

他提出了离婚,说无法忍受这种"残酷的爱"。

感悟

爱情,有时候就像坐公车,我很想坐这班车,但这班车不能载我去目的地,勉强上了车,也只能中途下车,只好望着这班车离开,而车上有一个我曾经爱过的人。

每段感情都可能有认识的误区,有的恋人太急于抓住幸福的感觉,而感情深处的暗潮汹涌。我们往往会刻意委屈自己的需求、本意,以求讨好迎合对方,结果适得其反,反而给对方带来了一种强大的压力,造成一种爱情的疲劳。

通常看到蜘蛛爱到最后,把爱人杀死并吃到肚子里,该是我全心全意爱着你吧,什么时候也不能忘。它的后代呢,一代代都是黑巫婆般的怪物。这种蜘蛛般全部占用方式的爱并非是一种真爱,它其实只是一种赤裸裸的掠夺。不想被阳光的生活丢弃,不想把美妙的春天埋葬,我们也放一只手,给爱以舞蹈的欢快与自由。

当你发现爱上他时,你已经失去自我;当你惊觉失去自我时,爱情已经结束。

永远不要失去你
手中的伞

婚姻中一方的盲目依附往往带来的是另一方的鄙视,从而导致爱情的死亡。

原先她有一把小伞,虽然脆弱,但照样遮雨。

一日遇到了高大的他,他的关爱让人心动,他的言语那么温柔:"请你用这把伞!"为这,她丢掉了自己的小伞,钻进了他的伞下。

有一天,又是凄风苦雨,一个恶狠狠的声音:"臭婆娘,有本事别站在我的伞下。"此时此刻,她才发现一把大伞严严地遮住他那曾经高大过的身躯。

风雨中浸泡的她,才想起她已丢弃了自己的雨伞。"我要是有那把伞,也不会围着他转了。"

太多人之所以遭遇婚姻的失败,是因为我们以前总是对婚姻有个误解:以为恋爱是液态的,婚姻则是固态的,一旦签约,就再也不应该变化。事实上,婚姻也是一种流动的过程,在这个过程中,任何一方停止了自我成长,婚姻都无法良好地持续。

不错,爱是付出,但是如果付出到失去自我,那就失去了爱情的真味。它不仅使你感到疲累,也使对方感到压力和审美疲劳。愚蠢的人在爱情中失去自我,聪明的人在爱情中成长自我。获得爱情最有效的方法,就是自立、自尊、自强。

懂得我的心和懂得你的心,都需要真诚沟通,而真诚沟通所产生的身心愉悦,是品质生活的一个重要标志。

最远的爱跨不过
最近的距离

时常听到女人抱怨丈夫:一个星期也说不上几句话,最亲近的人有的时候感觉像不认识一样。

妻子打电话让他无论如何现在就要回家,还威胁他,如果不回去,就准备给她收尸吧!

他只得放下刚刚开始的会,开了车就往家里赶。

他是一家公司的老总,可自从当上老总之后,妻子就变了,动不动就对他大动肝火,动不动逼问他是不是外面有人了。

如果真的有，真的变心了，他倒认为妻子这一切做法都情有可原，问题是他从一开始就是一个好男人好丈夫，他从来都没有做过对不起她的事。

知情的人说妻子不懂事，劝他离婚算了，反正现在离婚也不算个事，何况他们又没有孩子。

他不愿意，他想只要彼此好好沟通，一定会好起来的。可是她从来都不与他沟通，只会蛮不讲理地要求他。

本来从公司到家只要20分钟的路程，可今天运气不好，前面出了车祸，车子过不去了。

手机不停地响，妻子不听解释，只在电话里喊叫，骂他找借口。

他关了手机，靠在座位上，无奈地苦笑。

三个多小时过去了。回到家，他把一张离婚协议放在妻子的面前。

后来有人问他，是什么促使他下决心离了婚。他说是堵车，因为堵车才使他发现本来两个距离并不远的人，因为没有好的疏通工具，你无论怎么耐心地等待，也永远无法到达心灵中那个温馨的家……

这些年，由于我们更加强调个性化和更加注重个人生活的私密性，许多人际间应该交流的信息被渐渐地省略掉了，许多可以通过沟通达到理解和共识的事情被自尊遮挡住了。恋人和夫妻间的摩擦、反目，真正出于原则问题的并不很多，自以为是的理解所产生的误解和偏差，不屈服的以自我为中心所造成的僵持，流失了不少有效沟通的最佳时机和方法。张扬个性与强调自我，是任何开放文明的社会都提倡的。在很多"其实你不懂我的心"的沟通阻碍面前，应该倒置的语句是"其实我也不懂你的心"。

相互的不懂，是我们有意无意的不想懂在作祟。被浮躁的节奏与功利取向搅得有些迷失的我们，现在很少静下心来专注地听别人讲话，当然也很少沉下心来去和需要沟通的人说说话。有时想找上级或同事说说话，坐下不过三五分钟，便被彼此的电话、手机打断几次，只好不得要领而返。

但是，沟通的最基本出发点，是对于沟通重要性的认识。不从社会意义和群体角度考察，仅仅从我们个人的生活品质出发，我们也应该好好掌握沟通的方法，使自己的理解力通过沟通得到提高，使自己的包容性通过沟通得到扩展，使自己的心境通过沟通而豁达敞亮。

往事是可以随风而散的，而收获在我们生命中的成长体验却是沉甸甸的，它是无法挥散的。

离散了，
就把握好现在

离婚了，爱人再也不念旧情，这是不是说往事随风散了，意味着往事无价值，也说明自己无价值呢？

他与她相识在一次联欢会上。当他们四目相视时，都以为自己苦苦追求与期盼的就是对方。在经过短暂的恋爱之后，他们举行了婚礼。

婚后的日子由新奇变得平淡而琐碎。在热恋的浪漫与激情耗尽之后，他们才发现自己面对的原来是一个有血有肉、有优点也有欠缺的人，而不是笼罩着神秘光环的爱神。于是，在一次次的感情磨合中，在一次次的情感创痛后，他们感到路已走到尽头。

离婚在平和而友好的气氛中进行。在互道珍重之后，他换了家单位，她也随父母去了南方。一晃两年多过去了，他觉得自己忘不掉她，更忘不掉与她走过的风雨历程，他选择了孑然一身；而她却已做了母亲。在一次礼节性的回信中，她劝他不要太沉湎于过去，要向前看，"让过去的事情都随风而散吧"。而他一直不理解：难道几年的感情说随风散就散了吗？

感悟

情感犹如一把利刃，一旦经历了，注定要在生命的年轮中留下深深的印记。但面对因婚姻的剧变而又重新筑巢的家，情感的理想性就不得不遵从现实性，明白曾有的婚姻经历只不过是一种心灵的体验，而不能占据自己的全部心灵。

现实是实际的，面对没有可能也不会有可能的东西，就不该太沉湎于过去，而离婚后的生活质量也是重要的。

其实，在情感生活中，如果我们因不合而分手，这并不是自己的失败。因为，否定过去，并不意味着否定过去的世界所拥有和包含的意义及价值。相反，正是在这种失败中，在已经历的这个生活过程中，我们学到了很多，明白了很多，也成熟了很多。

因此，往事是可以随风而散的，而收获在我们生命中的成长体验却是沉甸甸的，它

是无法挥散的。

当父爱如山时,一句话可以代替一座山。

你总会
和我在一起

父亲的力量来自于承诺,还是来自于困难时的镇定?说不清楚,但父亲总是力量的化身。

1989 年,发生在美国洛杉矶的大地震,在不到 4 分钟的时间里,使 30 万人受到伤害。

一位年轻的父亲在混乱和废墟中,安顿好受伤的妻子后,便冲向 7 岁的儿子上学的学校。

但见儿子所在的教学楼已变成一片废墟。

他想起自己常对儿子说的一句话:不论发生什么,我总会和你在一起。他坚定地站起身,向那片废墟走去,并开始清理挖掘。此间,不断地有孩子的父母赶来,并绝望地离开。

"太晚了,他们已经死了。"有好心的人劝他。他不听,继续努力地挖着。

"太危险了,随时会发生起火爆炸,请你离开。"消防警察劝他。他不管,在他心中只有一个信念:儿子在等我。

36 个小时过去了,没人再来阻挡他。

就在第 38 小时,他突然听到底下传来了孩子的声音:"爸爸,是你吗?"

"是我!是爸爸!"

激动的泪水和着汗水流了下来。

"我给同学说过,只要你活着,你就一定来救我,因为你说过不论发生什么,你总会和我们在一起。"

就这样,儿子与同班的 14 个同学全部获救了。

感悟

父亲是一堵墙,帮你挡住外界的狂风暴雨;父亲是港湾,当你游累了,便可以静静地停泊在他身旁;父亲是一盏明灯,在暗夜里,永远给你光亮。

也许他沉默寡言,也许他不可理喻,有时还夹杂着些微的暴躁脾气,但他却一直在子女的身后,用自己深沉的脸、钢筋般的脊梁撑起庇佑的苍穹。"妈妈是船,爸爸是帆",父亲总是用他粗糙的外表表达和母亲同样的对子女的爱。

父爱中蕴藏着的,是太阳的光泽,是莽莽苍苍山林的气息。无需语言,甚至无需何种方式,父爱,只默默生成,慢慢积淀,静静流淌……

父爱是一种深沉执著、无私忘我的爱,它不加粉饰,也不事张扬,那么朴实无华,那么舐犊情深,如润物细雨、护花春风,如春蚕丝尽、蜡炬泪干,愈到暮年愈显慈爱。可惜他在世时我们没能很好地领悟珍惜,他猝逝后蓦然回首,咀嚼品味,才倍感难得,弥足珍贵。

父爱是无言的月亮,父爱是神的呵护,无时不在,无处不在,无论你是否感觉得到,但每当你处在束手无策的境遇时,神的双手总会出现在你最需要的地方。

也许,在父亲的行为里,他渴望的不是你的物质,而是与你团聚的那份天伦之乐。

三袋米承载的是
父子亲情

城里的儿子,乡下的父亲,随着时空的变化为什么会产生心痛的误解?

父亲从乡下来,坐了一天的车,送来一袋米。他说:"自个儿种的,孬不了。"儿媳说:"爸真好!"

一个月后,父亲又坐了一天的车,送来一袋米。儿媳对儿子说:"你跟爸说说,往后别来送米了。来回车费四五十块呢,这么一折腾米成什么价了,咱们才贷款买了房,爸也不想着替我们把钱省下来。"儿子对父亲说了,父亲不说话,埋头扒饭。

第二袋子米还没吃完,父亲又来了,送来一大袋子米,比上次那袋多出一半。儿媳不高兴了。儿子说:"爸,您往后别送米来了行不? 大老远的花车费不说,人也折腾得累,不值。"

父亲脸上的笑没了,一脸难色。父亲说:"你不晓得,老家隔壁你李婶的儿子每次开车回去接她到城里玩,她总要问我啥时才到城里玩,我说我儿早就跟我说了呢,只是舍不得丢下那块地。现在闲了,再扯那由头说不过去了,我寻思着要真来,可不能空着手来呀,我的车费不能白花。儿啊,你的话爸懂呢,爸这次回去对你李婶说城里我都玩了三遭了,都厌了。"说完父亲低下头,像个犯了错的孩子,好一阵子沉默,父亲突然抬头

说："儿呀,其实爸是真想你们哪。"老父亲有些哽咽。

晚上,儿子对儿媳讲乡下的李婶,讲父亲的经济观点,讲父亲过去为供自己上学所经历的磨难,讲父亲为省一元钱的车费差一点儿冻死的故事,以及那天父亲所流的眼泪。讲完,儿媳哭了,儿子也哭了。儿媳说："过几天把爸接来吧!"

童年的故事里,有多少父亲的呵斥;父亲的呵斥里,又有多少深藏的疼爱。那张写满沧桑的脸,是一生中最丰富而美丽的图画;那双干枯而厚重的手,是这世界上最有力的支撑……我们永远都是父亲眼里的主角。

然而,随着时间的增长和空间的变换,父子之间的沟通也随之多了些磕绊,它需要用换位的心态与亲情的呼唤来疏通。否则当我们忙着快节奏的城市生活时,特别是出生于农村的我们开始打上都市的烙印,对童年乡村赋予我们的各种习惯似乎特别有意地避之弃之的时候,我们很难看透父亲的行为背后所流露出来的真情厚意,而给这份爱和亲情涂上一道误解的色调,无意中在父亲的心头平添一份沉重。

父子之爱靠什么来传递,在很多时候,我们不得不以物质的方式表达出来。内心深处的无形深爱需要有一个物质的工具来承担,至于是米是水果还是其他都不重要。

要怎样做,才能回报他对我们的给予? 要怎样说,才能让他爬满岁月痕迹的脸展开笑颜? 也许,他要的并不多,只是我们因为误解,连这并不多的要求都难以给予。也许,在父亲的行为里,他渴望的不是你的物质,而是与你团聚的那份天伦之乐。

一个人爱别人,同时也被别人爱,那么这个人是最幸福的。人世间因为有爱才会幸福,有爱才会快乐。让我们把爱传递下去吧!

油灯下
点燃父子深情

一个小男孩,他家生活十分贫困,全家人靠父亲一人工作来维持生活。尽管他父亲十分辛勤地工作,但家里依旧一贫如洗。为了能让孩子吃得好一点儿,父亲另找了一份非常辛苦的工作写签条。父亲经常累得疲惫不堪,小男孩看在眼里,痛在心上。

有一天，小男孩提出要替父亲抄写，遭到父亲的拒绝："你只要好好读书就行了，我绝不愿耽误你的读书时间，哪怕只有一小时也不行。"

可是，懂事的小男孩就在一天晚上，等父亲工作完后，悄悄起床，帮父亲写了起来。

就这样，以后的日子男孩与父亲仿佛形成了一种默契，每当父亲深夜进屋休息时，小男孩就开始工作了。

就这样，小男孩因为长期休息不足，成绩直线下降，这让爱他的父亲大失所望。一天晚上，父亲把小男孩痛骂了一顿。"我对你实在是太失望了！"从此，父亲对他渐渐冷淡了。

他伤心极了，决心再也不写了，可每到父亲进屋休息时，他还是忍不住悄悄起来……

有一天夜晚，他正在抄写时不小心把一本书碰落在地上。他心想肯定把父亲吵醒了。当他没听见响声继续抄写时，不知什么时候，父亲已站在他身后了。一切都明白了，所有的误会已全部烟消云散。父亲抱住孩子，流下懊悔和慈爱的眼泪："孩子，请你原谅爸爸！现在我都明白了！是爸爸对不起你啊！"

那天夜里，小男孩几个月来第一次睡了个好觉。

感悟

故事渗透的浓浓亲情，让我们看到了一个父亲爱儿子、爱家庭，儿子对父亲及家庭主动承担责任的动人画面。父子之间的感情是宽广博大的。记得谁曾说过这样一句话：一个人爱别人，同时也被别人爱，那么这个人是最幸福的。难道不是吗？小男孩为了爱父亲，竟忍受委屈，把一切深埋在心底，因为他爱他的父亲，他也知道父亲同样是爱他的。

"家庭是人生的第一所学校，父母是人生的第一位教师。"我希望，当你受万人仰慕时，不要忘记在你背后支持你的那份亲情；当你成功时，不要忘记在你背后那牵系着深情的亲人的目光。

人世间因为有爱才会幸福，有爱才会快乐。

让我们把爱传递下去吧！

读懂情感

> 浓浓的亲情不需要伟大到生与死的高度,只需要你能在更多时间给他以心灵的安慰,生活的照顾。

父子亲情
在城乡与岁月间流淌

一位从农村出来的大学毕业生,靠自己的辛勤和能力,被评为技术工程师,并提拔为技术厂长。他娶妻生子,有一个幸福美满的家。然而,在他的心底始终隐藏着一种辛酸:成家立业、家庭幸福的他却无法亲自照料年迈的老父亲。

父亲中年丧偶,此时正孤零零地一个人住在一栋破旧的泥房里。

他和妻子商量,无论如何要把年迈的父亲接来过好日子。然而,几次回了家,愿望都未能实现。父亲说:"我现在身体好,能自理,不用你们操心,你们只管把自己的工作干好就行了。再说我已经习惯了这里的生活,习惯了和这里的乡亲们在一起,他们也很照顾我。到了新的环境,我反而不习惯呢。"无奈,他们只好由着父亲。

此后,儿子每个星期天中午 12 点都会准时打电话给老父亲并经常汇钱,希望他能改善生活。然而,父亲一分钱也舍不得花,把钱又寄回给儿子,并写信说:"我已经老了,用不着再建新房了,你们在外面不容易,这些钱你还是留给孙儿们上大学吧。"就这样,与父亲团聚一直是他心中难圆的梦。

岁月催人老。年近花甲的儿子终于等到了退休的那一天,厂里还未来得及给他举办欢送会,他就提着简单的行李告别了妻子儿女匆匆忙忙地踏上了回老家的末班车。他与妻儿分离,选择到农村与 88 岁的老父亲住在一起。

住了几天,父亲对儿子说:"我身体没啥大病,你就早些回去吧,可别误了工作。"

"爸,我已经退休了,您要是不愿去城里,我就一直在这儿陪着您吧。"

父亲听着儿子的话,顿时热泪盈眶:其实,自己何尝不想与儿子团聚,住在城里过好日子呢? 只是自己年纪太大了,不想给儿孙们添麻烦,没想到儿子却宁愿放弃自己舒适安逸的城市生活,离开妻子儿女回到乡下来照顾自己。

就这样,尽管老家没有一件像样的家具,有的只是一栋破旧的泥房和两张睡上去吱吱呀呀、摇摇晃晃的小木床,但儿子一直在这里无怨无悔地侍奉父亲生命中最后的 8 年,劈柴、做饭、沏茶、聊天……直到父亲安然幸福地离去。

感悟

　　人们常常赞颂母爱的细腻和伟大,常常忽略了父爱的无私与博大,其实父爱往往承载着整个家庭深重的责任感。作为儿女,我们如果能早点儿懂事,哪怕只是为父母做了那么一点点微不足道的小事,父母亦会非常感动。这说明了一点:父母对儿女的爱从来都是无私的,不企求任何回报的。

　　我的父亲,他只是一个普通的劳动者,没有特权,也没多少积蓄,不能给我提供某些优越的"条件",但他却教会我怎样做人,怎样面对人生。来北京这些年,父亲都很理解我,支持我,默默地呵护着我。无论走到哪里,无论遇到什么样的困难,一想到父亲,心里便有安全感,好像有一双温热的大手在背后托着我,在无声地支持着我。回到家中,看到爸爸日渐苍老的身影,想起朱自清的《背影》,不同的人物,同样沉重的爱,我也曾为之心酸。如果不是为了我,父亲再怎么变,也不至于过如此辛苦的日子。

　　女儿已经长大了,该是负起自己责任的时候了……

　　没有比母爱更高的峰,没有比母爱更深的海。面对流淌着无私奉献的母爱,世界是渺小的,人类是伟大的。

母爱超越 5000 米高山
重塑了生命

　　在我们的印象中,母爱只不过是一缕缕银丝,是眼角的皱纹,是永不停息的唠叨,是早晨的一杯牛奶,是窗口守望的眼神……然而当真正面对生命的选择时,母爱的高度却令人敬畏。

　　一对登山队员,为了事业大龄得子,在儿子一周岁生日那天,为了表达庆贺之意,决定背着儿子登上 7000 米的雪山。

　　那天阳光灿烂,夫妇俩很快轻松地登上了 5000 米的高度。然而,就在这时风云突起,能见度不足 1 米,气温陡然降至零下三四十摄氏度。最要命的是,由于完全相信天气预报,他们忽略了携带至关重要的定位仪。情急之中他们找到一个山洞,只好进洞暂

时躲避风雪。

气温继续下降,孩子被冻得嘴唇发紫。孩子要吃奶了。怎么办?要知道在如此低温的环境之下,长时间裸露皮肤会有生命危险。孩子的哭声越来越弱,他很快就会因为缺少食物而被冻饿而死。

丈夫已经几次制止了妻子要喂奶的要求,他不能眼睁睁地看着妻子被冻死。然而如果不给孩子喂奶,孩子就会很快死去。妻子哀求丈夫:"就喂一次!"丈夫把妻子和儿子揽在怀中。喂过一次奶的妻子体温下降了两摄氏度,她的体能受到了严重损耗。

由于缺少定位仪,漫天风雪中救援人员根本找不到他们的位置,这意味着风如果不停,他们就没有获救的希望。

时间在一分一秒地流逝,孩子需要一次又一次地喂奶,妻子的体温在一次又一次地下降。在这个风雪狂舞的5000米高山上,妻子一次又一次地重复着平常极为简单而现在却无比艰难的喂奶动作。她的生命在一次又一次的喂奶中一点点地消逝。

三天后,当救援人员赶到时,丈夫已冻昏在妻子的身旁,而他的妻子已被冻成一尊雕塑:她依然保持着喂奶的姿势屹立不倒。而她的儿子,她用生命哺育的孩子正在丈夫怀里安然地睡眠,脸色红润,神态安详。

总有一个人将我们支撑,总有一种爱让我们心痛,这个人就是母亲。母亲是伟大的,沐浴着母爱的人是幸福的。

记得看过这样一个故事,母亲把所有能给的一切都给了儿子,可儿子仍然站在面前不走。母亲问:儿呀,你还要什么?儿子说:娘啊,我想要你的心。母亲毫不犹豫地把心给了儿子,儿子蹦跳着走了出去,一不小心摔了一跤,母亲的心也重重地摔到了地上,这时母亲的心说出的第一句话是:"儿啊,摔疼了没有?"

想想我们母亲,每一天,是谁起得最早,睡得最晚;每顿饭,是谁早早做好,却草草入口;每件事,是谁操心最多,却从不计较!我们像习惯吃饭、穿衣一样,早已习惯母亲的操劳、呵护,甚至习惯了她的忧虑和悲伤!以至于母亲脸上的皱纹是何时出现,两鬓的白发是何时增添的都不曾留意!更别说向母亲深情地说声"谢谢"。

沉甸甸的母爱啊,有谁能掂量出她的分量,又有谁能真正报答?

在子女面前，父母往往隐藏着内心的各种烦恼与恐惧。子女使劳苦变甜，但也使他们的不幸更苦。子女增加了他们生活的负担，但却减轻了他们对生活的忧惧。

妈妈，
咱们回家去

其实父母要求儿女的真的不多，一句随意的问候、煮一顿再普通不过的晚餐、睡前帮他们盖盖被子……都能让他们高兴温暖很久。

母亲年轻守寡，含辛茹苦将他抚养成人，供他出国读书。但她从不把年轻时的牺牲当做要挟他孝顺自己的筹码！

最近几天，儿子老是在母亲面前叹气。

"儿子，你是不是有心事瞒着妈，有啥说出来，别憋坏了身体！"

"妈，下个月我升职，到时候会很忙，小孩他妈也加班，所以想送你……"

母亲马上意识到儿子的意思："孩子，妈最不愿意去老人院。"声音似乎在哀求。

儿子沉默片刻，他继续寻找更好的理由。

"可以陪你下半世的人是我，难道是你妈吗？"老婆经常这么说。

"你妈为你耗去了半辈子青春，你该还她了，再说她该有多少晚年，别到'子欲养而亲不待'的时候幡然悔悟，人得讲良心！"舅舅总是这样劝他。

他到底把母亲送走了。在分别时，他想到了小时候的一个场景：那年他6岁，母亲把他寄养在邻居家，他伤心地大声号哭道："妈妈不要丢下我！妈妈不要走！"最后母亲没有丢下他。他回到家，看到妻子与岳母正肆意地扔着原先母亲的东西。母亲为他买的字典，母亲珍藏的他的奖状，他上班后第一次为母亲买的围巾，一堆有关他的童年照片……

他终于明白什么了。

他在风雨中回到了老人院，拿着母亲下雨天用的药水，嗫嚅半天低声啜泣道："妈，对不起，请原谅我！我们回家去吧！"

感悟

目睹父母亲的脸庞从年轻变憔悴，头发从乌丝变白发，动作从迅捷变缓慢，心里有

一种说不出的痛！每当听《白发亲娘》时我都忍不住泪水的奔突。对于在母爱中长大、成才的苦孩子，可能每个人小时候心中最大的愿望就是长大了让母亲过得幸福安康。

父母亲总是将最好、最宝贵的留给我们，像蜡烛不停地燃烧自己，照亮我们！而我们呢？有没有腾出一个空间给我们的父母，或者只是在当我们需要停泊靠岸时，才会想起他们呢？.

我们希望我们的子女以后如何如何地对待我们。那现在，我们有没有以同样的态度对待我们的父母呢？什么样的环境成就什么样的人，在教育的链条上，你如何对待你的父母，以后你的子女就如何待你。人世间最难报的就是父母恩，愿我们都能以反哺之心奉敬父母，以感恩之心孝顺父母。正如一位名人所说：在子女面前，父母往往隐藏着内心的各种烦恼与痛苦。子女使劳苦变甜，但也使他们的不幸更苦；子女增加了他们生活的负担，但却减轻了他们对生活的忧惧。

还有什么比父母心中蕴藏的情感更为神圣呢？父母的心是最仁慈的、是最贴心的太阳。而回报他们的最好礼物就是给他们一颗完整的心。

无言的母爱
洞落在山野树下

在回报母爱的礼物中，什么是最好的？

这是一个有些悲情的亲情故事：儿子大学毕业被分到了报社，这对生活在贫困山区里为了他守寡一生的母亲来说无疑是一种宽慰。

就在那一年的一天，从省城传来了儿子因为雇凶杀人而被判无期徒刑的消息。母亲的心一下子碎了。她在泪水中决定去监狱看他。她白天劳碌着忙着赶种庄稼，晚上就在煤油灯下嗑瓜子，十多斤的瓜子嗑好后像小山一样，但她舍不得吃一个，她知道儿子喜欢吃，她想着得多嗑儿，去一次不容易，再说儿子在监狱的时间长。

她卖了家里的牲口后，先是徒步走三十多里的山路，再是坐机动三轮车、汽车、火车，不知道她费了多少劲来到了省城。由于坐火车太久，轻易不坐车的母亲一下车便晕倒了，幸亏有好心人帮助。

当儿子看到那一大包母亲一口一口嗑出的十多斤瓜子时，儿子"扑通"给母亲跪下

了。他悔悟了。

临走时,母亲问儿子,还想吃什么。儿子低下了头,想到不知道何时是头的刑期,沉默了许久,然后突然对母亲说:他很想吃小时候母亲背着他去山上摘的野果,特别好吃。

母亲走了。

两个月后,二叔来了,带来了母亲去世的消息:那天,母亲去山上摘野果,因为现在的野果不好摘,低的被人抢先了,高的太危险。母亲为了摘到更多的野果从树上摔了下来。

亚米契斯说过:母子之爱是人世间最神圣的感情,践踏这种感情的人是不幸的。哪怕是杀人犯,只要他敬爱自己的母亲,那他便还没有丧失天良。一个人如果使自己的母亲伤心,无论他的地位多么显赫,无论他多么有名,他也是一个卑劣的人。

一位妈妈曾以追忆的方式给自己的儿子也给所有的儿子写了这样一封信,读来让人深思:孩子,你忘记我们练习了好几百回,才学会的第一首娃娃歌吗?是否还记得每天总要我绞尽脑汁,去回答不知道你从哪里冒出来的问题吗?孩子,如今我的脚站也站不稳,走也走不动。所以,请你紧紧地握着我的手,陪着我,慢慢的,就像当年一样,我带着你一步一步地走……

这就是蘸满亲情而意蕴深长的母爱,这就是母爱写就伟大的最后的表白,涓涓爱心的背后挺立的是一种高山流水般的永恒付出,它能让世间其他的情感显得苍白而逊色。

一个懂得感恩父母的人,才是一个完整的人。

玫瑰花香
穿过感恩的心弥漫开来

母亲为我们付出那么多,我们又何曾为母亲做过什么?

一位从农村出来的大学生,毕业后经过打拼终于步入成功人士的行列,有了公司

读懂情感

有了地位。母亲节来临之际,他向花店订了一束花,并请他们送给远在故乡的母亲。

正当他要走进店门时,他发现有个小女孩坐在路上哭,他走到小女孩面前问她说:"孩子,为什么坐在这里哭?"

"我想买一朵玫瑰花送给妈妈,可是我的钱不够。"孩子说。他听了感到心疼。

"这样啊……"于是他牵着小女孩的手走进花店,先订了要送给母亲的花束,然后给小女孩买了一朵玫瑰花。走出花店时他向小女孩提议,要开车送她回家。

"真的要送我回家吗?"

"当然啊!"

"那你送我去妈妈那里好了。可是叔叔,我妈妈住的地方,离这里很远。"

"早知道就不载你了。"他开玩笑地说。

他照小女孩说的一直开了过去,没想到走出市区大马路之后,随着蜿蜒山路前行,竟然来到了墓园。小女孩把花放在一座新坟旁边,她为了给一个月前刚过世的母亲献上一朵玫瑰花,而走了很远一段路。

他将小女孩送回家中,然后再度折返花店。他取消了要寄给母亲的花束,而改买了一大束鲜花,直奔离这里有 5 小时车程的家乡,并亲自将花献给妈妈。那一刻,他看到母亲一生当中最为激动的情景。

感悟

有一个人视你为全部的生命和无价的宝贝,不美丽也不出众的你,竟是她眼中最绚烂的玫瑰。她就是一直在为你奉献着的母亲。所以,恐怕没有哪一个节日能像母亲节这样获得我们深刻的心灵共鸣,因为它指向的是一种超越任何时空、语言、肤色等等的普世情感,那就是对母亲一种脐血相连的体贴情怀。

当我们为自己庆贺生日时,是否想到过用死亡般的痛苦诞生我们的母亲呢?是否曾给孕育生命的母亲道一声祝福或者送一束康乃馨呢?或许一声祝福一束花算不了什么,但对父母来说,这声祝福却比什么都美好,都难忘,都足以使他们热泪盈眶!正如孔子所言:孝悌也者,其为人之本也。

无论是一束鲜花,还是一个电话,甚至是一个眼神,都是送给母亲的最好礼物。更重要的是我们要在这行动背后学会感恩,感恩是一种升华与净化了的人类情感,是内心深处的精神皈依。依附其上的宽容、理解、尊重等等品质对我们而言是一种不可替代的人性力量,从这一点上说,母亲是美好事物的化身之一,我们感激母亲,当然也应该懂得感激人世间一切值得感激的美好事物。

学会感恩父母吧!

古人云，上善若水。水，润泽，甜美，万事万物无不受其德。善，有意或无意，它如水一般流淌，温润干涸的心田，感召茫然的人们。

超越母爱的
嫂子情

在一般人心中，嫂子与小叔小姑之间的感情随着夫妻间感情的离分而离分，在以血缘为基点的情感纽带中，嫂子的使命其实很轻，但下面的故事却令我们为之感叹！

这是一个真实的故事。20 世纪 70 年代初，18 岁的济南少女张敏捧着父母的骨灰盒，告别了大城市的喧嚣，回到了阔别已久的沂蒙老家插队落户。在古老的围屋里，她嫁给了当地的一位农民。然而一年以后，这个她想指靠的丈夫死于车祸。留给张敏的是一个连饭都吃不饱的穷家和一个年迈的婆母、5 个从 5 岁到 17 岁的弟弟妹妹。

当多病的婆婆去世后，五兄妹全部的命运一下子交在了一个叫嫂子的人身上。

为了挣到更多的钱给弟妹们交学费，她必须拼命种地挣钱。一个长年身体欠佳的弱女子，竟然成年累月地耕种着十多亩责任田，村里的人都说张敏的日子不是在过，而是在熬。面对自然灾荒，为了不让弟妹们挨饿，张敏步行 200 多里路，到临沂典卖了自己祖传的一只手镯，换回两袋粮食，然而直到这两袋粮食吃完了，张敏也没舍得吃上一粒。

张敏把供养和辅导 5 个弟妹当做生命的唯一大事，却从不把自己的事放在心上，多次放弃再嫁的机会。80 年代初，张敏父母的冤案得到了平反，然而，面对一张"户口迁移证明"和一张"待业青年就业通知"，张敏却选择了继续留在农村，并把补发给父母的一万元工资分别存了五弟妹的名下，以备他们上大学使用。

在她的供养下，大弟考上了哈尔滨工业大学，二弟被武汉大学录取，三弟读了南开大学，四弟考上了东北工业学院，小姑上了山东工业大学。

就在张敏把五弟妹送到大学的第二年，40 岁的她因经年累积的胃病发作，确诊为胃癌，三个月后，辛苦半生而没有享受五弟妹一天照顾的她平静地去世了。

故事主人公以平淡但却伟大的付出深刻地诠释了爱的含义。面对不公的命运和不幸的遭遇,面对可以选择幸福的权利和机会,她却义无反顾地选择一条艰难的路。这是同情心和爱心涌动的结果,这是良善驱动的选择,仅此就足以感动世界! 从心甘情愿,到任劳任怨,从倾情付出到心满意足,这需要多大的毅力和勇气,然而这一切发生在一个普通而平凡的中国女人身上。此时此刻,在那古老的围屋里,我们看到的是一种坚忍不拔与命运展开抗争的精神,一颗朴素、圣洁的爱心和一个"恩泽弟妹,造福国家"的坚定信念,这让社会中奔波于职场与市场的我们无疑多了些久违的感动。

爱的主题伴随着痛苦的抉择,艰难的生活、苦苦的期盼和巨大的自我牺牲贯穿始终,行文平淡,却又让人震撼。我们有理由坚信,不论是现在还是将来,只要我们还生活在地球上,这种伟大的元素就会让我们为之动容动情,这份最美好的情感就会拨动我们有些麻木的心灵,呼唤人间情感的回归。

古人云,上善若水。水,润泽、甜美,万事万物无不受其德;善,有意或无意,它如水一般流淌,温润干涸的心田,感召茫然的人们。

爱的世界里没有嫌弃,只有用相互的真诚传递着关怀的温暖,让生命与生命之间的呼吸显得那么均匀健康。

爱的字典里
没有嫌弃

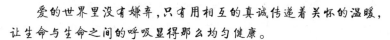

他生下来就是个瞎子,要治好眼睛起码要花 5 万元,而且还没有把握,绝望的父母便把他丢弃在了一个陌生城市的火车站。

那时他才 6 岁,又是冬天,母亲把最厚的棉衣穿在他身上,他还是感到冷。他开始哭着要妈妈,但爸爸妈妈已决定不要他了。

后来,有一双粗糙的大手拉起他冰凉的小手,一直拉着他走进了一个温暖的地方。这个人说:"这是我的家,以后也是你的家。"

这个人让他喊叔叔,他就喊了,然后就塞在他手里许多好吃的东西。后来,叔叔一点一点地让他熟悉了这个家,告诉他床在哪儿,柜子在哪儿,吃的东西在哪儿。叔叔常常出去,他就在家里呆着。叔叔怕他寂寞,给他买来许多玩具,有能跑的汽车,能打的冲锋枪。他看不见,却愿意听汽车的声音和打枪的声音。他觉得那是世界上最美妙的东西。

他慢慢长大了,在叔叔的关心和照顾下,除了眼睛还是看不见,其他部位都很健康。他梦想着能够看到世界该多好。叔叔听了,用那双粗糙的大手抚摩着他的脸,怜爱地说:"你不是听医生说,5万块钱就能治好你的眼睛吗?我现在正在挣,不管能不能治好,我一定要试试。"当时他躺在叔叔怀里哭了,泪水从他那黑暗的眼里流出来,热辣辣的。叔叔用他那双粗糙的大手给他擦泪,尽管有点儿痛,可他却非常幸福。

终于有一天,叔叔兴奋地告诉他,攒够5万块钱了!叔叔激动地拉着他的手来到医院,后来他被推进了手术室。7天后,当医生准备给他拆眼睛上的绷带时,叔叔突然阻止住医生,对他说:"如果你看到的和你想像中的世界不一样,或者你还是什么也看不见,你会失望吗?"他说不会,叔叔说那我就放心了。

当医生把他最后一层绷带拆掉时,他慢慢地睁开了眼睛,真的看到了世界。而他面前竟坐着一个眼睛深深凹下去的瞎子!

感悟

自古就有"子不嫌母丑,狗不嫌家贫"之说。人是应该喜欢自己出生和成长的地方的,其实这是一种天性,就好像说,一个人连自己都不爱,那他能爱谁呢?

"身体发肤,受之父母,抚养之情,山高水长。"从抚育生命到供养读书,这对于不是亲生父母的叔叔来讲付出的可能会更多,其间有多少次在面对孩子生病的日子里忧心如焚、夜不能寐;又有多少次为使孩子吃饱穿暖,宁愿自己省吃俭用节衣缩食,我们不得而知,但从懂事的孩子健康成长并且美好地活着,我们应该可以想像。所以,孩子长大后,赡养和孝敬亲人乃顺理成章之事,"谁言寸草心,报得三春晖",既为人子,尊敬父母行孝道应是最起码的行为标准,良心让你除了做到"受人点滴之恩当以涌泉相报",还要讲究用蘸满爱的方式来感染这个世界。羔羊能够跪乳,乌鸦尚且反哺,何况人乎?!

人的丑有相貌的丑,也有心灵的丑。但人不是因为美丽而可爱,而是因为可爱才美丽。一个用时间和爱心铸成的生命,我想他无论如何都不会通过背叛良心的方式,来营造虚荣的世界。爱是相通的,如果你付出的是真心,那么你收获的也一定是真意。

爱的世界里没有嫌弃!

读懂情感

世上其实没有逾越不了的沟沟坎坎,在亲情的引燃下,你会有无穷的力量书写"人"字的伟大。

坚强缘于
亲情的引燃

生活对于我们往往会有许多磨难,需要我们用无穷的力量去征服和跨越,这力量到底来自于哪里呢?

记得买房那阵儿,自己为借钱常常东奔西跑,并且很多时候还空手而归,面对自己快要借够的款项,想对方要求还款的日期,心里十分的酸苦。

一天晚上,我空手而归,坐在办公室狠命地抽烟,想让烟雾笼罩我麻木的心。这时,妹妹走过来,用她那特有的方式尽力地劝慰我,这种劝慰仿佛是一只小手,在我想吐时为我捶背,在我跌倒时,把我拉起;那丝丝话语虽然不比爸妈的话有分量,也不比借给我几千元现实,但对于一个远离父母工作在外地的人来说,已经很够暖人了。这种感觉我很久都没有感受过了。我猛然站起来,脆弱中似乎又找到了支点,大步走向了电话亭。

回来时,但见桌子上放着一袋方便面和一张纸条,上面写着:"哥,坚强些,一切都会好的。我很想分担你现在的痛苦但又力不从心。

"其实我和你一样苦恼,但苦恼又能解决什么呢? 爸妈没在咱们身边,我们可不能亏了身子。你还没吃饭吧?要知道身体是本钱啊……"

读着读着,我顽强的泪珠便再也无法控制,滑过了面颊。

"哥,坚强些,一切都会好的。"妹妹平实而掏心的话语,最是感人。它就像黑暗中的一个灯塔,温暖"我"孤寂烦躁的心。有了亲情的力量,再难的沟沟坎坎也能跨过去。

母亲的牵挂关怀,父亲的任劳任怨,同事的照顾;一份情真的贺卡,一缕淳朴的乡音,一个午夜的电话,都寄托着不夹杂半点儿金钱理念的牵挂。只是一句轻轻的祝福与问候,只是一份理解与关爱,于平平淡淡、自自然然之中,那不堪的疲倦也许霎时就荡

然无存,顿生出一份轻松惬意。在我们接受别人的关怀时,也请给予身边人一句祝福,关爱的力量便会传递下去。

一个简单的故事,一段质朴的情感,却唤醒人们沉寂的良知,震撼人的内心,它告诉我们生活中不只有血是浓的……

爱的温暖在传递中
融化了人性的坚冰

生活中因情感而带来的阻塞能否同样用情感来释解呢?

20 世纪 80 年代末,一个偏远的小山村里住着几十户人家,他们过着平淡无奇的日子。村长的儿子二狗捡回一个晕倒在村口的女娃,在大伙儿都不敢收养她的情况下,年迈的宝柱爹看不下去,顶着儿子儿媳的压力收留了苦命的小花。

小花异常的懂事和心疼爷爷,爷俩儿相依为命,土坯屋里有了笑声。过门多年不生娃的儿媳香草十分妒忌,决定送走小花。香草在她娘的精心安排下,一次又一次骗走单纯的小花,但最终都没有如愿,随后便借吃饭之机把怨气撒在小花身上,宝柱爹忍受不了香草的脸色,带着小花另起了炉灶。从此,7 岁的小花每天给爷爷做饭,日子过得很辛酸也很快乐。

从小缺少母爱的小花做梦都想有个娘,她非但不记恨叔叔婶婶对自己的伤害,反而一次次地用真诚而稚嫩的心去接近他们。一次,她送来了亲手做的贴饼子,宝柱和香草看着手里的饼子,内心被触动。第二天,宝柱无意中和小花说话了,小花证实叔叔是在和自己说话后,扔下手里的玉米棒子飞奔出院儿,她拼命地跑着,摔倒了再爬起来,一口气跑到地里把这个消息告诉了爷爷。爷爷看着小花兴奋不已的小脸和流血的小手,心疼得眼泪止不住地流下来。

因为家里穷,小花无法走进学校。但好学的她就把偷偷学来的字用木棍刻在土里,爷爷看着刻在土里的一大片字,很难过,决定上山砍柳条,编筐给小花换学费,无数根柳条带着爷爷的体温编成了筐。小花终于上学了,她知道考第一爷爷会笑,所以就回回考第一。

日子一天天过去了,香草的肚子依然没有动静。香草娘听说吃蚂蚱能治她的病,宝柱不屑理她。小花听到后,偷偷把路上的蚂蚱一只只抓进瓶子。宝柱和香草看着炕上的

读懂情感

十大瓶蚂蚱,被深深地震动了……

小花终于用自己的宽容和善良感化了宝柱和香草,香草流下了忏悔的眼泪。爷爷和小花被请回了正屋,他们穿上香草给做的新衣服,看着桌上丰盛的饭菜,哽咽着难以下咽。小花扑进香草的怀里喊出了生平中的第一声娘。

村民们每家每户给爷爷一碗米、几个鸡蛋、几个红枣、几块钱,来资助小花上学。这时,村长说出来一个保守了30年的秘密。原来,爷爷根本没有娶妻,更没有儿子,宝柱也是他当年捡到的孤儿。

14年后,大学毕业的小花放弃了城市生活,回到乡村当了一名人民教师。

一个简单的故事,一段质朴的情感,却唤醒人们沉寂的良知,震撼人的内心,它告诉我们生活中不只有血是浓的……

爱是温暖的。爷爷的爱让小花感受到家的快乐与幸福;小花的爱不仅让爷爷享受到晚年的快乐,更以单纯和宽容融化了叔叔婶婶内心嫉妒的坚冰。

爱是博大的。有多少人能够无怨无悔地奉献一生,却只为了两个和自己不相干的人,一如文中的爷爷;又有多少人能够怀着满腔的感激之情最大限度地回报自己得到的爱与收获,一如文中的小花。

爱是传递的。爷爷的爱感动着小花,小花的爱感动着叔叔婶婶,全家的爱感动着乡邻,乡邻的爱又感动着小花。这就是爱的力量与由此形成的温暖的春天。

亲情的力量是伟大的,宽容的力量是伟大的,善良的力量是伟大的,它们可以改变一个人;而一个人又可以改变一个群体,甚至社会,让更多人变得宽容与善良。

有爱,生命就永远地发挥着超越它本身的价值。

有爱,
生命就不会死

在外地工作的大哥因病去世那年,母亲已经70岁,为了不让体弱的母亲过度悲伤,我们兄妹几人商量后决定向母亲隐瞒这个噩耗。

尽管我们都避免提及大哥，但是一段日子以后，母亲还是念叨起来，说大哥是儿女中最孝顺的一个，为什么现在这么长时间都不来看她。我们只得用种种理由来搪塞，甚至还编写大哥的来信读给她听。起初的时候，很容易就能应付过去，母亲毕竟已经是70岁的老人，反应已不那么敏锐。可时间一长，所有的理由都变得苍白无力，母亲对大哥的思念愈发急切，她开始嚷着非让我们领她坐火车去大哥家不可。我们只好用她年岁太大外出不便加以推托，每次看到母亲的要求被我们拒绝后那失望的表情，我的心便会如刀割般的难受，甚至有犯罪般的感觉，不敢面对母亲的目光。那个时候，我真想把一切真相告诉母亲。渐渐地，我们开始习惯于母亲的念叨，母亲也习惯了我们的拒绝。

那年的冬天，在我休完寒假准备返校的前夜，母亲忽然将我叫住，用瘦骨嶙峋的手从枕头下取出一件羊毛背心交给我。这件背心我见过，那是我父亲生前最喜欢穿的。我不解地望着母亲，过了一会儿，母亲才颤巍巍地对我说，你回校前无论如何去大哥那里绕一下，把这件羊毛背心捎去，兄弟姐妹中就你大哥吃的苦最多，离开妈的时间最长，你大哥这么长时间没来，一定是腰病又犯了……一股热流刷地涌上我的心头，我百感交集地从母亲的手中接过了那件羊毛背心，那一瞬间，我忽然有种释然的感觉，大哥真的并没有去世，一家人不是像以往一样在彼此思念、彼此牵挂吗？

母亲在四年后离开了我们，弥留之际，她握着我们兄妹的手，无限欣慰地说："我终于可以见你们的父亲和大哥了。"

生命存在的最大意义，在于它存在的价值。故事中大哥的离去非但没有带走我们对大哥的思念，没有带走母亲对大哥的牵挂，反而让大家的爱更加浓烈，这份爱，感动着活着的人，牵挂着亲人的心。有爱就有生命，因为爱的力量超越了人存在的价值。

一个丧夫20年的老太太，她常常望着他笑，没事的时候就和他聊上两句，她拒绝离开他们的家和儿女去住，她知道他喜欢她留在家里。她说："我不愿意死去。因为他死去了，唯一能延长他生命的办法便是把他保存在我的记忆中。他不在了，一半的记忆就已经不在；如果我也不在，那么所有的记忆都将不在。"

原来在所爱的人死去之后，活着的人，是靠着回忆继续爱着的。所以，不要以为为所爱的人去死就是爱，若真的爱，就为所爱的人好好活着吧，活到很老很老。

爱是什么？爱是人类最美丽的语言，爱是无私的奉献……生是一种精神的不死，死是一种躯体的消失。正如一位诗人所说：有的人死了，他还活着；有的人活着，他却死了。在生生死死之中，我们看重的是超越生死的精神内核，看重的是这种内核所留给我们的永恒动力。

读懂情感

在艰难的日子,为了能抓住拐角处的希望,人们最需要的就是那看似陌生但却能影响一生的鼓励。

黑夜前行中的
那一丝灯光

当一个人感受生命的沉重时,陌生中的帮助与鼓励是一件温暖的事。

窗外的天空,飘着 1924 年 11 月的雪花,纷纷扬扬。在一间潮湿阴冷的小屋里,一个二十几岁的青年,正流着鼻血,伏案写他的小说。

几天前,他怀着一丝希望给几位知名作家写信倾诉自己的处境,希望得到援助。他写道:"我是一个失业者……"

突然,敲门声起。进来的是一位穿着不十分讲究、下巴略尖、眯缝着眼睛的中年人。

"找谁?"

"请问,沈从文先生住这里吗?"

"我就是。"

"哎呀……你就是沈从文?……"

"我是郁达夫,我看过你的文章。"这位名作家环顾了一下屋里的情况和冷得打战的沈从文,马上解下自己脖子上的围巾,给年轻的沈从文围上。

"好好地写下去,我还会再来看你的。"

当天晚上,郁达夫就写下了那篇著名而激愤的《给一位文学青年的公开信》。

感悟

面对社会,我们每个人大多时候是以陌生者的身份介入的。与其说这是一个社会化的进程,倒不如说这是一个历练自我、超越自我的过程。其间,我们注定要历经风霜雪雨,注定要品味酸甜苦辣,所以,我们也在上演着作为社会关系总和——人的所有角色的蜕变。

即使是陌生人,在他需要帮助的时候,一句关切的话语,一个温柔的眼神,都能给

予他无限的动力。就像在黑暗中送来的那一盏小橘灯,就像在困乏时送来的那个柔软的小枕,也或许就是在中秋节之夜打的一个长途,重阳之日远处故乡寄来的红叶……只是举手之劳,只是微不足道,它们发生在陌生人相遇之间,也或者发生在萍水相逢的一刻,但仅此,却感动着一颗正承受着生命中不能承受之痛的心,为最脆弱的神经送来有力的温暖;于是,人性的光辉与日月的光辉一同开始升腾于这个世界。

温情是一种与生俱来的不经意的人性外现,但它却赋予人类一种强大的力量,维系着文明,也创造着未来,延续着生机。

生活中的友情就像一盏明灯,照彻了一个人的灵魂,使生存有了光彩。

"你还有我"的真情
温暖生命的寒冬

怎么理解朋友的关怀?朋友不是幸运时的鲜花而是困难时的关心与问候。

一种罕见的重病顷刻间使 25 岁的她变成一个偏瘫患者,生活陷入了伸手不见五指的黑夜。

在病后的第四年,她相依为命的父亲去世了,宁愿与家人脱离关系的男友成了她唯一的亲人。她哭倒在男友怀里,说:"我唯一的亲人也离开我了!"他轻拍她的背:"不要紧,你还有我。"

他成了她生命的全部,爱情充塞了她整个心。

然而,就在她用不灵便的手写着爱的真义时,男友的身边开始有莺莺燕燕,并提出要与她分手。现在她还有什么?她觉得生命已再也撑不过去了。

就在这时,邻居叩响了她的房门。面对他们的安慰,她激动得像个孩子。邻居一个劲儿地说:"你一个人生活也不要怕,你还有我们,你可以拿我们当家人呀!"

夜里,远方的一位朋友打来电话,谈了三个小时。他反复告诉她:"谁说你一无所有,你还有我这个朋友。"

……

就这样,在生命中最无助的时刻,她听到了无数声"你还有我",他们温暖了她生命中这个最艰难的寒冬。

感 悟

一个人什么都可以没有，但不能没有朋友。薄伽丘说：友情是一种神圣的东西，不光是值得特别推崇，而是值得珍惜。它是慷慨和荣誉的最贤惠的母亲，是感激和仁慈的姐妹。它时刻都准备舍己为人，而且完全出于心甘情愿，不用他人恳求。

生命可以在自信的风中亮出那面强大的旗，也有可能会在失落的自卑中流露出脆弱的灰暗。情感的变动有时候就像跳跃于天使与魔鬼、海水与火焰的落差之中而不可自拔的梭子，有着无奈与无助。这个时候朋友的一个电话、一张贺卡、一封邮件、一声问候就如黑夜里的明灯，又如前行的锣鼓，给人以莫大的安慰和不息的力量。这是情感赋予人类独有的精神动力，让本来单调的生命历程显得有滋有味，显得丰富多彩。

黄金有价情无价，这份相扶相挽的感情是人类走向强大的有力武器。缺乏真正的朋友是人生当中最纯粹最可怜的孤独，没有友谊意味着今生我们只是生活在一片没有支撑和灯火的荒野里，除了无力噬舔那脆弱中带血的伤口，甚至会在一筹莫展中自我结束。难怪鲁迅说"人生得一知己足矣，斯世当以同怀视之"。

友情于生活犹如一盏明灯，照亮的不仅是灵魂，更赋予生活多彩的颜色。

爱的力量让生死之路的跨越显得美好与感动。爱的力量在希望中可以治疗疾病，爱的力量也可以在关爱中弥合距离。

有爱就不会
被分离

第二次世界大战结束后，丧失生育能力的马丁夫妇决定到孤儿院领养一个女孩儿，给生活增添些生气。

来到孤儿院，走在那长长的、黑黑的走廊上，看着那些站成一排的孩子，审视着，权衡着。他们不知道选谁了。

就在这时，有一个小女孩羞怯地微笑着，向他们走来。他们抚摸着小女孩的头，爱怜地问道："你愿意跟我走吗？去一个有爸爸、妈妈的真正的家？"

"哦,当然,我非常愿意。"她答道,"但是,您得等我一会儿,我去喊我哥哥来。我们要一块儿去才行,我不能离开他的。"

"但是,我只能带一个孩子走啊。我希望你能跟我一块儿走。"

小女孩又一次使劲地摇了摇头,说:"我一定要和哥哥在一起。以前,我们也有妈妈,她死的时候嘱咐哥哥要照顾我。她说上帝会照顾我们两个的。"这时,马丁夫妇发现他们已经不想再去寻找别的孩子了,因为眼前的这个小女孩已深深地吸引了他们,打动了他们。

马丁夫妇犹豫了,领养两个孩子负担太重。他们要回去仔细商量。

第二天,当马丁夫妇再来到孤儿院的时候,那个小女孩来到走廊里迎接他们,这一次,她的手紧紧地拉着一个小男孩的手。小女孩扑闪着明亮的大眼睛,轻声地对马丁夫妇说:"你们是来接我们的吗?"还没等马丁夫妇接腔,那个小男孩就抢先开口了:"我答应过妈妈永远都不离开她的。妈妈临终的时候让我必须向她做保证。我答应了。所以,我很抱歉,她不能跟你们走。"

马丁夫妇默默地注视着眼前这两个可怜而又可爱的小孩子。片刻之后,他们以一种坚决的语气果断地宣布道:"这两个孩子我们都要了。"他们已经不可抗拒地被眼前这个瘦弱的小男孩吸引住了。

感悟

面对命运赋予我们的现实,也许每个人一时间都无法摆脱残酷的境地。那么该如何勇敢地与困难相搏、对弈呢?用一份爱。因为爱是我们生命战胜任何困难的最有效最有力的武器。

沉香用爱感动了神话世界,写就了劈山救母的亲情传说;南丁格尔用人道主义赢得了全人类的尊重,为后人留下了护士天使的美丽名字。因为爱我们可以不死,因为爱我们可以跨越时空。

在爱的阳光下,其实我们的心灵可以免去诸多来自生与死、离与散、仇与怨、暴与弃的考验与压制。有这样一个故事,一个快死的士兵,尽管死神已多次光顾,但每次他都用爱的王牌抗争:我妻子说过,为了给孩子一个完整的家,我必须活着回家!他成功了,三天后他挣扎着从死人堆里完成了从死到生的重生。爱的力量让生死之路的跨越显得美好与感动。爱的力量在希望中可以治疗疾病,爱的力量也可以在关爱中弥合距离。

读懂情感

布施是一种实现自我的快乐,在帮助别人的过程中,生命的存在才显得精彩而闪亮。

大爱里
他肩挑着178个孩子

初二就辍学的他,曾因为交不起学费被老师罚站,这在他心里留下了深深的阴影。他靠捡瓶子换钱上学的过程中,经常接触乞丐,从小有一颗同情弱者的心。

音乐学院毕业后,他以打工者的身份来到广州,在苦难中他从最初演唱一首歌几十元做起,积累了一些财富。

一次演出中,他看到观众席上坐了几百名因家贫辍学的孩子,使他想到了自己的童年,当时他掏出了身上的2400元钱,想不到结果是能帮20个孩子完成两年的学业。他的心灵撼动了,120元就能改变一个人的命运,2400元可以改变那么多孩子的命运,这是一件多么有意义的事啊!从那以后,他像中了魔一样开始不断地资助贫困山区的失学儿童,并先后二十多次赴贵州、湖南、四川等贫困山区义演,收养各民族的孤儿。

十一年过去了,资助孩子,慢慢也就成了一种习惯,似乎成了一个再也无法推却的责任和他生命的一部分。用他的话说:我已经答应那些孩子,要供他们读到高中或大学毕业。如果我现在不管了,他们就会重新失学,半途而废!

有人为他算了一笔账,从资助第一个失学儿童开始,十一年间,他已经资助了178名贫困儿童,参加义演3600多个小时,累计捐款捐物300多万元。而他与他的妻子却过着极其清贫的日子,多年来没有为自己和家庭存过一笔款,甚至女儿的托儿费都是借的。

他无怨无悔,随着雪球的增大,他开始感到力不从心,直到病倒,他舍不得在自己身上花钱治病,甚至错过了病情的最佳治疗期。

他的事迹被媒体报道后,他所在的城市感动了,把他资助的事情继续进行下去。

他的名字叫丛飞。

感悟

在一般人看来,即使是做善事,凭着良心做到力所能及也就够了,可他做善事却大大超出这个范围。多年来,他没有为自己和家庭存下一笔款子,却资助了178个贫困学生和残疾人。他最大的痛苦并不是自己生活上的困窘,也不是别人对他的误解,而是担心那些亟待帮助的人生活无着、求告无门。

心理学家讲,人的生命需要是有不同层次的,最高的层次乃是实现自我。当人的生命实践与这种最高需要、终极目的相一致时,就会从心底里产生持久的幸福和不懈的意志力。奉献,不是痛苦,不是丧失,不是剥夺,而是爱心的流露,善意的升华,美德的弘扬。奉献,使人充实,使人快乐,使人高尚。有人说人生最大的快慰就是布施,正如他讲的,这是一件有意义的事情。故事中的他正是以自己的实际行动,对无私奉献的精神作了最好的诠释。这是一种大爱,他从实现自我中找到了一种责任和力量,而这种责任和力量在时间的累积中成为推动爱心坚持到底的有力推进器。

在这个世界上,个体的力量终归是弱小的,唯有彼此传递的爱心才能使我们由弱小变得强大。当我们向一个贫困者伸出援助之手的时候,不仅仅是一次物质上的转移,更是一次心灵间的相互接力。爱心是可以彼此传播、彼此共振的。

真正的朋友永远是你人生道路上的一面镜子、一双翅膀、一根拐杖,沙漠中的一瓶永远喝不完的甘露。

乔治,
我就知道你会来

越战中,两位亲如兄弟的新兵约翰与乔治被分到了同一个连队。一次战斗中,约翰被击中负了重伤,倒在前沿战壕中。乔治看到后,心急如焚,一时又被恐惧笼罩。

他身陷战壕,炮火持续飕飕地掠过头顶,他问中尉他是否能到那战壕间的"无人之地"带回倒下的伙伴约翰。

中尉告诉他可以去,但认为不值得,理由是约翰可能已经死了,而且他也有可能因此而丧命。但乔治没有被吓阻,他仍是去了。在枪林弹雨中他奇迹般地找到他的朋友,将他悬放在肩上,带回连队的战壕。

两人一起跌进壕沟底后,中尉检查了约翰的伤,然后对乔治说:"我早说不值得嘛!约翰已经死了,而你也受了致命伤。"

"长官,但是这么做很值得。"乔治说。

中尉不解地问:"值得什么? 告诉我!"

乔治郑重地回答："长官,我认为值得的原因是当我找到他时,他仍活着;而更让我欣慰的是听到他说:乔治,我就知道你会来。"

朋友的定义是什么?用央视主持人崔永元的话说是:朋友是你最容易忘掉的人,是你痛苦时第一个想找的人,是给你帮助不用说谢的人,是惊扰之后不用心怀愧疚的人,是你兵走麦城也不对你另眼相看的人,是你步步高升对你称呼从不改变的人。

真正的朋友是一种超越血缘甚至生死的最高关系约定。朋友不是在金钱的欲望中泡出来的即食面,也不是春日之花上灿然而落的一只蝴蝶;而是人生道路上看清自我认识生命的一面镜子,是实现自我攀爬高度的一双翅膀,是走出泥泞支撑希望的一根拐杖,是沙漠中的一瓶永远喝不完的甘露,是大海上永远不会消失的灯塔。

生命只是沧海之一粟,只是天地之蜉蝣。面对长路面对希望面对追求,能够予人快慰的事莫过于让生命与生命更近些,在携手与相扶之中,用九鼎之重承担千金一诺,用义不容辞呼应雪中送炭。朋友是相扶的人字支撑,朋友是奉献的心灵感动;朋友是在面对生活战胜苦难时的有效武器和制胜法宝。

人这一生都会犯错,并不是每一个错误都不可原谅。怀着一颗宽容的心,去原谅那些出了错的人,或许能挽救一个将要毁灭的灵魂。

请您
也吻我一下好吗

故事是真实的。她在南方一所著名的大学中文系读书,授课的老师中有一位50岁出头风度翩翩的男教授。教授著作等身学识渊博,而且谈吐幽默风趣,常和学生们谈古论今,打成一片,许多女生甚至主动接近他,希望得到他的提携和指点。

她也是其中一个。一天,她约了两位要好的女同学一块儿去教授家请教几个问题。她伸出手正欲敲门,却发现门是虚掩着的,于是她轻轻地推开,看到令她目瞪口呆的一幕。

教授正在屋内拥抱并吻着一个女孩子,而那个女孩子正是他的学生。看到她们的意外出现,教授的手像触电一样一下子猛然松开,垂落,脸色霎时变得惨白。

教授有一个他所深爱也深爱着他的妻子,他们还有一个活泼可爱的即将大学毕业的女儿,这是一个幸福而完美的家庭。他们的家庭和教授本人洁身自律的品质在校园里一直有着良好的口碑。

仅仅是几秒钟的犹豫和停顿后,她坦然地走了进去,一脸笑容地说:"教授,我们都是您的学生,您可不能偏心哟,您也吻我一下好吗?"另两位女同学也会意过来,走到教授身边提出了相同的请求。

她毕业那天,收到教授的一张贺卡,上面只有一句话:"我永远感激你的善良和智慧,是你拯救了我。"

人的善恶不是一成不变的,很多种情况下受环境的影响。无论如何,无法回避这样一个严肃的事实:人的确一半是天使一半是野兽;人从野兽进化而来的事实决定了人或多或少地潜藏有兽性的元素。按照人们普遍的认识,所谓人类的进化——便是摆脱动物的兽行回复人性善良的追求。

所以有时候恶的表现,不一定特别严重,事实上它只不过是善良的灵魂因迷失方向而表现出的兽性;换句话说,这个人只不过是位恶意瞬间闪现的善良人。面对其恶意,我们要学会用一种宽容的心,用包容的爱去妥善处理,可以出现如心理学的标签效应一样的奇特效果。你给他贴上善的标签,他就成为善的榜样;否则,你将收获一种与之相反的恶果。这里面本身有心理暗示的一面。

面对教授,女孩从内心深处充满的是一种尊重和敬仰。她不相信眼前的事实是真的,而教授的行为多少是在情感与理性的天平上产生了失衡的不齿之举。但面对事实,你手中拿什么镜子来照对方就显得格外重要。与其将丑恶和美好一同毁灭,不如用一颗善良和包容的心将其拯救。

读懂心理

生命是在期望中承继着色彩的绚丽，由此激励着人们前进的脚步和追求的行程。

折不完的千纸鹤
——期望心理

生活中，当我们能够展望到一个光辉而美丽的目标或预期结果时，我们常常会产生一种特别的力量，甚至在面对困难时也认为它只是一种磨炼，而以坚强的意志，勇往直前。

第二次世界大战结束时，美国在日本广岛上空投下了人类历史上第一颗原子弹。年仅两岁的日本小姑娘佐佐木祯子受核辐射伤害，于4年后发病住院，医生告知她母亲，她女儿危在旦夕并将不久于人世。为了坚定女儿对人生的信念，母亲就对她说，只要折好一千只纸鹤，她的病就会痊愈。由此，小姑娘的心中激起了对生命强烈的热望。

带着这种热望，小女孩开始用心折起纸鹤。当小女孩身边堆满纸鹤，眼看着就要折满一千只，以为梦想就要实现时，母亲焦虑起来。为了让女儿的美好憧憬能多持续一些日子，为了让女儿活下去，她每天都趁女儿不注意的时候悄悄拿走一些纸鹤。小姑娘不停地折呀折，由于一直没有折到一千只，因而心中一直存有着对生命的渴望。就这样，佐佐木祯子的生命在折折叠叠中持续了38个月。医生说："她能坚持这么久，真是个奇迹！"

当小女孩那渴盼的眼神循着越来越多的千纸鹤洞穿美好的坚壁时，我们无不为她的这种坚强和毅力而感动。在这里，与其说佐佐木祯子很勇敢，不如说期待的力量很强大。

心理学告诉我们，人生来就具有追求目标的本性，并且一个人对目标的期望值越高，其努力的程度就越强，成功的可能性也就越大；相反，期望值越低，前进的动力就越弱，成功的可能性就越小。

期望是对自我实现的渴盼。当心中有一个梦没有实现时，人的内心深处就会产生

一种强烈的实现欲,激发出极大的热情和潜力,为实现自己的梦想而奋斗。在盼望的过程中,人的内心会产生一种强大的内驱力,最大限度地激发人的激情和毅力。至此,生命的意义将被展现得淋漓尽致而变得五彩斑斓。

所以说,对于成功的人生来说,除了才能和适时适地的机遇,还需要有对成功的期盼,因为这是启动你脚步的"马达"。

> 两个人从牢房的铁窗望出去,一个只看到泥土,一个却看到了星星。

快乐在于你的选择
——快乐心理

面对同样的结果、同样的环境,有人乐不可支,有人却愁眉不展。心情好时,看到下雨是降福,认为阴天是深沉;而心情不好时,则看到阳光是毒针,觉得阴天是压抑。

塞尔玛去探望在非洲沙漠陆军基地里的丈夫,不巧的是丈夫奉命到沙漠里演习去了。她决定留下来等待。天气炎热,周围尽是沙漠,也没有人可以谈天,身边只有土著人,而他们不会说英语。她只好一个人待在陆军的小铁皮屋里。

难过之余,塞尔玛写信给当教授的父亲,准备打退堂鼓。

父亲的回信中只写了一句话:"两个人从牢房的铁窗望出去,一个只看到泥土,一个却看到了星星。"

塞尔玛决定要在沙漠中寻找星星。于是就和当地人交起了朋友,而他们则拿陶器送给她。她研究那些引人入迷的仙人掌,欣赏沙漠日落的壮美,研究海螺壳的标本,尤其是土著人那美丽的舞蹈更是别有情韵。塞尔玛为自己的发现兴奋不已,并就此写出畅销全国的沙漠游记——《快乐的城堡》。

感悟

当塞尔玛在沙漠寻找快乐的城堡的时候,她已经彻底找到了快乐的根源。快乐是人一生中追求的一种内心平衡和超脱的境界,无论贫富贵贱,无论身处何地,我们可以拥有一份拥抱生活带给我们的知足微笑。

境由心造,情由心生。快乐从局部来讲是一种情绪的反应,但从本质来说,却是一种态度和选择。积极的人像太阳,照到哪里哪里亮;消极的人像月亮,初一十五不一样。所以说,快乐是我们在生命中每一天所做的一种有意识的选择。一位哲人说得好:在任何环境里,人们都有最后一种自由,那就是选择自己态度的自由。

快乐不是我们得到自己想要的东西后才会出现的东西——通常是我们先选择使自己快乐,然后才会得到我们想要的东西。站在阳光里,本来就是顺光与逆光两种情形,面对现实,我们能做到的只有用一种平和的心态去选择。当你选择了顺光,快乐与乐观的种子就会发芽,它扩大着心灵的外延,把尘封的心敞开,把自由的心灵放飞。

不变的是环境,可变的是心态,在同样的事实面前,与其消极的勉强生活,不如积极的热爱生活。一如塞尔玛,选择阳光,一路走来,我们会发现原来我们任何时候都是可以快乐的!

信念是扼住生命咽喉的上帝之手,它驱走的是平凡,托起的是奇迹。

攥紧手中的青苹果
——信念心理

人生之不如意事十有八九,先天的不公,后天的打击,常常让我们不知如何适从,进而抱怨不止。有时,当自己失去一粒沙子时,甚至以为失去的是撒哈拉,活着只不过是为别人做精彩的陪衬。

一位跨越沙漠的行者,一日突遇风暴,迷失了前进方向。雪上加霜的是他装水和干粮的背包也被风暴卷走了,一时间,他有点儿慌了。当他翻遍身上所有的口袋,找到了一个青青的苹果时,"啊,我还有一个苹果!"他惊喜地叫了起来。

随后的日子里,旅行者紧握着那个苹果,独自在沙漠中寻找出路。每当干渴、饥饿、疲乏袭来的时候,他都要看一看手中的苹果,抿一抿干裂的嘴唇。

一天,两天,三天……旅行者终于走出了荒漠。而他始终未曾咬过一口那个已干巴得不成样子、而他却宝贝似的一直紧攥在手里的青苹果。

一个人没有目标,再好的路,他也是在应付。信心越强,越容易有更好的选择和归宿。文中的行者将手中的青苹果作为一种强人的精神寄托和支柱,像一把不能取暖的火炬,但却照亮了前进的漫漫黑路,像一面迎风的旗帜引领着迈向希望的脚步。

哲学家说,拥有信念并能够坚持自己信念的人,永远不会被击倒。因为信念本身所散发出来的精神的力量,可以让你即使身处逆境,也能扬起前进的风帆;即使遭遇不幸,也能召唤你重新鼓起生活的勇气。信念,是蕴藏在心中的一团永不熄灭的火焰,是保证人一生走向目标成功的内在驱动力,其最大价值是支撑人对美好事物孜孜不倦的追求。

坚定的信念是一朵永不凋谢的玫瑰。

心灵的天平总是上下摇摆,在人生的道路上,始终用重与轻、高与低的游戏折磨着人的耐性和意志。

钉子对心灵的伤害
——平衡心理

生活节奏的加快,竞争压力的增强,导致个体的心理负荷也越来越重。面对事业的成与败、生活的得与失,人们常会在心理上产生失衡现象,扼杀了积极健康的心理,导致性格的不合理裂变。

有一个脾气很坏的男孩,他父亲给了他一袋钉子,并且告诉他,每当他发脾气的时候就钉一个钉子在后院的围栏上。第一天,这个男孩钉下了37根钉子。慢慢的,每天钉下的数量减少了,他发现控制自己的脾气要比钉下那些钉子容易。

于是,有一天,这个男孩再也不乱发脾气。他告诉父亲这件事情。父亲又说,现在开始每当他能控制自己脾气的时候,就拔出一根钉子。一天天过去了,最后,男孩告诉他的父亲,他终于把所有钉子都给拔出来了。

父亲握着他的手,来到后院说:"你做得很好,我的好孩子,仔细看看那些围栏上的洞。这些围栏将永远不能恢复到从前的样子。你生气的时候说的话就像这些钉子一样会伤害到别人。如果你拿刀子捅别人一刀,不管你说了多少次对不起,那个伤口将永远存在。话语带给人的伤痛就像肉体的伤痛一样令人无法消除。"

感悟

情绪像天平上滚动的钢球,随时都让心情失衡。面对快节奏的社会,人们每天就像在无形的平衡木上行走一样,心理姿态始终处于平衡与不平衡的摆动之中。人的心理一旦失衡,就会在一定程度上提高身心趋异指数,这种指数的大小决定着身心疾病的轻重。

一个人在生活中会遇到许多心理不平衡的事情,这种心理的变化就像一日三餐一样那么多,那么平常。心态的失衡就像跷跷板,一头高高在上,一头矮矮在下,无法再让生命做出运动的轨迹。此时,你应该主动予以调整,可以痛哭一场,发泄情绪,也可以通过自我安慰或解嘲等手段,逐渐让自己的心态达到平衡。

这种平衡从一定意义上讲还可以给人们带来极强的内驱力,即由于人内心由于不平衡产生的旨在恢复稳态的一种内在推动力,这对人生来讲何尝不是一种积极的因素呢?

父亲的大鞋似乎一直穿在我的脚上,让我不能摆脱它的影子,承受着命运对我的嘲弄。直到后来我才明白,原来那是因为我没有试图抬脚。

甩掉父亲的大鞋
——自卑心理

你在失败和挫折中,自己常常自觉不自觉地和自己赌气、摔东西、骂人、捶打脑袋、无休止地长吁短叹。你有没有想过,这不仅没有使你摆脱失败,减轻挫折的失意感,反倒影响和阻挠你取得成功呢?

美国参议员艾摩·汤姆斯 16 岁时,长得很高,但很瘦弱,别的小男孩都喊他"瘦竹竿",他每一天、每一小时都在为自己那瘦高虚弱的身材发愁。

后来的一次演讲比赛,使他发生了大的转变。在母亲的鼓励下,他花了很多工夫进行演讲准备,他把讲稿全部背出来,然后对着牛羊和树木练了不下100遍,终于得了第一名。听众向他欢呼,曾经讥笑他的那些男孩对他羡慕不已。从此他的信心增加了万千倍,逐步走向成功的大门。他在回忆往事时说:

"当初,当我穿着父亲的旧衣服,以及那双几乎要脱落的大鞋子时,那种烦恼、羞怯、自卑几乎毁了我。"

不光是美国参议员,自卑心理人人都有,因为每个人都有自己的"弱势",与常人相比,要么身体有缺陷,要么家庭条件较寒碜,要么……只是人与人的自卑程度不同罢了。

但人往往是一旦觉得别人比你强时,你往往会因不愿意正视自己而忽视了自己的优点、自己的才华,进而会觉得自己一无是处,而不敢向前迈步。这是因为在人生经历中不断经受打击,过多地接受了负面暗示而形成的。

事实上,每个人都有自己的优点和长处,也都有自己的缺点和短处,我们不能因为自己某一方面的能力不足而怀疑自己的全部能力。有人这么形容自卑:

自卑情绪就像心头缩着的一只老鼠,始终在眼前晃动,留给我们的只是咬啮过的伤痕。自卑的人就像一棵含羞草,一点儿凌厉的目光、一点儿讥讽的语言都有可能让他枯萎。

事实上,佛之所以为佛,是因为我们跪着,如果我们站起来,用力地爬到他们身上,踩在他们的肩上,我们不是比他们高吗?因此,我们对那些先天表现不尽如人意的孩子不应戴着有色眼镜去看他们,而是要注意鼓励、提高他们的自信心,挖掘他们的优势。

"我要得第一",在这样的信念指引下,我们总是在某方面使我们的脚步跑得比别人快。

有自己的一个"第一"
——争胜心理

人与人之间本来没有什么差别,但表现出来的结果与释放的能量却不尽相同。面对竞争,人们似乎更愿意用最大的努力去显示自己。

　　一名念小学的小女孩,每天都第一个到校,第一个进教室,等待一天的开始。她的同学途中遇到她,问她为什么每天那么早到校,她带着腼腆的笑容,回答了这个问题。

　　原来,她学习成绩并不怎么样,长相也普通,在家中排行中间,她从来不知"第一名"的滋味是什么。一次,当她第一个到达教室时,竟意外地获得一种类似"第一名"的喜悦。她很快乐,从此也有了期待。

　　她一面走着,一面向同学们袒露心中的秘密,周身散发出一股期待及喜悦的光芒。接近教室的时候,她心中甚至升起一种不小的兴奋和快感……不料她的同学一个箭步往前跨过去,推开教室的门,"第一个"冲了进去。她的心里隐隐作痛,她忍住泪水说:"第一,是我的,你怎么可以……"她连这个"第一"也失去了。

　　小女孩的坚持,虽然有些稚嫩,但那份对"第一"目标实现所表现出来的努力,却让人尊重。人们天生都有一种自我表现的欲望,这是一种出于想要通过自身努力和成绩赢得相应地位的心理需要,从而渴望从成功中提升自我的价值。在大多时候,我们发挥自己喜欢或擅长做的一些事,以此获得赞扬或比别人强的喜悦。

　　在这样的心理下,人们常常不惜付出艰苦的劳动去孜孜不倦地追求,甚至"劳其筋骨,空乏其身,行拂乱其所为"也无怨无悔,但当他的这个"第一"过早地破灭时,他就会一下子处于茫然无措的自暴自弃之中,甚至走向反面和极端。

　　当社会中众多的争胜心理形成合心力时,便推动了社会的不断进步与发展,有了"长江后浪推前浪"的进化;但当有了事事我皆"第一"的狂妄症时,争胜则会表现出一种霸道或偏执,违反事物本身的发展规律,让它的优点转化为可怕的负面效应。

　　生命因自我而存在,自我因追求而张扬。一旦失去活着的兴趣,死与生的界线就变得十分模糊。

我为什么活着
——迷失心理

　　陌陌红尘,如果我们失去兴趣爱好,失去理想与目标,我们就会感觉到活着是一种

多余,甚至时常有轻生的念头。不知道我是谁,我在干什么?

美国的一家医院里,一位病人生命垂危,觉得无望的家人沉浸在痛苦之中。但主治大夫仍感觉还有一线生机,便按照平常的惯例来询问病人。

"先生,你想吃点儿什么吗?"

病人摇了摇头,默不作声。

"先生,那你有什么喜好吗?"医生想用心理疗法。

但病人还是摇了摇头。

"那你对打牌、喝酒,甚至找女人都不喜欢吗?"医生仍不死心。

病人这次用一种极其微弱的声音回答道:"没兴趣。"

医生还不想放弃,这时家属说话了:"别问了,大夫,他身体好时对什么都不感兴趣,现在还能怎么样?"

医生听了之后,长叹了一口气:"我从没有见过像这样没有任何兴趣爱好的病人,我尽力了,但已无法挽回。"

"哀莫大于心死。"当一个人失去对生命的热爱和追求时,人就仅仅成了一种活着的存在。人在世界上行走,最大的意义在于彰显其生命的张力。所以我们每个人都在内心深处给自己一个目标或者理想,在它的招引下,爆发着激情与动力。社会心理学家说,一个人的价值与其对生活的兴趣和需要层次的高低有着紧密的联系。一旦失去生活的目标,迷失自我,就开始对任何事情都没有兴趣,生命丧失了创造力,人生也变得虚无和没有存在的价值。

迷失自我的原因要么是曾经的理想破灭了,要么是对生活失去了信心。一般表现为自己在失去目标和理想后,因为没有前进的方向使自己陷入痛苦不能自拔。

迷失道路并不可怕,可怕的是迷失自己。常言说,办法总比困难多。一叶障目,岂能不见森林;一物卡喉,岂能因噎废食? 活着就该有活着的一种气度与精神! 迷失自我只能意味着对生命的完全放弃,对多彩人生的彻底背叛。

从容就是用自然的心态合拍地应对所面对的一切。有时候操之过急,不仅会带来冒进的危险,甚至还会有付出生命的代价。

永远的小车
——从容心理

生活当中的事都有其自然发生的规律,不是我们的主观意志所能决定的,就像坐看云起云散、花开花落一样。

从前,有一个人与他的父亲一起耕作菜地。一年几次,他们会把蔬菜装满那老旧的牛车,运到附近的城市去卖。老人家认为凡事不必着急,年轻人则个性急躁、野心勃勃。

一天清晨,载满了一车子的货,开始了漫长的旅程。儿子心想他们若走快些,日夜兼程,第二天清早便可到达市场。于是他用棍子不停催赶着牛,要车走快些。

"从容点儿,儿子。"老人说,"这样你会活得久些。"

"可是我们若比别人先到市场,我们更有机会卖好价钱。"儿子反驳。

父亲不回答,只把帽子拉下来遮住双眼,在座位上睡着了。走到一个岔路口,父亲把牛车赶到右边的路上。

"左边的路近些。"儿子说。

"我晓得,"老人回答,"但这边的路景色好多了。"

"你不在乎时间?"年轻人不耐烦地说。

"噢,我当然在乎,所以我喜欢看美丽的风景,尽情享受每一刻。"

黄昏时分,他们来到一个风景秀丽的大花园。老人呼吸着芳香的气味,聆听小河的流水声,把牛车停了下来。"我们在此过夜好了。"

几分钟后,他开始打鼾——儿子则瞪着天上的星星。长夜漫漫,儿子好久都睡不着。

突然,天上闪出一道强光,接下来似乎是打雷的声音。群山后面的天空变成一片黑暗。

"若是赶快些,现在大概已卖完了。"儿子大发牢骚。

"放轻松些……这样你会活得更久,你会更能享受人生。"仁慈的老人劝告道。

到了下午,他们才走到俯视城市的山上。站在那里,二人不发一言。终于,年轻人把手搭在老人肩膀上说:"爸,我明白你的意思了。"

他把牛车掉头,离开了那从前叫做广岛的地方。

面对财富的诱惑,面对恶劣的天气,老人始终抱守一种从容不迫的气度,并用从容的心情享受着生活。人生都该如此。古人说得好,大丈夫当做到"猝然临之而不惊,无故加之而不怒",保持沉静和坦然的生活态度或人生状态。事实上,从容坦然的人生态度表现为内心深处的平和与悠闲,对待外物很少有非分的欲望,也少有出格的行为和惊慌的举止,信奉凡事自然而然,水到渠成。

活在俗世中,太多的牵绊使原本润泽的生命日渐憔悴,贪欲如同炒黄豆,越吃越渴;诱惑如同罂粟花,美丽中暗含死亡。面对它们,一个平凡的生命个体是很难做到笃静守一,达到不以物喜、不以己悲的境界的。但人毕竟是万物之灵,特别是当你深入了解了自然与社会法则后,你就会知道哪些欲望是合理的,哪些是荒唐的。只要认清了对与错,坚定理想,我想其他的就不重要了,从容之心自然蒂落。

从容,它有时候倒像是散步,遇景赏景,见景生情,心随物换,神随境迁。"水流心不竞,云在意俱迟",像陶潜先生"采菊东篱下,悠然见南山"。

"暮色苍茫看劲松,乱云飞渡仍从容。"面对生命的一切,用一份自然有度的心做事,可能会让生命多些厚度和重量。

人与人的心灵之间都渴望着一条名叫真诚的河流来连接,它没有时间的限制,也没有名利的需求,只求沟通中有一份理解和包容。

我总有时间给你
——沟通心理

我们害怕孤独,总想把自己的喜悦与悲伤向另一个人倾诉,尽管别人一点儿也都帮不上忙,但心情也能获得休憩和放松。

一位母亲到楼上找她的儿子,走到房门外面,她所听见的是震耳欲聋的鼓声。她心里有话要对儿子说,可是在敲了门之后,她又畏缩起来。

"有空吗?"她问。儿子出来开门,"妈妈,你知道我随时有时间给你。"儿子说。

"孩子,你知道,我……真的很喜欢你打鼓的样子。"

他说:"真的?好,多谢,妈!"

说完了话,她开始下楼,走到一半,她才明白自己没有说完想说的话。于是回头上楼,再次敲门,"还是我!你还有些时间吗?"她说。

儿子说:"妈,我早说过了,我总有时间给你的。"

她走过去坐在床边。"刚刚我想跟你说些话,后来却没有说。我的意思是……你爸和我……我们真的觉得你很了不起。"

他说:"你跟爸?"她说:"是的,你爸跟我。"

"好,妈,非常感谢。"

她离开了,可是走到一半,她又想到自己虽然几乎已把想说的话说出,却还是没有说出来。她本来想告诉孩子说她爱他。于是她再次上楼,再次站在门前,这次他听出母亲来了。在她开口以前,儿子便大声说:"有的,我有时间!"

母亲再次坐在床上。"儿子,你知道我已试过两次,却还没有说出来。我想上来告诉你的是——我爱你,我全心爱你,不是你爸跟我都很爱你,是我爱你。"

他说:"妈,这好极了。我也爱你!"他用力抱她一下。

她走出房间,正要下楼梯时,儿子探头出来说:"妈,你有些时间吗?"

她笑起来说:"当然有的。"

母亲要想使自己与儿子的亲情显得浓烈,就离不开打破心灵的障碍,让情感畅快的双向交流,这就是所谓的沟通。沟通可以扫除误解的篱藩,沟通可以跨越代沟的碍障,让人们彼此了解、相互信任,从而建立良好的人际关系。同时,沟通还可以保证人们在社会活动中协调一致。

一个人在社会中地位与角色如何,事实上与其沟通能力的强弱有着直接的关系。沟通能力强的人可以做到左右逢源,游刃有余,到处都有"通行证",拓展了其实现自我的社会空间。沟通是平衡心理的方法,也是促进社会进步与和谐的手段。由于沟通是相互的,所以切忌"以自我为中心、盛气凌人",要学会平等与坦率。夫妻之间的沟通可以保鲜爱情,父子之间的沟通可以点燃亲情,朋友之间的沟通可以加深情谊,一个撒娇的动作是一种沟通,彼此畅所欲言是一种沟通,而亲切的询问也是一种沟通……

沟通中,我们理解了对方,学会了站在别人的立场上去想问题,多了双向的综合考虑和理性判断。最好的沟通方式是倾听,在倾听中传递情感,涌动关爱,在对话中贴近心灵,加深理解。

斯宾塞在《教育论》中指出:"野蛮产生野蛮,仁爱产生仁爱,这就是真理。"沟通的

过程既是相互了解的过程,也是施爱和互相影响的过程。

对于成功来说,冒险是不可或缺的元素,因为成功离不开机遇,而机遇离不开冒险。

富贵险中求
——冒险心理

杰斯是一家织造厂的小技师。

一次,由于经济萧条,不少工厂和商店贱卖低价货物,甚至一美金可买 100 双袜子。于是,他把自己家所有的积蓄全部买了这些贱货,并租了个很大的货仓来贮藏。

"这可是拿我们全家的生命开玩笑!"妻子提醒道。

10 天后,全国的贱货开始焚烧了。妻子不停地抱怨,杰斯则一言不发。

过了一年,政府采取了措施,贱货的价格开始上涨了。杰斯一下子就赚了相当于当年投入 16 倍的资金。

常言说,富贵险中求。杰斯的投注在那个时候是带有极大的冒险色彩的。事实上,人天生就有一种希望通过走捷径而赢得成功的欲望。有人说,生命就是由一连串的真实感觉与体现构成的曲线轨迹,所以在不确定的行走中,人们每天都在接受并追求着诸如新鲜、复杂、紧张、刺激的人生体验。在这当中,每个人都蕴含着一种渴望成功与惧怕失败、想得到更多东西却又怕失去现有一切的矛盾心理。

对于成功来说,冒险是不可或缺的元素,因为成功离不开机遇,而机遇离不开冒险。当你着意去冒险时,也意味着你要去向绝望的悬崖上摘取美丽的机会之花。你的冒险精神将让你有最好的机会去实现。事实上平平安安度此生,也是一种冒险,并且只是一种消极的冒险,虽然少经历失败,但也与成功无缘。

一种变化就是一份冒险,一份冒险就是一种改变。

坦然是逆境中仍能保持一份淡然笃定的心态，坦然是误解中自信"清者自清，浊者自浊"的镇定。

心中无悔神自清
——坦然心理

面对他人的猜疑，与其费尽口舌去解释，不如坦然以对，一笑了之。

宋神宗年间，苏东坡被奸党弹劾入狱。

一天，一位新囚犯被送来与他同狱。苏东坡未置理会，依然悠然自乐地哼着小词，喝着小酒，感觉十分坦然。

第二天天刚亮，这位新囚犯就叫醒了苏东坡，然后对他说："你没事了，可以把心放在肚里了。"

"什么意思？"苏东坡惊奇地问道。

"哦，是这样的，苏大人，小的是奉皇上的旨意来这里卧底并见机行事，如果晚上我观察到你是十分安静坦然地睡觉，就让我拿出这道圣旨宣旨将你无罪释放。"

苏东坡无语，被送出了牢房。

感 悟

俗话说，身正不怕影斜，脚正不怕鞋歪。人生做事处世，当秉公按理，一身浩然正气，行得正，走得直，自然拥有"仰不负于天，俯不愧于地"的坦荡心怀。

坦然是高尚人格的心态体现，越受猜疑越神定气闲，是正直人性的问心无愧。所谓"君子坦荡荡，小人常戚戚"。坦然者，对别人无遮无掩，世界对他便宽广无边；坦然者，对名利无贪无欲，世界便慷慨友善。

坦然是逆境中仍能保持一份淡然笃定的心态，坦然是误解中自信"清者自清，浊者自浊"的镇定。

"天空留不下我的痕迹，但我已飞过。"事实上，当心里自我感觉有毛病时，表现出来的举止与神态也就会有毛病；当问心无愧时，自然心胸坦荡，宁静安详，一副悠然的

样子。

平时不做亏心事,夜半不怕鬼敲门。有鬼也好,无鬼也好,最重要的就是摆正自己的心态,调整好自己的思想,希望大家能够从中悟到一些什么。

世界上最宽阔的是海洋,比海洋宽阔的是天空,比天空更宽阔的是人的胸怀。

踩着老师的背下来
——宽容心理

父母对于儿女的缺点,总是喜欢用爱来校正;老师对于学生的缺点,总喜欢用理解来纠正。

古代,有一位老禅师,一天晚上正在禅院里散步,发现墙角有一张椅子。

禅师心想:这一定是有人不顾寺规,越墙出去游玩了。

老禅师搬开椅子,蹲在原处观察,没多久,果然有一位小和尚翻墙而入,正好踩着老禅师的脊背跳进来。

当他双脚落地的时候,才发觉刚才踩的不是椅子,而是自己的师父,小和尚惊慌失措。

但出乎意料的是,老和尚并没有厉声责备他,只是以平静的语调说:"夜深天凉,快去多穿件衣服。"

小和尚感激极了,回去后,告诉了其他的师兄弟。

此后,再也没有人夜里越墙出去闲逛,而是更加团结遵守寺规了。

"世界上最宽阔的是海洋,比海洋宽阔的是天空,比天空更宽阔的是人的胸怀。"老和尚的无声无语,是一种宽容,更是一种教育。

宽容,对人对己都可成为一种毋须投资便能获得的"精神补品"。宽容别人是大度,宽容自己是豁达。宽容看似退缩,却扩大着我们心灵的外延。生活中需要有宽容,宽容

后面是阳光,而嫉恨的后面却是可怕的阴影。宽容是融洽人际关系的润滑剂,是强者积极接纳生活的一种乐观的态度。

没有对小溪的宽容,就没有大海的浩瀚;没有对风雨的宽容,就没有雄鹰的潇洒;没有对严冬的宽容,就没有春天的灿烂!

不具备宽容素质的人,心胸必然狭小,整天处于紧张、焦虑的心理状态中,嫉恨、自责、愧疚等涨满于胸,落得个身心健康俱损。一旦宽恕别人之后,心理上便会经过一次巨大的转变和净化过程,使人际关系出现新的转机,诸多忧愁烦闷可得以避免或消除。

所以处处宽容别人,绝不是软弱,绝不是面对现实的无可奈何。在短暂的生命里程中,学会宽容,意味着你的思想更加快乐。宽容,可谓人生中的一种哲学。

"海纳百川,有容乃大。"

发掘并张扬自己的潜力和能力,向社会大声说:我会让你知道"世界因我更精彩"。

擦皮鞋的也有价值
——自我实现心理

一个人与社会的关系,除了在向社会索取什么以外,也想证明自我能向社会贡献些什么。这常常是我们为什么活得有意义的真正原因。

一位黑人小孩和一位白人小孩同在一家公司为人擦皮鞋。白人小孩先进公司,在他们工作条件、工作对象等都完全一样的情况下,结果是黑人小孩的生意特别好,而白人小孩的生意却不景气。

这到底是谁的错呢? 是个人的,还是顾客的? 白人小孩可是先入为主!

记者采访中发现:原来是二者心态不同。

在黑人小孩看来,既然擦鞋是一门职业,就肯定有自己的技术指数,所以敬业的他不断钻研擦鞋技艺以及消费者的心理。而白人小孩觉得为人擦鞋是下九流的活儿,不能长干。

后来,黑人小孩成为了擦鞋协会的会长,并被推选为下议院议员。而他的前任同事白人小孩却在职业跳跃中一事无成,继续过着艰难的生活。

黑人小孩与白人小孩的最大区别与其说是心态不同,不如说是他们内心深处对自我需要的实现欲望不同。美国心理学家马斯洛提出:人在满足生理、安全、归属和爱以及尊重的需要后,有一种实现自身价值的强烈愿望,意即指通过选定某个目标,通过努力把自己的潜力和能力发挥运用到极点。当目标逐渐实现时,内心深处有一种自我满足和自得其乐的成就感或认同感。荣格也说:从最初开始,在灵魂深处一直存在着寻求光明的愿望和摆脱原始蒙昧以及摆脱精神的原始黑夜的不可遏制的冲动。

实际上,自我实现是一个人融入社会,并在社会这个舞台上有精彩表演的一种行动和奋斗。这事实上是人与社会的关系之间人所表现出来的积极健康态度。

每一个人都会有自己的理想,都希望自己的能力得到社会的承认,展示自己。所以无论何种工作,从社会角色的承载上讲,每个人都在表现或表演着自己,而其中最重要的是要给自己设定一个美丽的目标,并为之奋斗不息,拼搏不止。

太舒适的环境就是最危险的时刻。正所谓:生于忧患,死于安乐。

不想跳动的青蛙
——安逸心理

当你的薪水较高,工作又相对稳定时,有时即使不是特别喜欢,也不会想到更换。

记得在做生物实验时,把一只青蛙放在装有沸水的杯子里,青蛙马上跳出来;但把一只青蛙放在另一个装有温水的杯子中,并慢慢加热至沸腾,青蛙刚开始时会很舒适地在杯中游来游去,等到它发现太热时,已失去力量跳不出来了。

人天生有一种惰性,一旦拥有好的条件,就会在主观意识里面沉淀出轻易不愿更

换的决定。贪图舒适的环境、迷恋安逸的生活是人的本性,改变这个环境和生活需要有巨大的勇气和毅力。

一位哲人说过:很习惯的生活方式,也许就是你最危险的生活方式。人一旦出现安于现状和不思进取的情况,灾难和灭亡就为之不远了。安逸是一种慢性自杀。正如欧阳修所说:忧劳可以兴国,逸豫可以亡身。

不断创新,打破旧有的模式,其实任何事都有再改善的地方。所谓变则通,通则久,这是事物的发展规律。

绝望意味着对一切失去了信心后所出现的一种连死都不怕的勇气,抑或是走投无路的泄气。

不能坚持的后果
——绝望心理

逃亡的前无去路,后有追兵;居城的内无粮草,外无救兵。这样的情况,你该以何种心态去面对?

两位探险者要跨越沙漠。

水越来越少了,可还有一半的路程要走。一个人开始担心起来,很快中暑倒下了。

另一个人说:"这样吧,你在这里等着,我去找水给你喝。"他把手枪递给同伴,说每隔三个小时,就发一枪好为我指引方向,并交代他15个小时后一定会回来。

3个小时过去了,6个小时过去了,他按时鸣枪。一切静得可怕,他很难相信除了自己还会有人听到枪声。他的恐惧感越来越强烈,不停地想同伴是不是渴死在途中,要不就是找到水,弃他不顾了。

9个小时、12个小时过去了,剩下最后3个小时了,他绝对不会回来了。他坚信自己的判断。

如果他不回来的话,我不就死定了吗?与其死等后换来的是死,承受艰难之后仍要成为是老鹰的口中之食,我还不如提前结束自己的生命。

于是,还没有到15小时的时候,他扣动了手枪扳机。

当同伴提着水壶按时赶回来时,找到的只是一具尸体。

绝望是由于一个人对生活失去信心所形成的一种"消极"态度。

绝望其实是心灵深处对自我的一种宰杀，是对自我的放弃和毁灭，是一个人在烦恼、苦闷、痛苦、失望达到极点后的消极反映。当人用尽一切手段，尝试了各样的祷告，到了再也无法可想的地步时，绝望的阴影便笼罩下来。有人这样描述绝望：一个人一步一步走向海水的深处，任身体一点一点地在海水中下陷，大脑一片空白，没有丝毫挂牵，感觉到一种死亡的自由。

事实上，在绝对与相对之中，相对永远大于绝对。心理学家霍林沃思说过：快乐需要困难的陪衬，同时需要有解决困难的行动和勇气。要养成面对困难勇往直前的习惯，养成把握目标矢志不渝的习惯。正所谓"山重水复疑无路，柳暗花明又一村"，希望往往就藏在绝望的周围。

人活于世，暂时得不到他人的帮助，但并不能说明得不到自己的帮助，绝望心理是自我意识中危害最大的一种，也是隐秘性很强的心理现象。

夫君子之行，静以修身，俭以养德，非淡泊无以明志，非宁静无以致远。

荣枯自有度
——淡泊心理

生活中有一种人，不去过分地追求名利，只执著于自己的兴趣和爱好。

有一位叫做乐山的禅师，有一天，指着一荣一枯两棵树问他的学生："那两棵树是枯的还是荣的？"

一位学生回答："是荣的。"

乐山说："灼然一切处，光明灿烂去。"

另一位学生回答："是枯的。"

乐山又说："灼然一切处，放教枯澹去。"

这时正有另一位禅师走过来,乐山又问他这个问题,这位禅师回答:"枯者从他枯,荣者从他荣。"

佛家一贯讲求:四大皆空,实际上不是真空,这是一种对世事的淡然心理,所谓"物来则应,物去则空,心如止水,了无滞碍",即一种个体抖落一身欲望后呈现出的平和心态。

淡泊,不是不思进取,不是无所作为,不是没有追求,而是以一颗纯净的灵魂对待生活与人生的欲望和诱惑。所以淡泊是一种修养,一种气质,一种境界。

淡泊可以放飞心灵,淡泊可以还原人的本性。人能经受得热闹,亦能耐得寂寞。在顺境中不怡然自得,处逆境时不妄自菲薄,宠辱不惊,悉由自然。这样就可以使你真正地享受人生,在淡泊中充实自己。不能够恬淡寡欲就不能明确志向,不能够平和安静就不能实现远大的理想。

"采菊东篱下,悠然见南山"是淡泊者的追求;"一箪食,一瓢饮,不改其乐"是淡泊者的执著。

命运赋予人类一个永远的使命,就是不断地向自身的极限挑战。

飞越人生之河
——超越心理

生命当中谁也不愿坚守着一个呆板的自我一成不变,相反,而是想方设法地让自己一天天地进步,赋予自我以激情和勇气。

一位车手在跨越家乡的小河后,突然觉得跨越小河太没意义,我应该去跨越黄河。那可是中华民族的母亲河啊。

终于,在经过充分论证与考察后,他成功地飞越了黄河。

认识到自己的潜力和实力后,他问自己:我是不是可以还有更大的创造呢?

于是,它开始考虑长江,并一门心思地投入到准备工作当中去,从考证到研究,从技术到条件,终于,他又一次证明了自己的实力。

成熟的他凭着经历,如今又在研究飞越世界的其他三大河了。

在一般人看来,车手的行为是一种狂妄和冒险。实际上这是车手在挑战作为他自己能够创造的能力极限,这是人类超越心理在涌动。所谓超越心理是指开发自身潜能和突破自身素质的一种执著而顽强的进取心态。当一个人对自己赞赏和肯定的时候,就会产生一种价值认同感,而后强烈地表现出升华自我的动力,这不仅仅是心理潜能的激发,更多的是人性的完善、境界的提高或智慧的凝结。

我们做任何事必须有目标,而且目标中必须含有能够激励你,促使你不断成长和进步的因素。超越心理以跨越自身生命高度为主要标尺,虽然并不忽视作横向的比较,但是由于能够客观地审视自身的潜力和下一步可能达到的高度,因此,比较有利于保持一种最大限度发挥自我价值的信心和热情。

超越其实是一种挑战,是一种创造,它相当多的时候更倾向于人格塑造。它是永远属于强者的游戏,勇敢者的乐曲。如果曾经为了超越自我,奋力拼争,终于攀上了成功的高峰,却又驻足不前了,那么,这山峰岂不就等于一座坟墓?

威威的生活常常诱于自我猜测,悲与喜不以事实作论,而是以自己的判断为本,到头来只能是自己与自己过不去。

我到底借不借马?
——自扰心理

有时候,当我们知道周围的某位朋友患了不治之症,一旦自己身上有一点儿与他相同的表象,我们就会拿来与其对比,甚至认为自己离死神只有半尺之遥。

有一个笑话是这样的:一个人想到邻居家借匹马,在路上却顾虑重重。他想:邻居会不会借呢?又想:也许他是个吝啬鬼。接着再想:也许他瞧不起我……

最后又想:也许他还会嘲笑我,我根本借不到马还会受羞辱呢。要是借不到马再受侮辱,那还不如我先侮辱他一顿。这样越想越气,到了邻居家门口已是怒不可遏了,对

着门狠狠地踢了一脚,嚷道:"把你的鬼东西留着吧,我才不稀罕呢!"而邻居却还丈二和尚摸不着头脑呢!

感悟

事情的发生、发展,都有其客观规律,是不以人的意志为转移的。倘若人为想像它的进程,不仅无助于看透事情的本质,无助于问题的解决,反倒会给自己的心理带来不必要的负担。就拿这个借马人来说,毫无理由的胡加猜测跟自己扮鬼吓自己有何两样,纯属庸人自扰。

自扰是一种没事找事的心理疾病,是心灵深处自我斗争的内耗;它是以过多顾虑为丝为自己编织的茧,是过度谨小慎微的思考为自己设下的绊脚石。如果别人跟自己过不去,自己还可以用全力应对的话,但自己与自己过不去就难做到专心致志,人一旦陷入自扰的泥淖之中,就像风中的烛焰,飘忽不止,而又力不从心。

佛语有云:世上本无事,庸人自扰之。观察判断事物,是不能用主观来臆测的,否则只能出现"疑邻偷斧"和"杞人忧天"的笑话。所以对待客观世界,我们只有学会从实际出发,善于把握各种事物间的联系,才能力戒主观性和盲目性。

对于无助的弃儿我们总会像星星注视大地一样给予关注,对于受冻的弱者我们总会像太阳一样给予温暖。

激战中那片刻的静寂
——同情心理

当看到身边的人不如你的时候,你常会产生一种特别强烈地要帮助他的冲动,让他不再处于那个坏境地。

那是在1917年圣诞节前数周。欧洲原本美丽的冬日风景因战争而蒙上了阴影。

这是第一次世界大战。德军伏在自己战壕内,另一方则是美军,双方的枪炮声此起彼伏,在他们之间是一条狭长的无人地带。一位受伤的年轻德国士兵试图爬过那无人地带,结果被带钩的铁丝缠住,发出撕心裂肺的哀号,不住地呜咽着。

枪炮声中,附近的美军都听得到他的尖叫。一位美军士兵无法再忍受,于是爬出战壕,匍匐向那德国士兵爬去。其余美军明白他的意图后,便停止射击,但德军仍炮火不辍,直到一位军官明白过来,才命令停火。无人地带顿时出现了一阵奇怪的沉寂。年轻的美国士兵匍匐爬到德国士兵处,帮他解脱了铁钩的纠缠,扶起他向德军的战壕走去,交给迎接他的同胞。之后,他转身准备离去。

忽然,一只手搭在他的肩膀,他回过头来,原来是一位获得铁十字荣誉勋章(德军最高勇气标志)的德军军官,他从自己制服上扯下勋章,把它别在美军士兵身上,让他走回自己的阵营。当这位美国士兵安抵己方战壕后,双方又恢复了那毫无道理的战事。

感悟

无论在硝烟迷漫的战场,还是在和平年代的社会中,面对那些生活上、感情上受到不公平待遇或处于危难境地的人时,人们常常会自愿地给他们以心灵上的怜悯、感情上的支持甚至物质上的帮助,这种情感移入现象就是心理学上的同情心理,它表现为人们对特殊处境下的人与事的认同与靠近,是人类的共性,事实上每个人都有这种扶弱济贫的心理。这是因为人的一生总会体验到某些情感,人们利用自己亲身体验过的情感经验去理解别人,从而产生强烈的认同感。

同情心是一种善念。佛法中说一个人把爱兼及他人与环境,即是慈;目睹苦寒之中的贫儿老妇,心生怜悯,是谓悲。它是关怀和温馨的源泉,也是和睦与美好的土壤。

同情是理解的爱,是感动的情。就像面对水中蚂蚁艰难的挣扎所给予的拯救,或者像面对街头乞儿苦苦营生所表现的理解和帮助。

爱自己没有错,但只爱自己多少有点儿自私的嫌疑。因为社会繁杂,网网相系,你需要别人的爱,别人也需要你的爱。

爱一个人,不是在他把事情做好,感到舒畅欣慰之时;而是应当在他最消沉,不再相信自己,受尽环境折磨的时候。

呵护生命中最深的痛
——关爱心理

在困难的时候,在特殊的环境里,我们常常会从父母或朋友的真诚问候里获得安慰、感动和温暖。诸如多穿些衣服、多注意同事间的关系、多注意身体等等善意的关切，有时候即使它无助问题的解决，但却给人以心灵的温暖。

一个非裔美籍家庭从他们父亲的人寿保险中获得了一万美元。母亲认为这笔遗产是让全家搬离哈林贫民区，住进乡间一栋有院子可种花的房子的大好机会。聪明的女儿则想利用这笔钱去实现念医学院的梦想。

然而大儿子提出一个让人难以拒绝的要求，他乞求获得这笔钱，好让他和"朋友"一起开创事业。他告诉家人，这笔钱可以使他功成名就，并让家人生活好转。他承诺只要取得这笔钱，他将补偿家人多年来忍受的贫困。

母亲虽感不妥，但还是把钱交给了儿子。她承认他从未有过这样的机会，他有权获得这笔钱的使用权。

结果，他的"朋友"带着钱逃之夭夭。失望的儿子只好带着坏消息，告诉家人未来的理想已被偷窃，美好生活的梦想被葬送了。妹妹用各种难听的话讥讽他，用每一个想得出来的字眼儿来责骂他，心中充满了鄙视。

当她骂得差不多时，母亲插嘴说："我曾教你要爱他。"女儿说："爱他？他已没有可爱之处。"

母亲回答："人总有可爱之处。你若不学会这一点，就什么也没学会。你为他掉过泪吗？我不是说为了一家人失去了那笔钱，而是为他，为他所经历的一切及他的遭遇。孩子，你想什么时候最应该去爱人？"

世界上什么都可以没有，但唯独不能没有爱。母亲告诉女儿的既是爱的学问，也是做人的哲学。把眼光移离钱，你再看看她的哥哥又在经历着怎样的痛苦，血浓于水的深层次原因就是因为你比别人更爱他。这种对自己心仪的对象所给予的极大情感投入与心理关注，就是关爱。它不受得与失、怨与恨的影响，情感在这里以不求回报的方式流淌。

关爱别人或者被别人关爱其实都是一种美好的事。关爱别人说明你有能力和胸襟给予社会，是一种价值的认同感；被别人关爱则说明面对困难、面对世界你永远都不会是寂寞者与孤独者，这里不仅有温暖的阳光，有纯净的清泉，还有激情的呐喊与鼓舞。

关爱是东方升起的一轮红日，关爱是沙漠深处的一股清泉。关爱让生命的脚步多了些动力，生活的内容多了份精彩；关爱让生命多了些张力，多了些感动。

只要你敢于对怕羞说"不怕",并敢于在实践中克服它,就会走出羞怯的低谷,成为落落大方的人。

心中不能自制的讲席
——羞怯心理

一位立志要当演讲家的人,第一次上台演讲时,他的讲稿竟然被手抖破,并将开场白说成结束语。听众大笑。

他心慌了。

接下来,他的声音也颤抖了起来,声音越来越小。当听到"别再讲了"的呼声时,他居然哭了,还打翻了桌子上的茶杯。

他终于没有讲完,跑下了演讲席。

自此,他再也没有登过演讲席。

第一次上台演讲出丑的又何止本文的主人公。这种因为自卑和恐惧而让自己害羞的心理几乎在每个人身上都存在,这就是羞怯心理,它是个体希望自己成功但因对自己缺乏信心而表现出来的十分低落的自我评价,主动地让自我陷入害怕和畏缩中的一种心理体验。它的形成与儿童时期缺乏父母的抚爱或很少与外界环境接触有关。怕羞心理产生的原因,除了与人的气质特点有关外,主要是环境和教育的作用。

羞怯心理随着年龄的增长和社会阅历的增多,可以逐渐减轻。如果到了婚恋年龄还怕见生人,不敢与人接触和交往,这就变成一种病态心理了。

德国哲学家黑格尔说:"人应尊重自己,并应自视能配得上最高尚的东西。"对于怕羞的人来说,最重要的是要有自信心,应经常想到自己的长处。

如果你在陌生场合自感紧张时,可用暗示法镇静情绪,例如努力把生人想像为熟人看待,怕羞心理就能减少大半。当怕羞者在陌生场合勇敢地讲出第一句话之后,随之而来的很可能就是流利的语言了。

只要你敢于对怕羞说"不怕",并敢于在实践中克服它,就会走出羞怯的低谷,成为

落落大方的人。

人生无遗憾,美便将不会在与丑的落差中体现其强烈的优越感。人生无遗憾,爱便将不再值得歌颂,生命将不再值得回味。

不能相逢的蚂蚁
——遗憾心理

"我想去桂林,可是有时间的时候却没钱,有钱的时候没有时间。"面对红尘,会有许多未了的心愿,如"子欲养而亲未在"等。在由此带来的叹息中,人性的坚强往往被凸显出来。

两只蚂蚁相遇,只是彼此碰了一下触须就朝相反方向爬去,爬了很久之后,突然都感到有点儿可惜。在这样广大的时空中,体形如此微小的同类不期而遇,它们竟没有彼此拥抱一下。就在它们决定返过身实现这个心愿时,中间不知什么时候多了一条河流,他们俩最后只能隔河而望。

从此,它们就再也没有见过了。

现实往往并不都按照理想的轨迹运转,事实往往出现与主观愿望并不和谐的结果,这就是理想与现实之间本有的差距。当意识里判断能够达到而现实中没有达到时,就会伴随而生诸如后悔、叹息、自责、懊丧等的心理变化。这种能得到而没有实现的微小差别成就了世人的遗憾心理。

假如荆轲当年真的刺中秦王,又怎会有"壮士一去不复还"的千载悲壮?倘若梁山伯与祝英台真的白头偕老,又怎么会有《化蝶》的绝唱与凄婉?倘若林妹妹真的嫁给了宝哥哥,又怎会有曹雪芹笔下的唏嘘与感叹?

遗憾多生悲壮,悲壮常给人以巨大而永恒的力量。大地有遗憾,才有"精卫填海";蓝天有遗憾,才有"女娲补天"。

生活中,多些荣辱毁誉的波折,不见得是什么坏事,它可以使我们的精神不会缺

钙;交友中,常遭"小人"暗算与蒙骗,也大可不必为此而心寒,因为它能给我们许多生命的感悟与人生的体验。遗憾是首忧伤动听的歌,人生因为遗憾而更意味隽永。

靠自己的情绪来判断和决策,得到的只是"一叶障目,不见泰山"的狭隘主义的极端。

败走麦城的原因
——偏激心理

在处理问题上,常常以偏概全,以非常激情的方式情绪化地对待所面刚的事情,譬如:认为凡是有钱的人就是贪污受贿得来的。

三国时代的关羽,过五关,斩六将,单刀赴会,水淹七军,是何等英雄气概。可是他致命的弱点就是刚愎自用,固执偏激。

当他受刘备重托留守荆州时,孙权派人来向关羽之女为儿子求婚,关羽大怒,出口伤人,他以个人好恶和偏激情绪对待关系全局大事的行为,导致了吴蜀联盟的破裂,最后落个败走麦城、被俘身亡的下场。

假若关羽少一点儿偏激,不意气用事,那么,吴蜀联盟大约不会遭到破坏,荆州的归属可能也是另外一种局面。

败走麦城的最大悲剧在于关老爷认识上的片面性,以偏概全,固执己见,钻牛角尖,对人家善意的规劝和平等商讨一概不听不理;在于情绪上的冲动,在傲慢中按照个人的好恶和一时的心血来潮去论人论事,缺乏理性的态度和客观的标准,结果轻易地接受了东吴的暗示和引诱。

偏激者,往往偏离目标,激怒他人。一位哲人说:偏激者之所以偏激,是因为他自负。自负就是过度的自信。他明明只能吃下一个梨子,却偏偏要去吃一个西瓜,其结果只能是被撑破肚子。

凡事过犹不及。偏激的致命伤是一个"过"字。运动过量即成劳累,速度过快即成冒进……因此，做人还是处世，头脑里都应当多一点儿辩证观点。死守一隅，坐井观天，把自己的偏见当成真理至死不悟，这是做人与处世的大忌，如果不认真纠正这种"关羽遗风"，就很有可能会使自己误入人生的"麦城"而转不出身来。

克服这种心理需要全面、灵活、完整地评价事物，冷静、客观地看待问题，有效地增强自控能力，不放纵、迁就自己，说话、做事多冷静思考，否则感情用事，用偏激的性格来操纵命运，往往导致悲剧人生。

一千个观众眼中会有一千个哈姆雷特，不同的客观现实在不同人的眼里总以千差万别的主观反应呈现出来。

难以找回的美味
——主观心理

饥饿程度不一样，吃饭的感觉就不一样；初恋的感觉永远令人觉得是最美的。这些差别究竟是什么原因呢？

相传，明太祖朱元璋少时家贫，从没吃饱过肚子，17岁那年，由于家乡闹灾荒，父母死于瘟疫，他只好被迫到家乡的黄觉寺当一名小和尚，以求不饿死；但就是这样，仍旧一天难吃上一顿饱饭。

一次，他一连三天没有吃到一点儿东西，化缘来到一农家。好心的婆婆将家里仅有的一小块豆腐和一小撮红根绿叶的菠菜放在一起，浇上一碗剩粥一煮，给了他。朱元璋食后，感觉鲜美无比，问婆婆这叫什么汤，婆婆戏说是"珍珠翡翠白玉汤"。

后来，朱元璋当上了皇帝，却再也没有吃到过那么味美的汤。虽令御厨三番五次地试做，也难以达到当年的效果。

不同的环境不同的条件造就人不同的感觉和判断。对于同样的美味，之所以出现"此一时彼一时"的现象，最大的原因就在于当事人主观情感等因素过多地参与其中，并根据当时的自我意识做出了刻骨铭心的结论。如果当事人再找回当年的感觉，只有找回当年的环境和条件。这一切都是自己的主观出的错。

面对客观世界,人通常是通过自我认识、自我体验和自我控制三方面来反映对客观世界的主观感受,包括自我感觉、自我观察、自我分析和自我评价等等,其核心是以自我为中心,以情绪为基础。而人类的一切认知活动,又始终离不开对客观事物的反映,不同的感知环境,不同的感知心情,即使是同样的感知对象也会有不同的感知结果。同样的梅花,审美的人不一样,其表现出来的气质也不一样,一是"无意苦争春,一任群芳妒。零落成泥碾作尘,只有香如故",一是"俏也不争春,只把春来报。待到山花烂漫时,她在丛中笑"。

所以好与坏、美与丑的区别从我们感觉里飞出时,有时候未必就是对客观精确的反映,可能与自己以前的经历、所处的环境有着过多的联系,这时候看问题就要努力跳出这个局限的束缚,否则就会陷入自我的小圈子和主观的泥潭里。

"我爱你是因为需要你"这是不成熟的爱,成熟的爱应当是"我需要你是因为我爱你"。

水仙花在水中的倒影
——自恋心理

总有一些人经常自我感觉良好,甚至特别喜爱自夸,自我表现。女性以为全世界的人都在注意自己,在待人接物时自我作态;男性则孤芳自赏,经常沉湎于幻想之中,自命不凡,自我陶醉。

古希腊神话中,有一个关于那喀索斯的故事。

那喀索斯是河神和仙女的儿子,才貌出众。女神向他求爱,遭到拒绝,幻化为回声女神。为此,诸神对那喀索斯不满而对他进行了惩罚,使他离群索居。在孤独中,他发现河中自己的倒影原来是那么美,于是他每天在河边顾影自怜,孤芳自赏,欣赏自己在水中的倒影。那喀索斯最后憔悴而死,变成了一朵水仙花,后来成为水仙花神。

那喀索斯症后来就成了自恋症的专用名称。

感悟

生活当中,像那喀索斯这样对他人不愿支付爱,始终关爱的是自己,完全陷入自我

陶醉和自我欣赏的潭水里,实际上不乏其人。

他们往往过分看重自己,在与他人交往时常常将与本人无关的事情往自己身上牵连,并期望得到别人的赞美和爱护。在获得赞美的心理满足之后,常常表现出不切实际的沾沾自喜,还有唯我独尊、妄自称大的情况;常期望获得好处,盼望事业、人生和爱情上的成功,但又不愿为此承担责任和作出相应的努力。

自恋者往往在自我世界中膨胀,盲目自大和刚愎自用,认为自己是完美的化身。它的字典里没有"投桃报李",也没有"礼尚往来",付出对他们来说是奇怪的事情,获得才是人生真谛。

他们没有能力体会他人的情感,内心的世界早被自己占满,没有他人可留驻下来的位置。一旦他们失去外部的支持,以自我为中心就转换为自怜自哀。

失恋不是失败,分手只意味着彼此不合适,并不是谁配不上谁的问题。

化学家的失落
——失恋心理

为什么他会拒绝我,是因为我怎么了?为什么他冷落我,是因为我有什么错?我好丢人!

法国著名化学家维多·格利雅,年轻时是个出名的浪子。

有一天,18岁的格利雅在舞会上看上了从外地来的一位漂亮姑娘,心生爱慕,便立即上前邀请她一起跳舞,以求相识。哪知姑娘早已知格利雅的底细,只听她毫不留情地对格利雅说:"请你站得离我远些吧,我最讨厌被你这样的花花公子挡住自己的视线。"遭到姑娘的当场奚落后,他的行为引起了许多在场人的窃窃私语,这使格利雅十分的难堪,特别是她当面又与另一位男士跳起舞来。

他经过冷静思考,回到家中悄悄给家人留下了几个字:"请不要追寻我的下落,我将努力创造出令人高兴的成就来。"随后,便出走了。

格利雅来到了一所中学,立志攻读。8年后,格利雅运用卤素元素化合物与其他相关物质进行综合,制成了许多有机化合物。1912年,格利雅由于其杰出的贡献,荣获了诺贝尔化学奖,赢得了人们普遍的尊重。

　　每个人在释放爱的元素时,原本都有一个心理平衡,一旦平衡被打破,爱的情感就会破裂而出现解体,进而影响到心境、意志、自尊等方面,产生出自怨、自责、自轻、自贱等等主观情绪。

　　用心灰意冷、万念俱灰来形容失恋后的心情,一点儿都不过分,在那种时候,一旦卡入死角转不出来,很可能会以极端方式来逃避痛苦和那份巨大的失败感。

　　事实上,失去的只是一段恋曲,分手不是谁的错,只是合不来;失恋不是失败,只是不再牵手同行。失恋绝不意味着你不够好,只是你们彼此在交往间,并不是一开始就能明确地知道对方是不是自己的最爱,也许是在交往后才发现差异,若这些发现都在可以忍受的程度,且双方都愿意努力调整,那么还可维持下去,甚至结为夫妇。

　　假若有一方觉得忍受不了或再交往下去已没有意思,因而提出分手,那根本不叫失恋,而是各自回到原点,各走各的路。从这个角度上讲,应该感谢失恋,正因为有了对方的拒绝,你才拥有了再度选择的机会!

　　衣带渐宽终不悔,为伊消得人憔悴。

站立江边的神女
——相思心理

　　生活中最常见的就是睹物思人。特别是情感方面受到挫折,最容易产生想某人的想法。看到红豆想到爱人,看到手帕想到与爱人当年的卿卿我我等,以求丰富自己的内心世界。

　　金童与玉女是玉帝的侍从,也是一对很好的异性朋友,两人在一起干什么都不觉得累,相处十分开心。

　　一次被贬到人间,体验生活。

　　其间,玉帝召开会议,责令借调金童回天堂服务,至少三天。

　　天上三天,人间三年。玉女顿觉度日如年,身边的每一件东西似乎都能折射出金童

的影子,事事无趣,唯一让自己能够坚持的就是驻足长江边的山峰上眺望通向天庭的路。

久而久之,玉女竟站成了石峰,她也顺利完成体验人间生活的修炼历程。

"月有阴晴圆缺,人有悲欢离合,此事古难全。"离别是人们难免要遇到的事。但是,有些人在离别以后,会有愁绪万缕,才下眉头,又上心头,缠绵难解,成为一种心理压力。以致寝不安、食不香,扰得"人比黄花瘦"。人在这种情况下如不能及时解脱,就可能发生身心疾病,人称"相思病"。

相思心理是情感的移聚产生的时空跨越。用心理学解释是指个体的情感不能处理好自我平衡时,就会转移到与自己最亲密的对象身上;当对象在时空上与自己不能同时相处时,思念的情感就会油然而生。

每个人都需要情感的寄托,当这种情感的寄托由量到质,积聚到一定的程度时,就会发生强烈的裂变,喷发出引燃心灵的岩浆。相思无法用橡皮擦一擦即除,解决它最有效的方法就是转化,给自己一个理想,让自己的心不能盯在一个爱字上,而要分派到成就事业、追求梦想、实现抱负等大的方面,所谓:两情若是久长时,又岂在朝朝暮暮。

墙里秋千墙外道,墙外行人,墙里佳人笑,笑渐不闻声渐悄,多情却被无情恼。

无私的付出
——单恋心理

感情里,常常有这样一种情况发生,就是在对方根本不知情时,投入了自己的情感,以至于特别在意对方的行为,诸如"今天她对我笑了一下"、"今天她关心地问我吃饭了没有"等之类的话,都会让自己引以为自豪,甚至沾沾自喜,想入非非。

巴黎圣母院的敲钟人伽西莫多是副主教克洛德·孚罗洛收养的义子,虽然他长得十分丑陋而且有多种残疾,心灵却异常高尚纯洁。

读懂心理

伽西莫多私下爱慕着长年流浪街头、能歌善舞、天真貌美而心地善良的姑娘艾丝梅拉达。她遭到陷害,伽西莫多巧计把她救出,在圣母院一间密室里避难时,伽西莫多用十分淳朴和真诚的感情去安慰她,保护她。尽管艾丝梅拉达从没有爱过他,但在伽西莫多看来,只要能处处帮助她就是一种幸福。

当她再次处于危急中时,伽西莫多为了援助她,表现出非凡的英勇和机智。而当他无意中发现自己的"义父"和"恩人"远望着高挂在绞刑架上的艾丝梅拉达而发出恶魔般的狞笑时,伽西莫多立即对那个伪善者下了最后的判决,亲手把克洛德·孚罗洛从高耸入云的钟塔上推下,使他摔得粉身碎骨。

最后,他自己也随着艾丝梅拉达一同死去。

不能因为丑陋就可以剥夺伽西莫多对爱情的追求。当内心善良的他在自卑中一次次解救艾丝梅拉达时,他所表现出来的就是单恋心理的外化。所谓单恋是指一方对另一方以一厢情愿的倾慕与热爱为特点的畸形爱情。单恋多是一场情感误会,在"爱情错觉"下常受对方言谈举止的迷惑,而错误地主动涉入爱河,俗称"单相思"。

单恋以自己的想像和细腻的感受为自己编织着爱的梦幻。由于种种原因没有机会或不愿直接表达自己的爱意,而只好独自品味爱的悲欢。这种一厢情愿的倾慕,往往得不到回报和补偿,只是单方地承受着自我对爱的感受。

单恋者不断自我解释对方的言行,揣度其中"爱"的含义,自欺欺人地希望得到根本不存在的爱的信号。明知道不会有什么结果,但自己依然执著,在他看来,即使是痛苦,他也愿意在痛苦之中反复玩味,甚至迷恋癫狂。

单恋者固然会体验到一种深刻的快乐,但更多的是体验到情感的痛苦和煎熬,因为他们无法正常地向自己所钟爱的异性倾诉柔情,更不能感受到对方爱意的温馨。

择偶不可以最字当头，否则会失误多多。因为人无完人，匹配才是最重要的。

寻找最大的麦穗
——择偶心理

选对象似乎永远都没合适的，总希望找一个最好的。结果不是对方看不上我，就是我看不上对方，害怕结果又期盼结果。

希腊哲学家柏拉图有一个学生，问老师择偶的方法。

柏拉图告诉他："你沿着麦垄，从这端走到那一端不能回头，捡一棵全垄中最大的麦穗给我。"

学生边走边看，见一棵大的正要去摘，一想前面可能有更大的，便再往前走；果然见一棵更大的，再要去摘，一想前面可能还有更大的，乃又舍去。

等走到最后，发现全是一般货色，都不如刚才已经看到的那棵，可惜无法回头，只好违心地择了一棵。

哪个麦穗最大，谁是爱情的真命天子？事实上没有完美，只有适合与对眼。面对挑来挑去的眼花缭乱，内心深处对情感的寄托反而越来越无从下手，甚至还有些害怕受伤，这种矛盾的心理状态就是择偶心理。一般说来，根据人的生活环境、价值观念、文化程度、处世原则等因素的不同，在配偶的选择问题上标准也各有差异。其中最一般的择偶情况是郎才女貌。

然而，找对象不是像买商品一样琳琅满目，放在一起对比一下、鉴别一下。人的认识范围其实非常狭窄，何况择偶是纵向对比，常常错过这村没那店，后悔是常有的事。

事实上，择偶并不难，说它难是因为择偶者把择偶看得过于神化而陷于恐惧造成的。配偶是人，既然是人就不会是完人，所以择偶的原则当讲求：没有最好，只有更好；远方的未必是要找的，现实的可能就是未来的。把对方先画个像然后"按图索骥"，往往会没有结果。

择偶就如选鞋。婚姻如脚上的鞋，鞋合适不合适只有自己知道。选择一双穿着舒服

但样子不好看的鞋呢,还是选择一双穿着不舒服但样子好看的鞋?实际上合脚更要紧。

　　如果说爱情是一朵玫瑰的话,那么成就这朵玫瑰的首先是欣赏的眼光、献祭式的付出和永远的理解。

情爱眼里的兔子
——情爱心理

　　恋爱季节,相互之间的热爱与吸引,常常在好感中自然而然地发生。然而结了婚,才发现吸引中原来有这么多的波折和指责。

　　两个猎人一起上山打猎,各打了一只兔子。甲回家后妻子很高兴,称赞甲很能干,竟连跑得飞快的兔子都能打到。乙的情形则完全相反,回家后妻子责备他太无能了,没本事,从早到晚才打了一只兔子。结果第二天出现了相反的情况,甲想:打一只兔子算什么,我要打两只甚至更多的兔子给妻子看。于是,他信心十足地上了山。乙则情绪低落,上山后懒洋洋地睡大觉,在他内心深处则表现为只有一只兔子都打不到才能让妻子清楚地明白,兔子不是好打的。

　　正是这样,乙与妻子走到了分手的边缘。

　　一个月后,猎人突然觉得什么事情都不顺了,没有妻子的唠叨经常忘带东西;妻子没有丈夫的兔子,连锅都揭不开。

　　在缘分的天空中,男人与女人因为有着共同的情趣及真挚的倾慕,而急切地步入了婚姻的殿堂。然而走进去才发现,它需要以不自由、不随便、不惬意为代价。原先的欣赏变成了一种指责,原先的仰慕变成了一种抱怨。难道是爱情鸟飞走的缘故吗?非也。

　　佛家有云:对待认识的对象往往表现为三个层次,那就是山是山,山非山,山还是山。爱之深而执手,执之手而牢骚。当短暂的浪漫转化为漫长的现实时,爱也就现实起来了,以前用浪漫包装的爱往往剥去了那华美的外衣,直接用叮咛、唠叨等形式来体现

出来,但实质内容仍是情爱的一种表现方式。

婚前的欣赏是爱情的结合,婚后的欣赏是爱情的升华。这种欣赏包括着对对象的尊重、渴望、激情、亲密、依恋、承诺、尊重和给予。它能使对方的潜能和真善美的内在情愫奇迹般地被激活,夫妻间的心理上达到平衡和满足,并彼此相互给予着回报。

夫妻之间每一方都有优点,别人不认为但至少做妻子或丈夫的得承认,否则两人不会走到一起。人从欣赏对方开始,到从理解对方为止,所有的一切都建立在一个情感的融合上。

失去的永远是最美的,这种已经消失的东西让自己永远活在过去的记忆里。

放不下的过去
——恋旧心理

长大结婚后,我们总怀念结婚前,我们又想起热恋的一幕一幕。特别是当自己的现状不如过去时,这种对过去怀念的心情更为强烈。

一个幸福的家庭驱车远行,妻子是一个富有艺术气质的女人,丈夫是一位著名的作曲家,他们还有一个小女儿。一次偶然的车祸击碎了这个幸福的家庭。妻子才三十出头,青春和生命感在内心深处悄悄地萌动。按理说她有走出生活阴影的机会———一个小伙子正在暗恋着她。

她有权利和机会选择自己的生命之路。她想摆脱心理上的阴影,她开始拒绝完成丈夫未完成的交响曲,避开一切熟悉的人。但事实上她很难抹掉过去生活的印记,难以承受生存的重压,甚至一想到丈夫,连性爱的欢愉都难以享受到。

直到有一天,她知道丈夫生前曾经有过一位情人,她才开始重新真正地投入与小伙子的生活。

感悟

面对环境的转换,女主人公仍习惯于原有稳定的生活,沉湎在过去岁月的脉脉温

情中,那是对情感的一种美好回忆。直到有一天,她知道这种情感原是一种背叛下的苟存,她的心理才得以平衡。

人是一种印记生物,以往的感情经历往往在记忆中留下难以磨灭的印象,这些生活的痕迹既可能是美好的回忆,也可能是难以平复的创伤,从而直接或间接地影响着后来的生活。当记忆里过多地充满这种情感时,恋旧心理就形成了。

恋旧心理既是难以摆脱的情感印记,也是人们内心的一种自我束缚。人们总是存在一种普遍的心理,那就是"失去的总是最美的"。恋旧者心目中存在的永远是记忆中的幻象,而不是真实的存在。

积极的恋旧既是对传统的一种尊重,也是对过去美好的回忆;消极的恋旧就是对现代社会的逃避,对自我的否定。

情绪是心灵的涟漪,内心世界永远不能靠掩饰和压抑来保密,因为表情是它的镜子。

你的眼睛永远会说话
——投射心理

生活中为什么会有"此地无银三百两,隔壁阿二不曾偷"的蠢事?

有个住在海边的人,很喜欢海鸥。每天早晨,他都划船到海上,跟海鸥一起嬉戏。海鸥成百上千地飞向他,停在他的船上,甚至停在他的肩上。

这个人的父亲说:"我听说海鸥都喜欢和你一起玩,你捉几只回来给我玩玩。"第二天,这个人又划船到了海上,海鸥只团团在他头上飞舞,却再也不飞下来和他一起玩了。

感悟

荆轲刺秦王失败了,那是因为他的眼睛会说出他的心理世界;海鸥不再与游人嬉戏了,那是因为游人的表情隐藏着杀机。面对客观世界,人是一个情感变化非常丰富的生命体,在其与客观世界反映与被反映、改造与被改造的过程里,内心的愿望始终通过无意或有意的言行表露出来的。怒时毛发上竖,面红脖粗,怕时目瞪口呆,四肢酸

软……

我们的表情与形体等因素常常自觉不自觉地把自己的内心世界反映出来,这种人的本性就是投射。每一种想法,都会有相应的器官以相应的表情来体现。在人际交往当中,我们经常会用自己的需要、态度和情绪状态来解释外在世界。正所谓"感时花溅泪,恨别鸟惊心"。

古人所说的"泰山崩于前而不变色,麋鹿兴于左而目不瞬",无论从心理上或是从生理上,人们都无法达到。要做到不以物喜、不以己悲的绝对平静,除非自己不再有生命的呼吸。据此,生活当中当有情表情,有意达意,做到自然天成,率性而为,而不是特别做作地去粉饰事物。只有这样,创造与激情才会充满人生之路。

凭着自信,他把钻石抛向空中,掌声让心灵得到极大满足,伴随而来的是一种不自量力的膨胀,悲剧就在这时发生。

高抛的钻石容易丢失
——炫耀心理

有时候,我们总想在公共场合把自己与众不同的本领展示一下,让他人羡慕自己的同时,求得别人的认可与尊重,为此,我们甚至忘乎所以。

一位世界知名的艺人在退休前带着财产,买了返回意大利的船票,并用所有剩余的金钱买了一颗钻石。

登船后,他向一位男孩表演如何能同时抛耍几个苹果。不久,一批乘客聚拢过来围观,此刻的成就使他非常得意,他跑回舱房拿出他的钻石,向观众解释说这是他毕生的积蓄,然后开始抛耍那钻石。不久,他的表演愈来愈惊险。

后来他把钻石抛得极高,观众皆屏息以待。众人知道钻石的价值,都劝他不要再那样做。但由于现场情形的刺激,他再次把钻石抛得更高。

耍把戏的人对自己和自己的能力充满信心,告诉观众他将再抛一次,这次他将把钻石抛到一个新的高度,钻石将暂时从众人眼前消失。

当他凭着多年经验产生的自信,把钻石高高抛向空中后,钻石真的消失了一会儿,然后又在阳光照耀下发出了闪烁的光芒。突然间,船只晃动了一下,钻石掉入海中,消失得无影无踪。

当艺人渴望被他人认可、追捧的心理需要占据其情感，甚至左右他的意志状态时，他便产生要超越自己的想法，开始表现出一种强烈的表现欲和自我展示欲，于是就有了钻石高抛的表演。

表现自己，本无可厚非，但表现要合乎一定的条件与要求，而不可过分。一旦超出一个度的界限，表现就成为自不量力的表演，导致可笑和可悲的现象发生。狂妄炫耀中让我们无法正确地认识自己和评价自己，很容易失去理性而陷入盲目的危险之中。

为此，我们在展现自我时，要保持一个清醒的头脑，做到心中有数，既不妄自菲薄，也不骄傲自大，带来不必要的麻烦。

只要是自己认为对的事情，应马上付诸行动。不能做决定的人，固然没有做错事的机会，但同时失去了成功的机会。

当断不断，必被其乱
——犹豫心理

人的一生当中常常会面临诸多的判断与选择，对与错，有时候仅一纸之隔，患得患失之间，人们就会陷于左右摇摆而不能立刻做出清醒的判断。特别是在影响一生的大问题上，人们的犹豫表现尤为明显。

华裔电脑名人王安博士，影响他一生最大的教训，发生在他6岁之时。

有一天，王安外出玩耍，途经一棵大树。突然有什么东西掉在他的头上。他伸手一抓，原来是一个鸟巢。他怕鸟粪弄脏了衣服，于是赶紧用手扒开。

鸟巢掉在地上，从里面滚出一只嗷嗷待哺的小麻雀。他很喜欢它，决定把它带回家，走到门口，忽然想起妈妈不允许他在家养小动物。于是，他轻轻把小麻雀放在门后，匆忙走进屋内，请求妈妈的允许。

在他的苦苦哀求下，妈妈破例答应了儿子的请求。王安兴奋地跑到门后，不料发现

小麻雀不见了，一只黑猫正在那里意犹未尽地擦着嘴巴。王安为此伤心了很久。

这件事给了王安终身受益的教训：只要是自己认为对的事情，绝不可优柔寡断，必须马上付诸行动。不能做决定的人，固然没有做错事的机会，但也失去了成功的机会。

辩证法告诉我们，任何事情都具有两面性，但人们在事情的选择与判断面前，时常会表现出一种徘徊与彷徨的心理现象，对事情吃不准、没主意，反复犹豫最终导致误了良机，这是一种不好的心理活动。心理学研究表明，此时此刻，一些外界的因素诸如劝告、引导一旦介入，非常容易影响其选择。

表现出来这种心理的人有性格上的原因，也有生活环境的因素。它需要个体不断提高自身的独立判断能力和知识水平，以使自我有一个思考的支点和参照物。除此，兴趣也是一种直接抛除犹豫的有利武器。

俗话说，当断不断，必被其乱。人生旅途中，良机对我们来讲，常常只光顾一次，我们不可过于犹豫，举棋不定，否则将一错再错，碌碌无为一生。

人云亦云，不求无功，但求无过。这是一种从俗，也是一种自保。

苹果的味道
——从众心理

大多情况下，一个人见别人排队买东西，就以为是便宜，不管三七二十一，就加入进去。一听别人都夸东西好就觉得仿佛是千载难逢，也赶快掏腰包，生怕错过机会。

老师让大家坐下来，他手拿苹果慢慢地从每个同学的座位旁边走过，一边走一边说："请同学们集中精力，注意嗅空气中的味道。"

然后，他回到讲台上，把苹果举起来左右晃了晃，问："哪位同学闻到了苹果的味儿？"

有一位学生举手回答说："我闻到了，是香味儿！"

心理学老师再次走下讲台，举着苹果，慢慢从学生的座位旁走过，然后又问："是不是大家都闻到了苹果的味儿？"

大家都点了头。

老师第三次走下讲台,让每位同学嗅了嗅苹果。并问:"谁没有闻到苹果味?"

终于一位同学站起来说:"老师我没有,但我是因为感冒了。"

心理学老师的笑容不见了,他举起苹果慢慢地说:"这是一个假苹果,什么味也没有的!"

在公众场合下,一个人因为害怕承担责任或者害怕出丑,结果很容易受群体的影响,而放弃自己的意见,转变原有的态度,采取与多数人相一致的行为。这就是大家所说的从众。通俗地解释就是"人云亦云"、"随大流";大家都这么认为,我也就这么认为;大家都这么做,我也就跟着这么做。

从众是一种传统的文化惯性和思维定势,特别是在儒家中庸思想的影响下,从众的生命力更是强劲,面对多数人的选择,往往表现出遵从、顺众、随众等行为方式。事实上,从众的选择意味着责任分摊。即当同一件事,承担责任的人越多,单个责任人所受的风险就越小,所谓"法不责众",这样一来使人们有一种"天塌下来砸大家"的归属感和安全感,消除了孤单和恐惧等心理。消极的从众心理容易抑制个性发展,扼杀创造力,使人变得无主见和墨守成规;积极的一面,即有助于学习他人的智慧经验,扩大视野,克服固执己见、盲目自信,修正自己的思维方式,减少不必要的烦恼误会等。

每个人都有独立的思考问题和明辨是非的能力,遇事要慎重对待,全面分析,绝不可为怕事而放弃自己的观点,沦入失去自我的泥潭。

如果说顺其道而行之是遵循传统的话,那么反其道而行之往往能标新立异,有时反而能达到奇妙的效果。

故意叫你感到莫名其妙
——反常心理

平时,对于司空见惯的向前走路,我们很少给以注意;而当突然有人倒着走路,就令人莫名其妙并能引起极大的注意和好奇了。

美国一家电器商店，想出一个出奇制胜的经营绝招，故意将招牌弄错，明明是家电商店，门口却悬挂着文具店的招牌，广告上所说的内容也是文具质量如何之好。不少行人发现后，出于好心，便进去告诉店主招牌弄错了，随后，便在店里逛上一圈，一时被琳琅满目的商品所吸引，于是顺便买几样东西。

当有人感到惊奇而问老板时，老板笑着说："当我把招牌弄错后，商店里便多了许多顾客，销售额也不断上升。"

文中的店老板用故意出错的办法，引发了顾客的纠错、好奇等心理，从而赢得了销售成功。像这种在行为动机上渴求达到与众不同的差异值所表现出来的心态，就是反常心理。它通常不按正常的行为规则，而是追求标新立异，吸引外界对其的关注。

人们对客观世界的认识，通常要经历一个从陌生到习惯的心理适应过程，从刚开始的"新奇古怪"到后来的"见怪不怪"和"司空见惯"，但凡事物的特殊性转化为普遍性，人们对其投入的注意力和关注度就会减少。

俗话说"文章见山不喜平"，"标新立异二月花"。因为反常，所以有了一波三折的起伏；因为反常，所以有了无中生有的惊疑；所以有了兴趣和动力，改变了常态，吸引了人们的眼球。反常心理常会给我们的事业带来意想不到的"柳暗花明"效果，在无望时打破坚冰，在落后时创新提升。

凡事要三思而后行。否则率性而为，任性而行，结果常常错误连连而悔恨相生。

签送了自己的性命
——轻率心理

"哎呀！我忘了。""怎么会这样了呢？""那会儿要是这么办就好了。"如果你总是把这些话挂在嘴头上，那么你就有必要三思而后行了。

皇帝正在专心致志地画画。

宰相手持秋后处斩案犯的名单急匆匆地走过来。

兴致正浓的皇帝只顾挥舞手中的画笔自得其乐，哪有心情签那本沾着鲜血的处斩册呢！就在他神聚画纸之时，宰相进言，万岁请雅签朱笔，以上承天道，下顺民意。于是皇帝顺手就签了处斩册。

结果许多被宰相冤枉者一律被斩，包括那个说要为皇帝看病的民间名医。

最后，皇上本来可以医治的病因此而无人可救。

感悟

人命关天的大事，在皇帝那里竟然如此不经意，我们在慨叹皇权独大的同时，也不能不哀叹皇帝的轻率，感叹掌握生杀予夺大权的他，在处理问题时所采取的不认真态度以及简单的做法。对皇帝来讲，其权威来自于人们对其的绝对服从，而尊从应当来自于其处事的慎重。当他如此草菅人命时，其表现得随随便便、不假思索，想到什么就说什么，想怎么干就怎么干，不计前程，不计后果，就只能证明他的昏庸与草率，丧失皇威，令人痛恨。

轻率的人大多只看到自己眼前的一点儿事物，比如现在很少有人会踩到香蕉皮被滑倒了。但是如果你一边走，一边看漫画，并且被它吸引住，说不定会像幽默漫画里的样子滑倒在地。轻率事实上是一种不尊重客观实际，将冲动的意识凌驾于客观规律上的不负责的做法。事实告诉我们，冲动是魔鬼，轻率之后是后悔。在任何情况下，我们都要学会睁大眼睛，慎思独行，三思而后行，不能盲目盲从，减少不必要的失败。

假如你真的想改正你的轻率，那就从改变你看问题的方法着手吧！

来自心灵深处最大的安慰就是心对心的呵护与认同，是力量更是交融。

将军心中的泪花
——理解心理

为什么良言一句三冬暖，关键是这句话说到了人的心坎上；为什么此时无声胜有声，关键是无声的境界让心灵得到了碰撞与沟通。

1945 年 9 月 2 日，日本投降签字仪式上，面对数百名新闻记者和摄影师，麦克阿瑟突然做出一个让人吃惊的行为，他招呼曾做过日军俘虏的美国陆军少将乔纳森·温斯特和英国陆军中校亚瑟·帕西瓦尔，请他们过来站在自己的身后，并把签投降书的笔赠送给这两位将军。

后来他解释："他们两个在没有援军的情况下，为了保全同胞的生命，在上级指示下不惜牺牲个人的名望，忍受苦难，这是多大的牺牲！"

两位将军泪流满面，心潮涌动，向麦克阿瑟投去尊敬的目光。

感悟

看似小小的赠笔，却饱蘸着宽容和共鸣，那是对牺牲的尊重，是对屈辱的理解。没有比理解更让人感动的事，所以身经百战的将军眼中流出了泪花。这种在人与人交往当中，个体对他人的环境、劳动、结果以及心情所给予的会意了解和心灵共振，就是理解心理。

理解心理是社会交际中最重要的一种心理，它不仅是向心力、凝聚力的源头，取得团结的保证，也是实现平等与尊重的基本前提。

每一个人做事都有自己的行为原则和目的，在相同的目的下，即使相同的行为也有可能出现不同的结果，何况不同的行为，这样一来，结果的差异就会产生人对人看法的差异。面对同样的目的，同样付出的情况下，有的人由于机会好得到的是鲜花，有的人却阴差阳错地成为失败者，此时此刻那种心灵深处的委屈多么强烈，他多么需要有人理解自己的所作所为，理解目前所出现的不利局面。

理解是打破坚冰的春水，理解是洞穿沉默的光弹，理解是友谊之花盛开需要的阳光。

对抗是矛盾，也是心理。不相信与好奇心让所有的合理变成不合理。

不卖却热销
——逆反心理

你要求我这样，我偏不这样。对于善意的批评和劝导不是听而为之，而是产生一种抵触、不顺从的情绪，这样会产生什么后果呢？

威尔逊是一个美国商人，专门经营香烟。这位商人运气不好，几年来商品几乎无人问津，一直亏损，濒临破产。他百思不得其解，最后决定改变经营方法。

一天，他在商店门口画了一大幅广告："请不要购买本店生产的卷烟，据估计，这种香烟的尼古丁、焦油量比其他店的产品高1%。"另用红色大字标明："有人曾因吸了此烟而死亡。"它的别具一格而引起电视台记者的注意，通过新闻节目，人们便对这一商店很熟悉了。一些人专程从外地来买这种烟，称"买包抽抽，看死不死人"！有些人抽这种烟是想表示一下自己的男子汉气概。

结果，这个店的生意因此日渐兴盛，现在已成为拥有5个分厂、14个分店的大企业。

越是权威的越想挑战，越是不可能的越想征服。面对威尔逊的激将法，一些消费者为了维护自尊，便采取与理性相反的态度。这种冒天下之大不韪的做法就是逆反心理的体现。

人类强烈的探索欲让人具有好奇心。尤其是青少年，有着迫切求知的冲动。随着他们对事物的评价能力开始成熟，便不再按照家长、老师、社会宣传的标准来看待事物。为了显示自己的独立性，常常怀疑父母的话，固执地要用自己的感官和大脑去得出自己的结论。

逆反心理是好还是坏？这要辩证看待。作为一种好奇心、探索欲、独立意识，当然是一种好的心理品质。可以设想，人类如果一切都固守成规，那么社会还会进步吗？有时逆反心理还会使人发奋努力，以非凡的意志战胜困难和阻力。但是，不适当的、过分强烈的或是扭曲的逆反心理，却是有害的。它可导致一个人排斥正确的教诲，拒绝有益的经验，甚至走上犯罪的道路。

模仿也是一种学习，它既能带来乐趣，又是榜样力量的召唤。

仿照也是一种学习
——模仿心理

当在生活中看到一种引起自己兴趣的动作与行为时，我们会不由自主地用自己的方式重新表演或尝试一下。

有一个人买了一只鹦鹉,他每天回家都逗鹦鹉说:"叫爸爸!"可是鹦鹉只会嘎嘎地叫。两个星期过去了,鹦鹉还是不会叫爸爸。那人很生气地掐住鹦鹉的脖子大吼:"叫爸爸!叫爸爸!"但鹦鹉只会嘎嘎叫。那个人骂道:"你跟一只彩色的鸡有什么不同呢?"于是第二天他便将鹦鹉关到鸡笼子里。

没过多久,就听鸡笼传出一阵吵嚷的声音。那个人打开鸡笼一看,只见那鹦鹉正掐住一只鸡的脖子大叫:"叫爸爸!叫爸爸!"

　　从文中的鹦鹉我们看到了模仿的影响,它就像一面镜子,在折射着你模仿的对象和内容,如果拿到家庭教育上说就是所谓的"上梁不正下梁歪"和"有其父,必有其子"。

　　模仿是每个人实现由自然人到社会人的必要途径之一,在个体社会化过程中起着重要的作用。它是伴随我们一生的行为,是人的一种本能倾向,从牙牙学语,到独立处事,其间模仿始终没有间断过。榜样的力量是无穷的,当我们全身心地效仿成功者,我们也许会收获成功;但当到了一定程度后,仍片面地模仿,其结果就限制、制约人的发展了。所以这时候有人说,模仿的东西是次级品,越是模仿,就越会因为不能成为一级品而懊恼。

　　模仿是一种适应的过程,通过模仿得到好处,或产生一种满意感,所以它需要时间。模仿有一个限度,积极的模仿可以促进社会的整合和发展,消极的模仿则会带来负面效应。

　　人生的进程,是社会化的不断成熟和超越的过程,在这样的旅途中,适度的模仿是提高我们加速社会化的最有效的方式。

　　在欲望的驱动下,人们总是在这山望着那山高的心理暗示下无止境地拼争。

一无所有的狗
——贪婪心理

　　不满足已拥有,以膨胀的欲望追求还没有拥有的,这是这只狗的悲哀,也是贪婪者的悲哀。

有一只狗衔着块肉,经过河上的一座小桥。

这时它朝下看见了自己的倒影,发现河中的那条狗也衔着块肉,而且比自己的那块大得多,十分诱人。

于是它丢下自己的肉,向水中猛扑过去,想要夺那大块的肉。结果两块肉都丢了,水中的倒影消失不见。

原来的那块肉也被河水冲得无影无踪了。

不满足已拥有,以膨胀的欲望追求还没有拥有的,这是这只狗的悲哀,也是贪婪者的悲哀。在私欲的涌动下,人性总是有"凡是得不到的总是最好"的理念,表现出来"看着锅里的吃着碗里的",这就是贪婪。

贪婪是一种贪得无厌的意识诉求,对与自己的力量不相称的某一目标过分地追求。它与正常的欲望相比,贪婪没有满足的时候,反而是愈满足,胃口就越大。所以说,贪婪的欲望一旦开始膨胀就会扩散到无止境的地步。

贪婪的形成是由于自我内心的欲望无限膨胀,包括利欲熏心,以及侥幸、攀比、补偿等心理,从而蒙蔽了最初真实的心灵,让自我失去了正常的判断力,意识超越了现实,它注定延伸的是一条不归路。

贪婪在现实生活中具体表现为拼命向上爬而不择手段的权力欲;唯利是图、难以填补的财欲;"饱暖思淫欲"、色胆包天的色欲;利欲熏心、欺世盗名的名欲等等,具有无止境、侥幸、无所顾忌及意志薄弱等特征。

不少人为求完美而吹毛求疵,结果却是降低了自己生活的质量。

海洋与沙漠的条件
——挑剔心理

我们有时精神萎靡,心境恶劣,疲惫不堪,不正是由于我们过分注重一些毫无价值的小利引起的吗?只计较细小的事情,没有远大的计划;只贪图分厘的利益,不计算万

千的收入。

有一天,沙漠与海洋谈判。

"我太干,干得连一条小溪都没有,你倒厉害,水多得与天接壤,我看,我们不如来个取长补短的交换。"

"行啊,我非常愿意并非常欢迎沙漠来填补海洋。"海洋欣然同意,"只是我这里已经有了沙滩了,所以我们考虑只要土,不要沙。"

"说到这里,我们在欢迎海洋滋润沙漠的时候,也只想要海洋里的水,不要盐。"

哪一天,沙漠与海洋才会谈拢呢?

世界上的事情历来不存在"绝对"的标签,事情与事情的普遍联系通常是用"相对"或者说是不完美的方式通融和交流的。如果一味地强调绝对和完美,那么自然界的进化和社会的发展必将走入一个死胡同。

一如沙漠与海洋这对冤家的谈判,谁也不能摆正自我位置,都以近乎苛刻的眼光和态度对待事情,水火不容的它们怎么可能用完美来正视彼此的存在?

"金无足赤,人无完人。"一句古话道出了人们对待社会态度的真义。任何事物都有其不成熟和不完善的一面,对于做事我们当是向最好处努力,对于最坏的局面我们也应该予以考虑。以平常之心,多思之虑处之、容之、为之,否则最先出局的只能是怀揣挑剔的我们。

水至清则无鱼,人至察则无徒。

一切恶行都围绕虚荣心而生,都不过是满足虚荣心的手段。

沉重的假项链
——虚荣心理

在工作学习中,有些人常常把注意力放在别人对自己的评价上,爱听奉承话;不是刻苦努力,而是热衷于文过饰非,做表面文章。

路瓦栽夫人虚荣心十足,她为了在一次宴会上出风头,特意从女友那里借来一根金刚石项链。当她戴着项链在宴会上出现的时候,引起了全场人的赞叹与奉承,她的虚荣心得到了极大的满足。

不幸的是,在回家的路上,这条项链丢失了。为了赔偿这价值3万6千法郎的项链,她背负了重债。之后,她整整十年节衣缩食才还清了债务。而颇具讽刺意味的是,这时对方告诉她丢失的项链是假的。

路瓦栽夫人这种"打肿脸充胖子"来保护自己自尊的心理就是虚荣。法国哲学家柏格森说过:"虚荣心很难说是一种恶行,然而一切恶行都围绕虚荣心而生,都不过是满足虚荣心的手段。"受虚荣心驱使的人,只追求表面上的荣耀,不顾实际条件去求得虚假的荣誉。

虚荣心是为了取得荣誉和引起普遍注意而表现出来的一种不正常的心理情感,是争名逐利的一种不良品质。虚荣心很强的人,他的深层心理是心虚。表面的虚荣与内心深处的心虚总是在斗争着。因此有虚荣心的人,至少受到来自两个方面的心灵折磨,一是没有达到目的之前,为自己的不尽如人意的现状所折磨;二是达到目的之后,为唯恐自己的真相露馅的恐惧所折磨。因此他们的心灵总是痛苦的,是没有幸福可言的。

虚荣心是使人走向歧途的兴奋剂。当一个人在不分条件的情况下,而只顾强求所谓的平等与高贵,其最终结果只能是自己与自己过不去,失去原有的平衡和谐,虚荣心能点燃起一个人的邪念,使人失去理智,导致终生遗憾,走向悲剧的终点。

心理的疾病往往是病的真正祸源。让自己坚强,用自己的双手扼住命运的咽喉,才是强者的姿态。

命运在错位中病变
——暗示心理

生活的事常常如此不可思议,本来没病,一说就有病;本来该赢的,一说输就真输了。这单单是乌鸦嘴的原因吗?

在上世纪50年代,北京一家大医院同时来了两名患者,他们都怀疑自己患了肺结核,同时到这里来检查。

不幸的是,由于医生一时疏忽,把两张化验单给错了,其中一个只是由于感冒而咳嗽的人的化验单给填上了肺结核,另一个真正得了肺结核的人却给填上了因感冒呼吸道轻度感染。没想到两种结果却导致了不同的结局。两年后,真正患肺结核的患者不治而愈,而那个没有肺结核的因过度担忧而导致免疫力下降,真的被感染上肺结核而死了。

两个病人的不同归宿,让我们深切认识到心理暗示的力量。虽然它只用含蓄、间接的办法但却对人的心理状态产生了迅速影响,并让我们在不知不觉中接受影响。上课时,一个人"打哈欠",许多人往往跟着"打哈欠";有人咳嗽,你的喉咙也会发痒;看见别人赛跑,自己也不知不觉地动起脚来。它可用言语、手势、表情、动作或其他物理环境为手段来实施,往往使受暗示者不知不觉中按照一定方式行为或不加分析地接受某种意见或信息。当年曹操用来鼓舞士气的"望梅止渴"是一种暗示,成语典故里那个自己吓自己的"杯弓蛇影"也是一种暗示。只要你的意识下命令,你的潜意识就不会和你争辩,它会完全接受这个命令,他像个无知的小孩,听不懂"玩笑"话。巴甫洛夫认为:暗示是人类最简化、最典型的条件反射。因此说,我们用语言和图像在我们的心上写什么,我们就将得到什么,暗示不可抗拒,就因为它的潜移默化。近朱者赤,近墨者黑。人生当中,当学会用积极的暗示心理来帮助自己进步。就像心理学家说的:"无论什么见解、计划、目的,只要以强烈的信念和期待进行多次反复的思考,那它必然会置于潜意识中,成为积极行动的源泉。"

妒忌是为自己准备的屠刀,是鞭挞自己的鞭子,是一条啃噬心灵的妻蛇,是一个告密者,是一个不祥的奸细,是引起纠纷、诽谤和烦恼的祸根。

祈求邻人的羊死掉
——妒忌心理

看到同事工作越干越出色,总是受到领导的赞扬,心里就会有种酸溜溜的味道。

有一位农夫，听说邻居家有一只会挤奶的山羊，十分难受。原先我们都一样的生活水平，现在好了，人家的日子过得多红火！

于是，他就天天地祷告，祈求上帝恩泽自己。终于上帝被他的诚心感动了。

一天，上帝显灵了，来到他面前，问他："要我如何帮助你？是不是让我也给你一头会挤奶的山羊？"

"不不不，万能的上帝，"农夫激动地说，"请你一定要把我邻居那只会挤奶的山羊给杀死。"

感悟

不能容忍别人超过自己，害怕别人得到自己无法得到的名誉、地位等利益，农夫竟然表现出扭曲的想法。可见嫉妒有它不健康、卑劣、可耻的一面。在他看来，自己办不到的事别人也不要办成，自己得不到的东西，别人也不要得到。

人是社会性的，人的本质是社会关系的总和，人与人之间存在差距和竞争，有竞争自然就表现出才能、名誉、地位或境遇等方面的差别，由此也就自然会产生嫉妒心理。面对自己的失败和别人的成功，认为自己的不成功来自对方的存在和威胁，"既生瑜何生亮"，这是一种病态的心理。

妒忌是恐惧与愤怒的混合心理。害怕和敌视别人比自己强，由此妒忌者总爱用显微镜观察世界，捕风捉影，无事生非。这事实上是性格缺陷的折射，自卑、心胸狭窄、偏执常常是滋生妒忌的温床。一个人要心胸开阔，并给自己一个不嫉妒的理由，看到自己的长处，化嫉妒为动力。俗话说："与其临渊羡鱼，不如退而结网。"

妒忌既是一种杀人的刀，也能转化成一种动力。正确对待，才会使妒忌从小气变成羡慕别人的大度，激发出追赶他人的潜力和创造性。

心中有鬼,不是现象中有"鬼",而是你自己在自己的心中装了一个"鬼",从而才有"鬼"来了的种种迹象。

斧子映照下的人心
——猜疑心理

生活中我们常会碰到一些猜疑心很重的人,他们整天疑心重重、无中生有,认为人人都不可信、不可交。他们甚至觉得别人都在背后说自己坏话,或给自己使坏。

有一个人丢了斧子,却怀疑邻居的儿子偷了。

随后,他观察邻居儿子的一言一行与神色仪态,觉得无一不是偷斧子的样子。观察与思考的结果,让他断定邻居的儿子就是那个偷自己斧子的人。

一天,他看见邻居的儿子突然大白天地关了门,不久便听到屋内传来劈柴声。他非常肯定地对儿子说:"走,一定是他家偷了咱家的斧子,分明是不敢在外面用!"正当他要上门索斧之时,儿子突然看到斧子原来在自家车子上。

之后,他再怎么看邻居的儿子,竟然一点儿也不像偷斧之人。

文中的主人公自己不去询问究竟,在封闭自己的过程中妄加猜测并推理,导致从怀疑一件事到怀疑多件事,从怀疑别人到怀疑自己,这就是典型的猜疑心理。

猜疑是人性的一个弱点,是卑鄙灵魂的伙伴。一个人一旦掉进猜疑的陷阱,必定处处神经过敏,事事捕风捉影,对他人失去信任。喜欢猜疑的人特别注意留心外界和别人对自己的态度,别人脱口而出的一句话很可能琢磨半天,努力发现其中的"潜台词",这样便不能轻松自然地与人交往,久而久之不仅自己心情不好,也影响到人际关系。

造成猜疑的原因或者是因为作茧自缚的封闭思路,从某一假想目标开始,最后又回到假想目标,就像一个圆圈一样,越画越粗,越画越圆;或者是对环境、对他人、对自己缺乏信任,即所谓的不相知,长相疑。疑神疑鬼的人,看似疑别人,实际上也是对自己有怀疑,至少是信心不足。

一朝被蛇咬，十年怕井绳。恐惧是生理的反应，人人皆有。然而，在精神领域里，恐惧似乎又超越了生理的反应，面对追求和价值，恐惧显得苍白无力。

生命中不能承受的怕
——恐惧心理

上战场，士兵发抖发软的身体是对死的害怕；下煤窑，工人小心翼翼是因为担心瓦斯爆炸。种种忧惧，结果让自己出现了许多反常的行为和心理的变化。

第二次世界大战期间，在德国法西斯的集中营里，他们把犯人关在一个漆黑的小屋里，然后，把他们的手臂从墙上的一个小孔里拉出来，固定在一个架子上，告诉犯人要放干他们的血，接着用刀背在犯人的手腕静脉处来回地划动几下。

这时，在旁边用水模仿血往下滴的声音，使犯人以为确实是自己的血在往下滴，就这样滴、滴、滴，使犯人的心脏因极度恐惧衰竭而死。

在真实或想像的可怕情景影响下，犯人们便会深刻地感受到一种强烈而压抑、企图摆脱而又苦于无助的情绪，这就是恐惧心理的表现。人们在恐惧状态下，精神和身体如同被冻结了的能源一般，不能听任意识的调న。所以恐惧是一种牵涉到人体神经各方面的生理反应和心理状态，是个体遇到危险时所产生的一种应激状态，也是一种企图摆脱危险的逃避情绪，具有传染性。诸如心脏以外各处皆呈血亏现象，俗谓"胆战心惊"、"腿灌了铅"。这也正是犯人死亡的真正原因。所谓"可怕情景"，并没有什么绝对的标准，而主要是人缺少处理或摆脱可怕情境的力量和知识而造成的。除了由恐惧对象引起外，大部分是由内心恐惧造成的。所以，随着个人经验的增长和阅历的增加，以及人生观的确立，对于恐惧也越来越减少。如面对死亡，孟子曾这么说，生我所欲也，义亦我所欲也；二者不可得兼，舍生而取义者也。这就是用信仰的力量战胜了对死亡的恐惧。

一朝被蛇咬，十年怕井绳。恐惧是生理的反应，人人皆有。然而，在精神领域里，恐惧似乎又超越了生理的反应，面对追求和价值，恐惧显得苍白无力。

不同的参照物,获得不同的感受,心理的悲与喜也是。

一样的面盆不同的感受
——比较心理

现实中,面对当年同窗好友如今比自己强的时候,自己觉得特别愤愤不平,要知道当年上学时他可不如自己啊。

赶集回来后,王婆十分自豪地对邻居说:"看我买的面盆值多少钱?"

"20元左右吧?"

"才10块钱!"王婆得意地回答。

另一邻人走过来,说:"我买的跟你的一模一样,才8块钱!"

"不会吧?"王婆的脸冷结起来,并要求验证。结果果然如此。王婆回到家大哭了一场。

这时,第三个邻人来家串门,说及此事,他大叫道:"唉哟,这种盆我买时花了28元!"

王婆整个晚上又谈笑风生起来。

像王婆这样在买了东西后特别喜欢比问价钱的人在生活中相当普遍,这是一种比较心理在起作用。通过比较她可以用来判定自己是否受到公平对待,由此而来的与心理平衡有关的心态变化,就是比较心理。一个人对于公平的感觉,往往取决于比较的方向;改变一个人的比较方向,可以改变一个人的态度。

在实际生活中,许多苦恼、喜悦等都出自这种比较心理。如果过于注重于在财富、地位等方面比较,常常产生一种这山望着那山高的不满足感;但如果把自己的目标放在一个非常宽松的范围内,相对就较容易获得心灵的平衡与满足。

比较应该是一种审时度势的自我丈量,也是"一日三省吾身"的反思,在权衡中不失去自己,在比较中能深刻鉴别自己。

适度的比较心理可以成为人类竞争的原动力，一旦过于偏执强烈，就会产生攀比心理或嫉妒心理。

人与人应该彼此信任，但绝不是无头脑、无判断力和分辨力的盲目相信。

不是青蛙不小心
——轻信心理

别人一席话就能轻易成为打开心扉的钥匙，让自己很容易地随着他们的意志处理一些事，原有的心中藩篱竟会消失殆尽。

一只蝎子坐在池塘边。它看见一只青蛙，它问青蛙："喂，伙计，把我带到池塘那边去怎么样？我不会游泳！"

青蛙回答说："你又在进行欺骗了，我可没有那么傻，我知道你们这帮家伙是什么样的。如果我让你爬到我的背上来，你就会蜇我，那我就会淹死。算了吧，别骗人啦！"

蝎子说："我真难以相信，你是多么愚蠢啊！如果我在你背上，我不会游泳，你说我到底为什么要蜇你呢？那岂不是你淹死我也淹死了。"

"哦，有道理，"青蛙想，"好吧，上来吧。"

蝎子跳到青蛙的背上，青蛙开始向池塘对岸游去。大约到岸时，蝎子把毒刺插到了青蛙背里。

感悟

青蛙看不清蛇蝎心肠的本质，只是根据事物的表面现象就轻率地把自己的生命交与它，所表现出来的就是一种轻信。轻信心理是自己对自己不负责的结果，自己的心理素质较低，思想不够成熟，不善于分析问题、解决问题，从而出现好心无好报的悲情结局。

轻信如果说是与幼稚、天真有关系的话，不如说是自己缺乏应有的思考分析能力，对社会和交际缺少该有的基本常识和阅历。

轻信的结局不以善良为考虑因素，轻信的代价也不以你的诚实为本，它直接导致

287

的是被他人利用或者自我覆灭。

所以轻信是在对自己不尊重的同时,客观地抬举了他人。就像平时所说的:被人骗了,还为别人数钱!

人与人应该彼此信任,但绝不是无头脑、无判断力和分辨力的盲目相信。

既然上帝让我们在坟墓里面是平等的,那么在生活中也是平等的,如果不平等,它就得给以补偿。

鲁道夫的奋斗
——补偿心理

生活当中,上帝是公平的,当给你灾难时,也会给你辉煌。丑陋的人容易拥有才华,漂亮的人容易沦入"自古红颜多薄命"的宿命。

鲁道夫在家中22个孩子中,排行第二十个。她是早产儿,生下来时差点儿死掉。

4岁时,她染上了肺炎及腥红热,以致左脚麻痹。

9岁时,她除去左脚上的铁制支撑,开始走路。

13岁时,她发展出一套医生都认为是奇迹的节奏性步法。

同一年,她决定成为一位运动员。她参加了比赛,跑了个最后一名。

接着几年的比赛中,她也都是跑到最后。这时,周围每个人都劝她别再痴人说梦了,那不是她的强项,坚持等于浪费生命。

终于有一天她赢了,不知是失败了多少次之后。接着她又是一次胜利。从那时起,每次比赛,她都会赢。

最后,这位被认为再也无法走路的女孩陆续赢得了3块奥林匹克金牌。当记者问她是如何成功时,她激动地回答:"别人能做到的,我相信自己一定可以做到,第一件事就是不靠支撑走路。"

当鲁道夫发现自己与常人天生有差距时,她没有放弃,而是用渴望平等的进取心

来拉近这个不平等的距离。所谓"穷人的孩子早当家"、"失之东隅,得之桑榆"。这就是补偿,用心理学解释是指个体在所追求的目标、理想受到挫折或者由于本身生理上或心理上的某种缺陷而达不到既定目标时,改变活动方向,以其他可能成功的活动来代替,从而弥补由失败所丧失的自尊心及自信心。

上帝是公平的,在关了一扇门时又为你打开另一扇门;当给你美丽的时候,同时也会给你无法摆脱的遗憾。这不是命运的捉弄,也不是造物弄人,所以每个人都可以运用不同形式的补偿作用来扬长避短,发挥优势以满足自己的要求。补偿心理是一种鼓动人进步的激励心理,适当地运用可以让人们在心理中找到自我平衡的支点,不至于产生一些不良的心理反应。

自私之人不仅通常会以各种手段掩饰自己,而且在侵占别人利益时还往往表现出心安理得的样子。

看着我喝茶吧
——自私心理

处理事情的原则总是以自我为中心,我的利益才是最大的取向,这是很危险的。

单位务虚办公室有三人:阿无、阿虚、阿容。

一天上班后,阿无要吃药,掂掂茶壶没有水,只好作罢。过一会儿,阿虚吃着油条进屋,掂掂茶壶也无水,也只好作罢。最后阿容进屋后把茶叶放入茶杯,掂掂茶壶,没水,但也不能把200多元一斤的好茶叶给浪费了,于是他站起来打了开水。

回来后,阿容提的开水,不多不少正好倒满他的大茶杯。这边阿无看见打来开水了,急忙把药倒入嘴里,阿虚则急忙把油条塞满嘴。结果,茶壶内除了热气,不剩一滴水。

阿无只得痛苦地嚼起药来,阿虚则噎得脸通红,而阿容则悠然自得地喝起茶来。

围绕着喝水的简单小事,三个人的本性在这里暴露无遗。他们每个人都以个人利益为衡量尺度,一味想满足自己生理和心理的需求。这种心态就是典型的自私心理。其

理念是"我开心,我满意;不求大家满意,只求自己开心"。把自己的东西看得紧,看得重,不管别人的利益是否受到损害。

自私是一种近似本能的欲望,处于一个人的心灵深处。欲望是滋生自私的根由。所谓"人不为己,天诛地灭"。自私之人不仅通常会以各种手段掩饰自己,而且在侵占别人利益时还往往表现出心安理得的样子。

自私有向善和向恶之分。向善的自私讲求"我为人人,人人为我"的相互性,而向恶的自私就只讲单向性了,即"损人利己,或利己不损人"。殊不如,人的本义是一撇与一捺的相互支撑关系。讲究欲先取之,必先予之,当你尊重别人、理解别人时,得到的往往会更多。

人的本质是社会关系的总和,最大的快乐就是施予,付出与索取之间从长远意义讲永远是平衡的;如果你这么想了,你就有可能失去的是浅薄,得到的是厚重。

崇拜是一种原动力。如果我们把被崇拜者当做榜样,我们可能受益;如果我们把被崇拜者奉为圭臬,我们可能遭灾。

年轻人找回《创业史》
——崇拜心理

我们为什么会心甘情愿地为我们尊重的人做许多不求丝毫回报的事?

著名作家柳青当年被打成右派,家被抄了。抄家的人当中有一红卫兵小将,非常喜欢看他的小说,尤其是《创业史》。

那天,柳青担心自己的《创业史》第二部书稿是否被毁,心里急得团团转。这位与他素不相识的红卫兵知道后,表现出极大的帮忙热情,主动要求并愿意要为柳青冒着生命危险跑一趟。

这位红小兵跑到被封的柳青家,扒了半天,终于从一个打着封条的旧箱子找到了那份书稿,并交给了柳青,于是才有了今天完整的《创业史》。

感悟

年轻人对柳青的崇拜由来已久,这是感情投向自己认同并希望变成的对象的一种

欲望投射。从字面上说,崇拜就是"尊敬钦佩",就是对人、自然物或某一种思想学说等产生一种尊敬钦佩之情,并甘愿为之付出一切。因为那是自己的目标和理想,是自己没有的,或者自己想要的,或者自己想达到的。

崇拜能非常清楚地证明两种东西,对于被崇拜者来说,能证明他有多大的存在价值;对于崇拜者来说,能证明他有什么样的鉴赏力。崇拜一个根本不值得崇拜的人,这不是出于愚弄,就是出于天真。

崇拜心理产生于对象身上具备自己苦苦追求但一直不能具备的某种东西,或者对象达到自己曾经梦寐以求的结果等等条件下,于是个体便在自己的缺憾中投以膜拜的羡慕心情,在这种情况下,人们很容易夸大对外界的印象而产生盲目倾向,导致情感比较激荡,情绪出现狂热,缺乏正常的自主精神,片面地强调崇拜对象个体的作用并加以神化。

崇拜是一种原动力。如果我们把被崇拜者当做榜样,我们可能受益;如果我们把被崇拜者奉为圭臬,我们可能遭灾。

世界上最委屈最令人遗憾的事,莫过于沟通中存在的不该有的差异和错位。

擦肩而过的爱情
——误解心理

有时候我们会凭我们自己的一种判断而看到表面就以为看到实质,不仅丧失良机,甚至影响或耽误了一生。

两个人是一对童年时在一起玩耍的小伙伴。

但自打上中学开始,两个人就再没说过话,只是默默地互相倾慕着,一直没有机会搭话,谁也不愿意创造接触的机会。

有一次,她和一位陌生的男青年从他家门口经过,他震惊了,他要有自己的女朋友。有一天,她看见了他搀扶着一位女孩子,俩人十分亲热地说着话,她的心都碎了。那年,她披上了嫁衣,做了别人的新娘。

后来,已为人妻人夫的他们才知道,当年他看见和她在一起的男青年是她表哥,她那天看到的场景只是因为他在扶一个跌倒的盲女。

感悟

佛家说，山是山，山非山，错与对，对与错，仅一纸之隔。在人与人的交往与沟通中，理解与误解常常像一对孪生兄弟一样穿梭其间。从一定意义上，误解也是一种理解，只不过是一种因主观臆断引起错误结论的理解。

青梅竹马的人竟然也会有误解，可见理解与误解之间真是差之毫厘，谬之千里。对此，人们往往以无缘或缘分已尽来诠释个中因由。而事实上，他们完全可以打开天窗说亮话，通过坦诚心灵的沟通做到有效信息的传递；然而，他们没有，而是选择了在误解中放弃。之所以如此，就是因为在沟通的环节上碍于观念上的偏见、心理上的障碍或者情绪性的负面影响等导致相互对收到的信息发生理解上的错误。

被人误解了，那就随他去想吧！这是无法避免的事情。因为每个人都有头脑，每个人都有心，谁又能去阻挡别人的思索呢？难怪但丁老人说：走自己的路，让别人说去吧。这可能是对误解的最有力的回应吧。事实上，多些误解，反而能磨炼我们的意志，成熟自我；另外，误解永远是暂时的，随着真相大白，一切都会以理解的方式重新收获美好，一如青梅竹马的他们在多年后得知真相时一定会捡拾回友情一样。

好事不成双，一次幸运不可能永远幸运，因为幸运只赐予你一次，用手创造、用心准备才是正理。

偶然的获得永远的等候
——侥幸心理

"这事还会落在我头上！"生活中我们在偶然中尝到过天上掉下的馅饼，我们就会自信地认定这种偶然就是必然，并开始抱着不劳而获的心态认定这个规律了。

宋国有个农夫种着几亩地，他的地头上有一棵大树。一天，他在地里干活，忽然看见一只兔子箭一般地飞奔过来，猛地撞在那棵大树上，一下子把脖子折断了，蹬蹬腿就死了。这个农夫飞快地跑过去，把兔子捡起来，高兴地说："这真是一点儿劲没费，白捡了个大便宜，回去可以美美地吃上一顿。"他拎着兔子一边往家走，一边得意地想：

"我的运气真好，没准明天还会有兔子跑来，我可不能放过这样的便宜。"

第二天，他到地里，也不干活，只守着那棵大树，等着兔子撞过来。结果，等了一天什么也没等到。他却不甘心，从此，天天坐在那棵大树下等着兔子来撞死。他等呀等呀，直等到地里的野草长得比庄稼都高了，连个兔子影子也没有再见到。

感悟

宋人仅仅因为偶然的收获，结果就认定下一次还会有同样的机遇和便宜，于是就选择了等待，而放弃了劳动。其实，凡撞到木桩子上的兔子多是"傻兔子"，现实中这样的事并不多见。

侥幸心理是一种趋利避害的投机心理，如果这种"投机"正好踩在事物的量变到质变的边缘上，那当然就是侥幸了，以最小的投入获得了较大的利益回报，但是这样的"神奇"只有"神"才能屡次创造！

侥幸的获取其实只是必然中出现的偶然性，它没有规律可循，也没有对等性可讲，就像瞎猫逮住死老鼠那么不着边际，丝毫没有成功的把握性和控制力。这对于实现自我价值的我们来说，侥幸无疑是一种碰运气、撞头彩的心理，不利于我们从根本上解决实际问题。

一分辛勤一分收获，良机总常常青睐有准备的人。任何事情都是靠不断的努力和精心的准备才得到的，而不能只把希望寄托在一些偶然的事情上，更不能抱着守株待兔的侥幸心理作消极的等待。

成也萧何，败也萧何。有时对待同一个人爱之欲其生，恨之欲其死。

皇帝的心思
——矛盾心理

想爱却羞于启齿，想断绝爱又于心不忍。正如歌中所唱"想去桂林，有时间的时候没有钱，有钱的时候却又没时间"。

唐玄宗在位时，特别敬畏韩林，但他却把这么一个让他有点儿怕的人任用为宰相。这样，这位唐明皇天天提心吊胆的。一天，他很想出去到妓春院里玩一番，听听那

里一位名妓的古筝弹奏，可是又总怕身边的哪位侍从是韩林派来的奸细。

一位专门负责为皇帝找乐的宠臣说："干脆免了他，省得天天我们玩得不顺溜，要知道你可是万圣之尊啊。"

"放肆，你懂什么，韩林的存在让我的确瘦了许多，但我瘦必肥天下呀。当魔鬼驱使我做些错事，总有人及时送来天使。"

用"进亦忧，退亦忧"来描述韩林之于唐玄宗再贴切不过了。就个人情怀来讲讨厌他，但就国家大局来讲没有他又不行。这种面对社会时所面临的内部环境、外界客观现实与需要之间的冲突就是矛盾心理。

在这个世界上，任何事物都包含既对立又统一的两个方面，它一直存在着，用不同的方式出来考验人的智慧和感情。君不见天地相间、昼夜相继、动静相和、阴阳相配、生死相替……你喜欢阳光，亦要接受阳光背后的阴影，对此，我们一定要学会"凡事要分，凡事必分"的一分为二，世上事物没有绝对的好和坏，适合人们需要的才是好的，这就是唐玄宗选择韩林的智慧。

事实上无论矛盾心理是否冲突剧烈，是否对抗，对陷入其中的人的意志和道德都是一种磨砺和考验。只有客观地分析自己，分析他人以及分析形势，才能使自己保持谦虚谨慎、自信自立以及自强不息的心态。

人类最可悲和可怜的是偏见的始终存在，并影响着大到民族、国家，小到家庭、个人的正常关系。

瞎子摸象
——偏见心理

现实生活中有一种说法，对小偷而言，逮住一回当百回。坐过牢的人，似乎永远都是坏人一族；而戴眼镜的人，在大家的印象里，总与知识、学问挂钩。

几个瞎子想见识一下大象的模样，于是就相邀一起去摸象。到了现场，各自开始谈

对大象的认识。

一位摸着象腿的瞎子说："大象像圆柱。"摸到象牙的瞎子表示反对，他说："大象像一把弯刀。"这时另一个瞎子发话了，他摸到的是大象的身躯，它说："不是不是，大象应该像一堵墙。"摸到象耳朵的瞎子一听，赶紧嚷道："唉，你们都错了，其实大象应该像一把蒲扇。"

瞎子摸象由于各自摸的地方不一样，所以感知也各不相同，因为所摸的只是大象的某一部分，所以结论自然带有偏见。像这种对对象不正确的认识、不公正的见解、不客观的态度，就是偏见，这是一种典型的形而上学。

偏见心理带有一定的情感色彩，或是先入为主，或是偏听偏信，或以点见面，在感情的作用下认知社会，并决定自己的行为，也就是俗话说的戴着有色眼镜看人看社会。这样一来，就无法做到正确地认识社会，处理问题难免处处碰壁。

因此在对待事物上，要做到辩证地看问题，学会以全面的观点、历史的眼光、发展的态度认识事物，不以个人好恶为标准，不以"框框"定取舍，不以"小恶"忘"大美"。同时，也要深入实际，尊重事实。亚里士多德曾认为，妇女的牙齿比男性少；其实他只要让妻子张开嘴自己数一数，就可以避免这个错误了。

内心的尺度与现实的尺度总是不合拍。内心以好恶为标尺显得变化万千，而现实总是不紧不慢地一个步调。

半夜的晚餐
——错觉心理

谈恋爱的人都有这样的感觉，恋人在的日子里，三年等于一日；恋人不在的日子里，一日不见如隔三秋。

爱迪生为了他的发明创造，婚期一拖再拖，直到24岁才举行。

结婚那天，典礼刚结束，爱迪生忽然想起了电报机的关键之处，随即就赶到实验

室,并与新娘约定忙完了俩人一起吃晚饭。

天黑下来了,吃过晚饭,闹新房的人赶来了,可怎么也看不到新郎的身影,最后大家伙儿只好高兴而来败兴而归。

夜深人静的时候,巡楼员冲着亮灯的楼上来了。

"唉呀,你怎么在这儿,你让大家找得好苦呀!"

"现在几点了?"

"晚上12点了!"

"不会吧,我觉得我来这里没多大一会儿呀。过一会儿我还要陪玛丽吃晚饭呢。"

爱迪生因为忘我投入地工作,对时间必然产生了一种倾向性的错误知觉,这种现象就是心理错觉。它不同于幻觉,而是在客观事物刺激作用下产生一种对刺激物的主观歪曲的认识。

在对事物的感知过程中,主观烙印往往让我们割舍不掉过去的经验与情境;当面对发生变化了的知觉情景时,人们习惯用原先的感觉模式来对待,从而产生错觉。

错觉现象很普遍,几乎能在各种知觉中发生,包括生理性错觉的"草木皆兵"、"风声鹤唳"等,也有时间错觉的"光阴似箭"、"度日如年"等。在现实生活中,时间错觉与自己的心情和事情的轻重有关,心情好了,事情大了,时间就会过得比较快;如我们总觉得痛苦多,快乐少,其原因就是因为痛苦是一种带着时间错觉的情感体验,所以呢,遇到不顺心时总感觉时间过得慢——难过。

因此,对待任何事情要学会透过现象看本质,耳听不一定真,眼见的也未必就实!

大自然赋予每一个人一个位置,如果你找不到,你就只能是一个匆匆过客,无法演绎自己的精彩。

到底哪个是出水的井
——浮躁心理

小猴掰玉米时,见到西瓜就把玉米给忘了;等拿到西瓜时,又被桃子迷住了心,把

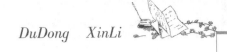
西瓜给扔了出去。最终它一无所获。

农闲时节,一农人看到别人家都有井水,十分方便,就打算也在自家周围挖井。

他选来选去,终于找到一个适合的位置,开始动锹了。他挖啊挖,都挖到第9天了,还不见水。

是什么原因呢? 有人说:"可能这个地方没有水,最好换个地方。"

农人心想:也是呀。于是他又换一个地方开始挖了起来。这次挖了一天,一位号称懂风水的邻居劝阻说:"这个地方不敢挖,挖了不好。"

于是在风水先生的帮助下,重新选位,然而又是快挖出水的时候,他停住了。他觉得这个地方可能离自家的粪池太近了。

就这么着,他换了8个地方,也没有挖到出水的井。因为他一个都没有坚持挖下去。

农人没有挖出水的最大的原因就是因为做事无恒心,见异思迁,浅尝辄止。殊不知,成功的主要品质就是树立目标并持之以恒。

面对这个充满诱惑的世界,常常是"五色令人目盲,五音令人耳聋",所有这些外部环境的变化,客观上都容易使人心无所住,浮躁不安。富贵圆满即骄横自是,贫困交攻则无所不为。无论身处何地,若人目光短浅,胸襟狭小,即容易将一己之欲,泛滥成无节制之行。所以说浮躁是一种病态心理表现,在情绪上表现出急功近利和恐慌症状,在行为上表现出行动之前缺乏思考的草率态度。

"人比人,气死人。"随着人的角色及社会的变化,面对着人们在社会结构中重新定位的问题,此时此刻焦躁不安就自然难以避免。加上人都有一种盲目攀比的心理,就显得异常脆弱、敏感,稍有一点儿的"诱惑"就会陷入盲从。因此,一个人要想避免浮躁,就应志当存高远,做到"自信人生二百年,会当水击三千里"。

不负责任、轻率随意的批评不仅收不到良好的效果,有时还会
走向反面。

盯住一点当全部
——批评心理

把自己视为正义的化身,对他人的所作所为随意予以评价,从正确的角度出发还
好,但如果歪曲了事实被人误解,其结果就会适得其反了。

有一天黄昏,一位骑马前往海边游玩的游客来到了路边的旅店。他和其他到海边旅
游的人们一样,很相信这里人们的行为很文明。他下马以后,就把马拴在门边的树上。

半夜,一个小偷趁人们都已入睡,偷走了马。

次日早晨,旅行者醒来,发现马被盗了,痛惜不已。

这时,房客们走进来并议论起来。

"你真傻,怎么能把马拴在马棚外面呢?"

"更傻的是,你不曾捆扎一下马腿。"

"骑着马,去海边,本身就是一件蠢事。"

"只有懒汉和腿脚不麻利的人才骑马呢。"

"有钱呗,富家子弟嘛!"

……

旅行者十分气愤:"错不该听信这里的治安好,没有偷盗行为等,唉,要不我的马怎
么会丢呢!"

面对祸事和负面现象出现时,旅行者及众人没有一个人指责小偷,都以迁怒第三
者、第四者的心态来获得心理的释解,这就是一种批评心理。善意恰当的批评从一定意
义上也能找到出现问题的根源,为杜绝类似事件的发生提供了有力的参考,有利于推
动了问题的解决;恶意或下意识的胡乱指责,则不仅从批评中得不到丝毫的利益,相反

需要承受各种各样的误解、打击甚至报复，或者是经受让人"心力交瘁"的官司的折磨。

人们爱之才会恨之，怒其不争，恨铁不成钢。只要是人，就总会犯错。即便是不食人间烟火的神仙甚至"玉帝老儿"也有犯错的时候，古希腊的神更是和人没有两样。正是因为人随时随地都有可能犯错，所以就需要有人为其指出错误，帮助改正错误。

在这种批评与反批评的互动过程中，人们——无论犯错者还是纠错者——应该不断改造自己，磨炼自己，提高自己。没有批评，就不会有生气；没有生命力，事物也就不会发展。因此，任何事情离不开批评，我们不仅不能拒绝批评，而且需要批评，这也是批评有时候受欢迎的最堂而皇之的理由。

> 鸟儿不会因为珍惜羽毛而放弃飞翔，你也不要因为怕人嘲笑而缄默不语。

包着自己过日子
——自我封闭心理

当生活中有人当面斥责或粗暴批评你，或者受人欺骗以及被人嘲笑时，我们很容易关闭自己的心扉，抑制自己，惧怕交际。

别里科夫是一个中学教师，晴天带雨伞，耳朵塞棉花，把什么都装在套子里，怀表放在鹿皮套子里，小刀也装在小套子里，甚至把脸也隐藏在竖起的大衣领里。

住处是一个严密狭窄的小居室，他床上有帐子，上床蒙被子。他总想把自己包在一层外壳里，仿佛要为自己制造一个套子，好与世隔绝。但就是这样，他还是六神无主，老是一个劲地嚷着："千万别闹出乱子啊！"深怕会有什么事发生，怕小偷，怕歹徒，甚至连结婚都怕。

到后来，"该结婚"让他每天心惊肉跳，惶惶不可终日，以至于烦恼忧惧而死。

感悟

因为不自信，因为怕出乱子，胆小懦弱的别里科夫用自我封闭的办法将自己真实

的思想、情感、欲望掩盖起来,试图与世隔绝,这实质上是心理防御机制的体现。生活当中这种人不乏其例,他们一般内心比较脆弱,自信心也弱,害怕一切,担心一切。

自我封闭心理在各个年龄层次都可能产生,一般表现为不愿与人沟通,很少与人讲话;面对波折与打击,表现出精神压抑、回避社交的逃避心态,并伴有强烈的孤独感。只要有人说点儿什么,就对号入座,心里紧张起来。

事实上,生活不是以躲着的姿态去面对的,因为这躲不过生活里的种种不幸,也无法逃脱人生旅程中的种种困难。真的勇士当敢于面对惨淡的人生,敢于正视淋漓的鲜血。人生之路需要你用自己的脚去跋涉,生活中的一切需要你用自己的手去搏取。一味地躲在自己心灵的小木屋里就是逃避生活,那样的话你就会被生活抛弃,你的人生路上就不会盛开生命的鲜花。

抑郁是一座精神的牢狱,所有他人与自我的怜悯都难以穿透那堵把你和世人隔开的墙。

钗头凤的压抑
——抑郁心理

一天工作之后总觉得有点儿烦,想喊喊不出,想玩玩不起来,想找人聊聊却感觉乏味……周围人的笑都似乎是伪装出来的,还是一个人独处为好。

陆游与其表妹唐婉从小青梅竹马,真情相爱,后来结为夫妇。感情深厚的他们志趣相投,经常研习文学,相互提高,过着快乐的日子。

但陆母不喜欢唐婉,坚持认为陆游几次应试不利,与唐婉有关,非要陆游与其离婚。陆游虽内心极其不情愿,舍不得唐婉,但最终没有抵抗过母亲,一纸休书把唐婉打发回娘家,这在古代是相当丢人的一件事。何况唐婉并没有什么过错,幸福就这么做梦似的消失了。

二人心情都比较抑郁。红尘之中的痛苦与空望,洗却铅华之后的枕边暗伤,使余生将成陌路。

唐婉随后改嫁给同邑赵士程,但日子过得很不如意。数年后陆游偶遇唐婉夫妇于绍兴沈园,悲痛难抑,乃题《钗头凤》词于壁上,以泄悲愤:"红酥手,黄藤酒,满城春色宫墙柳。东风恶,欢情薄,一怀愁绪,几年离索。错,错,错!春如旧,人空瘦,泪痕红浥鲛绡透。桃花落,闲池阁,山盟虽在,锦书难托。莫,莫,莫!"

唐婉应和一首,写道:"世情薄,人情恶,雨送黄昏花易落。晓风干,泪痕残,欲笺心

事,独语斜栏。难,难,难! 人成各,今非昨,梦魂常似秋千索。角声寒,夜阑珊,怕人询问,咽泪装欢。瞒,瞒,瞒!"

之后不久,唐婉便抑郁而终,当时唐婉仅仅 30 岁,陆游因此终生遗恨!

唐婉与陆游本来是一对恩爱的夫妻,唐婉是有名的才女,仅仅因为不能生育,被陆家给休了。这在当时是多大的一种耻辱,唐家为了争口气,又给唐婉找了一个有钱的人嫁了。但这种人为割断爱情,让幸福的婚姻突然死亡的打击,从世俗观念,从情感思想上给唐婉以极大的摧残,胸有块垒却难以释放出来,只好抑郁于心,表现出"梦魂长似秋千索"的无奈和悲观。

抑郁一直占据着唐婉的心,最终 30 岁的她生命早早地凋谢了。有抑郁感觉的人,一般表现为情绪低落、兴趣索然,自感思维迟缓,严重时有悲观绝望、痛苦难熬、生不如死的感觉,他们因为遭受打击而彻底失去了自信的朝气,通体透露着自责的罪孽感,觉得自己是家人的累赘,是社会的废物和寄生虫,常把过去的一般性缺点或错误夸大成不可饶恕的罪行,甚至通过自杀来了结自己的生命。

"世事如人意者只一二,不如意者常八九。"我们都生活在一个纷繁复杂的社会中,愤怒、委屈、失望、恐惧等感觉常常会致使我们情绪低落,让自己回避现实,容易自我否定,长期沮丧。

如果这种低落情绪长时间挥之不去,就妨碍了自身的心理健康或社会功能的发挥。海明威、三毛的死也许是很好的例证。

对于真理的坚持是一种执著,但对于错误的坚持就成了顽固,它的形成只能阻碍前进和发展的步伐。

以命相搏的蜥蜴
——顽固心理

计算机发达的今天,仍有人坚持说人脑比电脑计算得更快;机械化进程的今天,许多农民仍然不肯放弃用牛来犁地。

有一种古老的虫子,叫蝜蝂,一辈子只做一件事,就是背东西。

它不分食物,还是尘土砂石,不管有用还是没用,见什么就背什么,没有任何选择。

蝜蝂背的东西往往要大过自己的形体,巍巍然,有一种沉重和悲剧色彩。这往往让人同情。

"别背了,累坏了身体怎么办!"说完,好心人帮它卸下重负。

它十分生气:"不让你管,你知道吗,我不背会痛苦的。"

好心人继续帮忙。

它竟然恼怒起来,以命相搏。

蝜蝂面对自己认定的事轻易不去改变,对于他人好的建议或者善良的提醒不以为然,不分好歹,采取刻板方式重复某种无效的劳作,只顾我行我素,甚至自以为是。这种片面的固执就是顽固。

顽固心理其实是一种不正确的心态。它的坚持是一种不顾条件、不加分析的所谓坚持,其最终最大的遗憾就是这种态度下所失去的一个个良机。

表面上看,顽固与正常习惯相似;实质上,习惯在经过惩罚后就会改变,而顽固是在受到惩罚后不仅不改变,反而更加强烈坚持。

社会是发展变化着的,其间许多旧有的规律和条件随时间而流逝,社会却还在不断地进步。过分的坚持就是与社会为敌,成为守旧者。现实中的一切都是发展的。对于原则我们可以坚持,对于行将消亡的东西和错误我们一定要及早放弃。

我为人人,人人才会为我。只要人人都献出一点儿爱,世界将变成美好的人间。

一种快乐的感觉
——布施心理

有的人愿做"蜡烛"燃烧自己而照亮别人,有的人为了国家的需要甘当"无名英

雄",为什么他们甘愿牺牲自己而成全别人呢?

从前有三个人,觉得自己生活不快乐,便一起去拜访无德禅师,希望能指点迷津。无德问他们,你们想要得到什么才会使自己快乐?

第一个说,如果我能享天伦之乐,有融洽的感情,就会很快乐。第二个说,如果我有很多钱,富裕起来,就会很快乐。第三个说,我希望有权势,当了大官,别人看得起我,就会很快乐。

无德听了以后,便告诉他们,难怪你们不快乐,你们不停地向外追求,心里头当然会产生匮乏:追求感情,在心理上就有了缺乏温情的感觉;追求财富,就会感觉物质匮乏,永远有不满足的感觉;追求权势,就有对权力的渴求。而这些都不能带给你们快乐,唯一的改变方法就是布施、奉献。

无德最后说,唯有布施,才能让你们感觉到富裕并体验到自我实现的快乐。

人生最大的快慰就是布施。这是一种奉献行为,它往往通过牺牲自我,无偿地奉献于所需对象而获取心灵的自我补偿, 即通过帮助别人达到自我价值实现的心理满足。所以无德"舍己之乐于人之乐,于人乐而后乐"。通俗地讲,布施就是把自己的钱、物、爱等拿出来施舍给需要关怀和爱护的人。

有人说,布施是人生最大的快乐。因为布施之人在用自己的力量和能力给他人带来欢乐时,使自己也获得实现人生价值的成就感。帮助他人、施与他人证明你有能力也说明你有一颗爱心,这会让你的社会地位大大提高,放大自我的价值。

其实,人作为社会关系之和,要想写出大写的"人"字就必须适应社会,为社会发展奉献自己。于此,人才能够实现满足自我需要层次的最高点———自我实现需要,提升个体在社会中的地位和价值。

心灵没有色彩，心情不被打扫，"进亦忧，退亦忧，然则何而乐耶"的境遇就会出现。

鲁迅的心结
——烦闷心理

现在有不少人，业余生活安排得单调枯燥，回家后就看电视、读小报、闲聊天，消磨时光，久而久之感到乏味。

面对国家和国民被人欺凌的现实，"我以我血荐轩辕"的鲁迅立志要以自己的方式为中国做点儿事。

从何入手呢？一个曾经的天朝大国，一个有着几千年文明史的东方国度，如今饱受列强的瓜分豆剖。国民们很多吸食鸦片身弱体差，被人笑称"东亚病夫"，为此，鲁迅毅然选择了学医，想以大夫的手来医治国民的身体。

然而学医的他从日本学成归来时，他的手术刀发出了这样的天问："一把刀一生究竟会医治多少国民，有限；一把刀送给国民一个好身体，但没有精神寄托的国民也只能空有好身体！"鲁迅一时间不知如何是好，陷入了烦躁和苦闷之中，所以后来写了一部《彷徨》的书以示纪念。

一段痛苦的思考后，他终于选择了文学的道路，用笔从精神上来最大限度地医治国民的劣根性。

感悟

在国将不国的时代里，一个爱国志士该做什么能体现"位卑未敢忘忧国"的情怀，医生还是文人，以文救国到底有多大的意义？种种的疑虑让这位革命斗士一时对于自己生活的意义产生了怀疑，并表现出一种迷茫的感觉。就像鲁迅说的：我觉得烦闷是带着非常的魔性的，它不知从何处来，缠住人之后，再也摆脱不了，正似印度森林里的被人视为神圣而又妖异的大毒蛇。

烦闷是现代人普遍性的一种"常见情绪"。产生烦闷的最直接因素通常有两个：不

知道自己该去做什么,或者不知道自己所做的事是否值得;但究其深层原因,主要是主体缺乏人生理想和生活目标,缺乏对活着的意义和兴趣的真正把握。

所以要想从根本上消除烦闷的情绪就必须从自己的兴趣和目标着手,在其中倾注自己的热情、责任心与智慧,像鲁迅寻样,使生活和工作变成一种对自己充满挑战性与刺激性的创造活动。

当服从成为一种无效付出的时候,再继续服从就是一种愚昧。

上校与中士
——服从心理

生活当中,我们遵守着交通规则,严谨于道德规范,听从教师的教导,尊重企业的规章……由此,世界变得秩序井然。

第二次世界大战期间,盟军与德军的仗打得十分艰苦。

一次,盟军的一支小分队由上校带领要深入德军后方执行侦察任务,途中遭遇上德国兵。他们要求隐蔽,万不得已谁也不能开枪,也不能发出声响。

时间一分一秒地走着,德国兵开始用火燃烧盟军小分队的隐身处,士兵向上校请求是否予以还击。上校没有回答。

一个队员被火烧着了,倒下的树把他的尸体推向了山坡。德国兵发现了这个藏身点,大批人开始聚拢过来,另两位队员的生命受到威胁。

两个队员无奈之下开始还击了。

面对这种场面,责任心竟让上校举起了手中的枪,射出了沉默许久的子弹。

最后,那两个队员获救了,上校却倒在德军的枪口下。

感悟

军人的天职是服从,所以在战场上能不能做到绝对服从意味着战争的胜利与失败。当服从成为一种无效付出的时候,再继续服从就是一种愚昧。所以两位士兵还击了,上校也射出了子弹,这次他们不再服从命令,而是服从于责任,消灭敌人的责任,保

护部下的责任。

所谓服从心理,就是在他人规劝或群体规范的压力下,自己的思想、意志与群体保持一致或做出符合他人意图与群体规范的行为心态,包含有自觉的和被迫的两种情况。服从心理的产生离不开心理的压力源,一是群体规范,二是他人规导,三是自我约束,它导致人们从心理与行动上主动地服从或不情愿地服从。

面对崇拜和尊重的对象,我们表现出的是心服口服。面对强大恶势力的威胁时,我们表现出的却是无奈的顺从。当然服从心理的强弱是个性化的,如道德水平、人的责任感强弱以及人的性格特征等因素都是服从强弱的尺度,同时威胁与惩罚的强度值也是一方面条件。

但要从真正服从来讲,尊重人、理解人才是关键,也是最好的办法。

交易与其说是物质实现,不如说是精神欺骗。

不可能中的可能
——交易心理

交易中,有时候我们常常在没有购买意图的情况下,心甘情愿地买了对方的商品。

一位旅行家到达墨西哥。当地一位土著人在大热天披着几件毛毯,边喊边向他走来:"1200比索。"

旅行家没有丝毫买毛毯的意思,于是他加紧步伐想躲过去,但对方也加快了步伐。

"谢谢你的坚持不懈,我不买也不需要买你的东西!请你别再跟着我了。"

说完,旅行家继续前行。过了一会儿,一扭头,发现这位土著人还在后面,一再重复说:"算了,800比索要不要?"

旅行家烦了,二话不说,大步前进。土著人紧跟着:"我就不信了,600比索也给你了,500,400……"

面对像影子一样的土著人,旅行家有点儿恼怒了:"哪凉快去哪,再跟着我就不客气了!"

望着近乎愤怒的旅行家,土著人非常懊丧地重复:"你赢了,我决定赔钱也要卖了。200比索了!"

"什么,200比索?"

"是,要不是与人打赌,我才不会这么非追着你卖还赔着卖呢!"

"那给我看一件吧!"旅行家有点儿回心转意。心想从1200比索到200比索,看来他确实是赔了。"如果170比索,我就真要一个了!"最后,他非常满意地买了一个。

回家后,他兴奋地告诉太太:"今天可买了个便宜货,你猜这毛毯多少钱我买的?170比索!"

"唉,这边才卖100比索!"

感悟

　　旅行家与土著人的交易与其说是一次买卖,倒不如说是一场心理斗争。从坚持,再到松动最后到购买,其间的变化诱于利益的驱动,并就交易实现了其心理从不平衡到平衡的转换。这就是交易心理的典型表现,其实质是通过实现精神的满足从而推动其支配物质交换的需要。

　　有人称交易是门艺术,需要耐心和技巧、手段与学问等要素。现实中"要价要狠,砍价要稳"的交易准则,是人与人之间进行物物交换时个体呈现的心理状态。这种心理通常是在利益的驱动下,通过交易来完成个体心理不平衡到平衡的转换过程。一般情况下讲求的是通过实现精神的满足从而推动其支配物质交换的需要。交易不仅要注意对方的物质需要,同时也要满足对方的心理需要。

　　交易本身就是一种心理的战斗。为利的、为名的、为情的、为理的,还有为气的,不一而足,难以把握。所以理解交易心理首先是认清它的复杂性,在对待交易时,真正做到知己知彼,对症下药,通过本质心理探究问题关键。

　　抱怨是对自己能力的贬低,同时又是给自己的脸面留取一些更难堪的光泽。

这牌真出邪
——抱怨心理

　　曾有这么一些人,不会游泳常抱怨水里有杂草,甚至拉不出屎也把责任归结为地球引力小。于是抱怨不止,牢骚不息。

艾森豪威尔小时候,一天他跟母亲和兄弟一起打桥牌,艾森豪威尔的手气不好,每一次抓到的牌总是很差,于是他牢骚不止,抱怨牌太差,打牌也不那么认真了。

这时,他的母亲很严肃地对他说:"你要懂得玩桥牌的意义,打牌并不是靠运气。抓到好牌就能赢,即便如此,也没有什么乐趣。打桥牌的意义就在于,不管牌是好是坏,都要竭尽全力把你手中的那副牌打出去,而且还要把它打得淋漓尽致,一点儿不差地发挥出手中的牌的作用。"

当人的需要受到阻碍时,一种不满的情绪就会涌上心头。艾森豪威尔在遇到牌不顺时,自然会有一种怨天尤人的牢骚。

事实上抱怨是人的心理由不平衡走向平衡的一个中介。人的心理一旦处于不平衡状态,就会产生激烈的情感冲突,这时,通过发些牢骚或者抱怨一下,反而可以让自己的心灵达到一种相对的平衡。

"牢骚太盛防肠断,风物长宜放眼量",人如果老是停留在抱怨的泥沼中,人的情绪就会低沉,人就会不思进取,尤其是不合理的需要受阻所引发的抱怨,它起着涣散人心的作用,让人产生一种抵触情绪,人一旦陷入其中就难以自拔。

因此面对抱怨,我们既不能漠然处之,也不能横加制止,而是应学会巧妙地把人的不满情绪变为积极奋进的动力,做到化腐朽为神奇。

胜利本来是一件令人快乐的事,但身为胜利者要想保持一副胜利的也是正确的姿态却非常困难。

匈牙利的遗憾
——胜利心理

站在胜利的边缘,我们想得到的胜利多一些,似乎我们的手很快就要抓住胜利的气球,然而当你触球的瞬间,其反作用力却让球跑得更远。

读懂心理

1954年世界杯,正值冷战时期,华约与北约两个代表国匈牙利与联邦德国在世界杯这个没有硝烟的赛场上相遇了,可谓不是冤家不聚头。

双方都想赢得这场比赛。刚一开球,匈牙利队便拔得头筹,紧接着便梅开二度,以2:0的比分占尽先机。这对于打败对手真是不错的开始。但就在此时,匈牙利队球员的心理开始变化了,求胜心切,他们的球反而踢得失去了水准。很快,联邦德国便扳回一球。

匈牙利有点儿手忙脚乱,队员的脚下似乎有绊子,经常鬼使神差地出现低级失误。可不能再失球了啊!大家都在祈求着,结果后卫一时失神,联邦德国又进了一球,与匈牙利战成了2:2。最后几分钟内,匈牙利球员的心态又起变化,"现在进球是不可能了,那就加紧防守吧!"而联邦德国却在后来居上的形势下激情勃发,越战越勇,无论在体能上还是意志上都丝毫不减赛初。终于就在哨声吹响前8分钟,联邦德国再下一城,最终在连失两球的情况下,反而以3:2的比分胜了这场比赛。

临场比赛过程中,匈牙利在处于暂时领先的情势下,一般说来,运动员们的心理是积极的,此时一般都表现出饱满激昂的情绪,能全力以赴地发挥自己的特长。当对方不断把比分追上来,优势受到威胁时,急切保住胜果的心理变化就出现了,随之而来的急躁、变形、失误就会增多,这就是胜利心理。

其实面对胜利,一般可能出现两种心理状态。一种是自尊心受到影响,表现出激愤的心绪,在此支配下,将可能重新调动运动员的力量和智慧,力争保持原来的优势;另一种是由于看到对方可能把比分追上来,因而出现紧张、急躁情绪,头脑不清醒,动作忙乱无章法,技术发挥不稳定,出现变形或失误,进攻不大胆果断。

胜利心理事实上是一个人心理素质高与低的晴雨表。胜不骄,败不馁。任何胜利都是相对的一个概念,具有暂时性和具体性,总以停停走走的方式出现。为此,我们要懂得,胜者不是常胜,败者也不是常败,重要的是学会在胜利中乘胜前进,在失败时,学会奋然反击。

对于陌生的事物和环境,我们总会表现出从未有过的警惕,唯恐受到伤害。

不受欢迎的家庭药箱
——戒备心理

对于生活当中陌生的东西,我们总以一种怀疑和防范的心态面对。

一家医疗公司在公司发展的过程中,曾经富有创意地搞了一场"家庭药箱进万家活动"。

当他们把药箱送到各个家庭时,却出现了他们意料不到的情况,许多家庭满脸怀疑地予以拒绝。经过推销员的耐心解释后,一些家庭才半信半疑地接受了药箱。

一个月后,当推销员进行客户回访时,他们发现那些接受了药箱的家庭,80%都没有动那个药箱,原来他们认为天下绝没有免费的午餐。得之太易,反倒让他们担心这中间"暗藏杀机"。

市场经济里,商家的推陈出新本是好事,但由于商家与消费者之间本身的买卖关系,加上部分商家的诚信缺失,消费者有敬而远之的戒备心理也可以理解。

出于对自身安全和利益的保护,人们常常会对他人以及环境予以鉴别、防卫来寻求自我保护。其实这是一种生物本能,出发点是自我利益或集体安全的需要。但随着时间和空间的推移与改变,人们的情感就会逐渐由淡漠趋于亲热、由警惕转为放心,所以戒备心理在新事物和曾伤害过自己的东西面前表现得最为彻底和明显。

过度的戒备是人为地在人与人之间建立的巨大而无形的屏障,把你的真心与他的真诚彼此隔离,只留取两个供呼吸的鼻孔,在人们的心里留下的是世态炎凉、人情冷暖、人心惟危、人心巨测的阴影。于是"画虎画皮难画骨,知人知面不知心"成了人们的人生信条;"逢人且说三分话,莫论他人是与非"成了人们的警世格言。因此一旦进入交际场,就会对他人缺少一种真挚的信任感、坦率感。

读懂心理

人的成长不仅需要吃一堑长一智，更需要吾日当三省吾身的自知和自察。

割草男孩打的电话
——自省心理

每次犯错误，最常见的处罚就是让写检查；办完一件大事之后，常常会开一个总结经验和教训的大会。

一个替人割草打工的男孩打电话给一位陈太太说："您需不需要割草？"

陈太太回答说："不需要了，我已有了割草工。"

男孩又说："我会帮您拔掉花丛中的杂草。"

陈太太回答："我的割草工也做了。"

男孩又说："我会帮您把草与走道的四周割齐。"

陈太太说："我请的那人也已做了，谢谢你，我不需要新的割草工人。"

男孩便挂了电话，此时男孩的室友问他说："你不是就在陈太太家割草打工吗？为什么还要打这电话？"

男孩说："我只是想知道我做得有多好！"

感悟

人的成长过程其实就是一个社会化的过程，其间需要人不断去掉自己与社会不适应的毛病和特点，检查自己的思想或行为。所谓择其善者而从之，择其不善者而改之。一如割草男孩每天都要割去杂草，打一个电话来反省自己一样。

自省心理是一个人社会化时表现出来的适应性心理现象。人非生而知之，孰能无惑？解惑的最好方法就是多省察，多思考，特别是自省。通过它可以让自己的知识在量的积累上有一个质的飞跃，通过它可让自己的行为在真理的轨道上能够正确无误地运行。正如荀子说的："君子博学而日参省乎己，则知明而行无过矣。"

个人的发展始终建立在社会发展的基础上。对于社会规律而言，顺之者昌，逆之者

亡。所以实现自我价值唯一选择的就是反省自己的思想和行为，让自己适应社会的客观规律，从而更好地踏着社会发展的节拍跳出最美的人生之舞。

别人有，为什么我没有呢？所以，一场没有丝毫意义的游戏开始了，在你有我有全都有的较量中，身负诸多苦恼和负担。

多些伙伴好干活
——攀比心理

小时候，我看到班里其他小朋友有多少玩具，就想家人也给我买多少玩具。

农夫的古怪行为吸引了一群游客停下来观看，农夫给他那拉犁犁地的骡子戴上眼罩，不断吆喝："快点儿，灰毛！驾，花花！得，小胖！你也快点儿，老大！"

"老大？"那名游客不解地问，"那骡子有几个名字？"

"一个呀，叫老大！"

"那为什么你叫出几个名字？"

"因为如果老大知道我只靠它一个干活，它便不听我的使唤。但如果知道还有三个同伴在陪它干活，它就会心甘情愿，特别卖力了。"

俗话说：一个和尚挑水喝，两个和尚抬水喝，三个和尚没水喝。其没水喝的最大原因就是互相攀比。文中农夫的花招实际上是攀比心理在骡子身上的一种无奈体现。攀比心理是不满足于现状，不甘落后于他人而想拥有甚至超越他人的心理意识。它是人在相同背景下的一种心理平衡的动态较量，也是对自我的重新定位与加力，在失衡中争取重新平衡。

攀比可谓是人的天性。对于"比"而后知不足的人来讲，他们比后往往是以现有成绩为新的起点，呈现积极的意义。但一味地攀比，就陷入了扭曲，甚至受到打击。如历史上的石崇、王恺比富，毫无意义，落个遗臭万年。如果是比较对社会的贡献，将对别人的羡慕转换为奋起直追的超级动力，那么，你就会极大限度地挖掘自身潜能，实现人生价值。

值。

受人点滴之恩，当以涌泉相报。

只为献上一颗心
——报答心理

社会中，人与人是互动的。为了使心灵深处有一种爱的平衡，有时人们不惜任何代价地去做，甚至无怨无悔，痴心不改，只求心安理得。

一天，狮王二十八世宣布要举行婚礼，邀请所有动物都去参加庆典。乌龟心里想，狮王二十八世曾经救过我，我向来没有为它做过什么事，也一直没有表达谢意的机会，值此庆典，我一定得去！

它上路了。在路上它碰见别的动物，它们先是发愣，然后嘲笑乌龟说："你呀你，这么简单的道理你都不懂，婚礼马上要举行了，可你爬得这么慢，你能赶上吗？别说狮王的婚宴，恐怕小狮王都出生、长大，要举行婚礼时你也未必赶得到啊。"但是乌龟执意前行。

许多年后，乌龟终于到达了狮王的洞口，显然，狮王二十八世的婚礼早办完了。但是，乌龟仍看见狮洞到处张灯结彩，各类动物应有尽有，别的动物告诉他："今天，是狮王二十九世的婚礼。"

乌龟献上一个最美丽的海贝，如愿地笑了，长长地出了口气，获得一种从未有过的轻松感。

在社会关系当中，人与人是相互支撑的。中国人在礼仪上历来讲求"来而不往非礼也，往而不来亦非礼也"。这既是一种平等礼貌的交际需要，同时也蕴含一种报答心理在里面。报答心理不讲求礼物的多少，也不讲对象的绝对准确，它从深层上追求的是一种心意，平衡愧欠他人的心理失落。

由此，我们可以看到，乌龟执著的行为，目的就是为了回报狮王的救命之恩，是有深刻的补偿心理在里面，希望通过参加婚礼来了却一种内心的愿望以寻求自己心理平

衡。由于人的本性含有一种反哺的基因,所以对于外界的帮助常常会产生一种回赠愿望以平衡心理,这种报答在感情上是一种愧欠心理的弥补,在表现方式上则会大多以物质或实际行为予以反馈。

事实上施恩者未必要求救助对象一定要回报什么,有时候只为得到付出时那一刻的心理快慰而已,毕竟人生最大的快乐就是布施。所以回报重在心情与态度。

怕是自我内心弱小的昭示,后怕则是这种弱小的进一步膨化,最终诱使精神空间发生爆炸。

小公务员的死
——后怕心理

某件事情都发生过了,但有时候我们还老是恐惧和担心,心里想,今天他会找我报仇,明天他会来我这里要账吗?

一个小公务员在剧院看戏时不留神,冲着一位将军的后背打了一个喷嚏,把唾沫星溅到前座唯一的看客将军的秃头上,惊扰了将军。他虽三番五次向将军道歉,但唯恐将军大人不肯原谅而对他施加惩罚。小公务员从此生活在恐惧之中,怕将军生气,惶惶不可终日。

于是,他三番五次找将军道歉,最后惹烦了将军,挨了一句骂。

不久,小公务员就死了,被吓死的。

小公务员之死的悲剧不在于将军的至高无上,也不在于他一时的失态失礼,而在于他脆弱如冰的心理:因为地位的悬殊,因为自己的不当行为,由于出身卑微的他过多地强迫性指向猜想,无形中给自己造成心理上的负荷和恐惧,而导致惶惶不可终日,自己吓自己,甚至绝望。

后怕心理是一种自我骚扰型的心理,所产生的后顾之忧常源于对象,但又高于对象,以带有超强的指向性强迫自己接受自己妄加猜测的结果,让自己在锁链中自欺欺

人。这种人多为衰弱型人格：一是曾受到过溺爱和"过度保护"的人，二是在社会生活中屡受严重挫折、受过严重伤害的人。

后怕特别强调时间的滞后性，其特点是事情发生时倒并没有过多的害怕，但在事情过后，那种烦扰犹如孙悟空的紧箍咒给自己牢牢套上，时时地疼在心里，怕在心头。

莫以恶小而为之。行恶就像被削减的磨刀石一样，虽不能明显看出，但却日有所损，最终会化为乌有。

母亲的"喝彩"
——纵容心理

小树苗的枝条若不及时修理，任其舒展，就可能长成像荆棘一样的柴木，而难以长成参天大树，人也一样。

母子二人相依为命。

一天，孩子看到同桌的字帖不错，偷偷地拿了回来，他害怕地告诉了母亲。母亲听后，却笑了笑说："没什么，反正他也不知道！"

"你不怪我？"

"不，我替你高兴，这么知道学习。"

一周后，孩子拿着一件衣服回来了，对母亲说："今天是您的生日，我没啥孝敬的，就只好拿了邻居在外面晾的衣服，希望您会喜欢！"

母亲欣慰地接了过来，夸赞道："乖孩子，真懂事！"

日子就这么一天天过去，孩子的偷性随着年龄的增长一天天地增长着，在母亲的鼓励和纵容下，他成了一名大盗。

最后，因偷盗皇宫银库里的银子被判死刑。

孩子是父母教育的作品。面对儿子向着罪恶成长的事实，做母亲的承担着不可推卸的责任。"子不教,父之过",对孩子的错误纵容一次,等于给孩子敞开了所有通向罪恶的大门。

因为纵容是对错误的宽恕,是对恶的饶恕。看到对象的行为,基于一种短期利益的定性考虑,明知错误但又不加以制止,任其发展,这样一来,恶会像长了翅膀一样,在宽容提供的偌大空间里自由飞翔而不能自持。

至于其心理形成的根源不外乎过于溺爱、过于宽容,或出于自身的利益而放松甚至根本放弃原则性的把握,导致管理上的懈怠和教育上的松弛。其实纵容是一种心理暗示,所以下属或孩子就会在管理者的默许中放任了恶的习性,而演变成错误的化身。

任何事情都有一个发展过程,恶的膨胀也是一样。恶的天性本属于胆小鬼,但当管理者对其的定义和约束是随意的话,胆小就长成胆大,羞于见人就变成明目张胆。

世界上没有什么可以让你依赖一生的,除了自己身上那一双可以是掌也可以成拳的手。

没有你会饿死
——依赖心理

为何不洗衣服?有妻子呢,有妈妈;工作怎么办?我舅舅会帮我安排的;没钱怎么办?明天要发工资了。

有一则民间笑话,讲的是一个小孩,从小就养成了对父母极强的依赖性,一直过着衣来伸手、饭来张口的生活。

一天,他父母要出远门,怕儿子饿死,便烙了一大张馅饼,套在儿子的脖子上,告诉他想吃时就咬一口。可等父母回家时,却发现儿子还是饿死了。原来他把嘴边的那一半吃完之后,没人替他转过脖子后边的那半馅饼,他就只好挨饿,饿了好几天后,便一命呜呼。

感悟

因为从小失去自主能力,儿子成为依附他人的寄生虫,精神上严重缺钙。一个人思

想上不能站立,那么这个人生命的高楼就会倾斜。

依赖别人往往意味着对自我主宰的主动放弃,甚至失去自己独立的人格。

依赖心理的形成是因为缺乏信心,而放弃了对自己大脑的支配权,表现出没有主见,缺乏判断力和自信,总觉得自己能力不足,甘愿置身于从属地位;常认为个人难以独立,时常祈求他人的帮助,处事优柔寡断,遇事希望父母、师长或他人为自己作出决定。

克服依赖心理要充分认识到依赖心理的危害,提高自己的动手能力;要在生活中树立独自面对现实并付诸行动的勇气,恢复自信心;丰富自己的生活内容,培养独立的生活能力,多向独立性强的榜样学习。

印象是一个镜框,你所有的形象无论如何改变,都似乎无法越越它的标尺。

不会变动的眼光
——成见心理

当最初的印象存在大脑中,常常让我们在面对另一类似现象时用同样的印象判断来认识。如我们常常把哑巴当成听力不好的人,把聋子当做不会说话的人等等。

他从小爱玩硬币,不是"滚坑",就是"猜面"。启蒙老师每看到他就说:"败家子,不会有啥出息。"

后来,他出外上学了,但回到老家时,不是带回很多没见过的奇形怪状的硬币,就是打听谁家有古钱币。启蒙老师听说后,公开发表见解:"我说他这叫不务正业,上学也在玩钱,能上好学吗? 简直是瞎混。"

大学毕业后,他很快成了富翁。启蒙老师听说后,焦急地说道:"不知道是骗的,还是抢的,简直是作孽。"

再后来,他成为一方的财政长官,启蒙老师叹息着说:"不知是这社会允许掏钱买官还是钱多了就可以当官。简直是乱弹琴。"

直到有一天,启蒙老师读了他的传记才明白一切。

感悟

接触新事物,面对新世界,我们本应是从无到有,从模糊到清楚,需要的是过程和时间。然而,启蒙老师却始终用带有个人色彩,特别是以某个曾有过的经历为依据,来评价学生,最终导致误解,这是成见心理在作怪。

成见心理又名思维定势,它反映的是这样的现象:当对象发生变化时,你的审视依然停留在原处,而没有随对象的变化而变化。这种心理会把人的思维限制在一个曾经发生过的有限空间,无论如何变化,你都会用相同的框架来约束。

在"龙生龙,凤生凤,老鼠生来会打洞"的俗语中,我们可以窥见印象对于人们生活观点和看法的影响。事实上,印象仅是对象外在的表面呈现,不能说明其内在的本质。

事物是变化的, 也正是变化才给我们的生活带来了万千色彩和刻骨铭心的惊喜。如果过多地依赖于印象去判断事物,我们就会经常做出刻舟求剑的笑话,失去的是生活的情趣,丧失的是成功的良机。

印象是心灵的刻尺,也是主观的眼镜,我们要学会以移动来面对未来人生。

精彩离不开选择性的放弃,1/3永远占据着聪明的位置和决策的要点。

有规律的买卖
——1/3 效应

为什么我们到集市上买东西,爱在摊位1/3处实施购买的行为呢?

某班分到两张音乐会的票,大家都想去,于是只好抽签决定。签做好后,班长耍了个小花招,将签排成一排,让同学们先抽,以示公平,剩下最后一张才是他的。

同学们一个个把签抽走,全是空白,最后,一行签仅剩第一张和最后一张,两张都写着"有"字。事实上他也没有骗人,只是应用了抽签时人们的心理,结果如其所愿地得到了一张音乐会的票。

我们在购买物品或者选择陌生东西时,常常在决定要与不要的时候,存有强烈的戒备心理。为了能够精确地认定,做到心中有数,必须要进行调查与鉴别,这1/3就是人们所付出的心理过渡期,也是付出的劳动度。

1/3效应是指在选择过程中,行为主体总爱在与开始和结尾相距1/3的位置做出相关的选择。这种消费心理设定的1/3其实是人与社会之间所设定的心理过渡地带,一个缓冲区,一个适应期。它既表明了个体的消费态度,也说明了个体的选择与判断心理。

对任何事物的认识,其实都存在着这么一个无形的规律,尝试和鉴别是我们认识社会的方法。对于个体而言,特别是在对待重大事情时,个体的思维定势和注意力常常会强烈作用于选择时的判断与推理。不是轻易地下判断,而是审时度势,统揽全局,在掌握相对充分的资料、获得相对多的信息后再做出决定。

制止或者阻拦的最好方法,是鼓励他进行,并在其行进过程中予以逐渐递减,你会发现劝阻也是一门学问。

聪明的奖励递减法
——阿伦森效应

新分配来的小王刚开始由于表现特别好,被大家欣赏。然而时隔不久,他不是早退,就是工作出错,这一下,他给人的印象最后降到还不如一直表现极差的小张。

一位退休老人住在学校附近。

学校有一拨儿学生途经他的住处时经常比赛踢易拉罐,十分聒噪。他虽然制止了几次,不仅不见效,反而是越说学生踢得越起劲。这让老人十分头疼。

一天,他叫住这群学生:"我最近收易拉罐,如果你们能每天踢过来一个易拉罐,我给你们每人一元钱。"三天后,老人找来学生:"因为眼下工资没发,只能每人给5毛钱。"

一周后,老人又找来学生:"对不起,同学们,现在我只能给你们一毛钱了。"

终于,有一个学生不愿意了:"不成,太少了,我们不会再踢易拉罐了。"

从此,学生们路经此地想踢易拉罐时,当中总有人说:"不能给那个小气老头踢。"从此,这里就一直很安宁了。

感悟

老人在制止学生踢易拉罐的行为中有效地使用了阿伦森效应,即以奖励来提高同学们对踢易拉罐的兴趣,到后来逐渐减小并终止奖励,在逆反心理的作用下,同学们选择了你让我踢,不奖励就不踢的对立立场,结果有效地达到了老人的目的,让踢易拉罐的事情不再发生。

所谓"阿伦森效应"其实就是一种奖励递减的心理效应,即人们维持积极性是期望奖励的逐渐增加;相反如果奖励逐渐减少,则会降低人们的积极性。

阿伦森效应提醒人们,在日常工作与生活中,应该尽力避免由于自己的表现不当所造成的他人对自己的印象向不良方向的逆转。同样,它也提醒我们在形成对别人的印象过程中,要避免受它的影响而形成错误的态度。这对于有很强表现欲和逆反心理很强的孩子来说,不啻是一种好的教育引导方法,通过奖励反其道而行之,从而降低孩子们某些不当爱好的积极性。

很多事物因初次见面往往因为陌生而缺乏亲切的成分,美丽的印象很难形成。

最熟悉最美丽
——多看效应

有些时候,我们会发现对于某些事物,见的次数越多,便越有好感,甚至丑的东西也会觉得美了起来,正所谓是越看越美丽。

一位富人的儿子找了几次对象,都被家人通不过。后来,他就采取了一个办法:经常时不时地给家人出示他看中的女孩的照片,有时候,甚至干脆在自己的卧室来个摄影展,故意让父母及家人来观看,但就是不领真人到家做客。有些照片出现了二十几

次,有的出现十几次,而有的则只出现了一两次。之后,他开始请家人对照片上的人说出他们的喜爱程度。

结果他如愿以偿,他最喜欢的女孩如愿通过了家人的审核,原来这个女孩就是出现二十多次的那些照片的主人公;而那些只出现几次的,在对比中毫无优势可言。

人们在一般情况下都有这样的心理认定,对越熟悉的东西越喜欢,也就是说看的次数多就增加了喜欢的程度。这就是"多看效应"。

多看效应不仅仅是在心理学实验中才出现,在生活中,我们也常常能发现这种现象。例如,有时相貌不佳的人在多次见到之后,逐渐就不觉得难看,甚至在某些方面很有魅力。另外,你细心观察可能会发现,经常在领导身边出现的人往往比较受领导喜欢,这可能也是多看效应的作用吧。

因此,如果你希望被别人喜欢,别忘了多创造些给他"看见"你的机会。看是由陌生到认识、从认识到认可的过程,也是人对陌生人或事物由防范到放松防范直至接受的过程。

因为每多看一次,就多一分了解,看的次数达到一定程度,原来对象发现你身上存在的许多他不喜欢的地方,就由多看所带来的接受,被一点点地削减。

长时间的浸泡是一种坚持,同时也是一种焦虑。

工作过和工作着的区别
——齐加尼克效应

当人的情绪处于低落、失意的时候,对生活失去控制感,于是,安全感也受到影响。这时最容易想到去算命,加上算命先生善于揣摩人的内心感受,稍微能够理解求助者的感受,求助者立刻会感到一种精神安慰。算命先生接下来再说一段一般的、无关痛痒的话便会使求助者深信不疑。

法国心理学家齐加尼克曾作过一次颇有意义的实验:他将自愿受试者分为两组,

让他们去完成20项工作。其间，齐加尼克对一组受试者进行干预,使他们无法继续工作而不能完成任务,而对另一组则让他们顺利完成全部工作。

实验得到不同的结果。虽然所有受试者接受任务时都显现一种紧张状态,但顺利完成任务者,紧张状态随着工作的完成而消失;而未能完成任务者,仍处于紧张状态,他们的思绪总是被那些未能完成的工作所困扰,心理上的紧张压力难以消失。这种因工作压力所致的心理上的紧张延续状态即被称为"齐加尼克效应"。

在现实快节奏的生活中,人们的心理负荷亦日益加重。如果对快节奏的工作处理不当或不能适应,则易产生紧迫感、压力感和焦虑感。以大脑的积极思维为主的脑力工作者,如果大脑的积极思维持续时间过长,紧张状态就会持续存在。这就是"齐加尼克效应"告诉我们的结论,即工作压力左右着我们的心理紧张状态。

诸如报刊的编辑人员在出刊之前的"八小时以外"的时间里,仍然会考虑组稿、编排等情况;搞攻关项目的科研人员,研究课题经常会连绵不断地呈现在眼前……有时,那些尚未解决的问题或未完成的工作,会像影子一样困扰着你。

久而久之就会诱发身心的疾病。因此,学会缓解心理上的紧张状态应是现代人自我保健的一项重要内容。

是故人,让我们变得特别有战斗力和生存力,有时候真要感谢对手。

在心里放一条鲇鱼
——鲇鱼效应

如果生活安逸,不被外界因素威胁时,我们就会产生很强的惰性,不愿有更大的发挥,得过且过了。由此,自己的长处渐渐地退化,成为社会的一个"蜕皮"。一旦威胁来了,精神和心理就处于高度的戒备状态,成功率反而大为提高。

挪威人的渔船返回港湾,鱼贩子们都挤上来买鱼。可是渔民们捕来的沙丁鱼已经死了,只能低价处理。渔民哀叹起来:"上帝,我们太不幸了。"

只有汉斯捕来的沙丁鱼还是活蹦乱跳的。商人们纷纷拥向汉斯："我出高价,卖给我吧!""卖给我吧!"

商人问:"你用什么办法使沙丁鱼活下来呢?"

汉斯说:"你们看看我的鱼槽吧!"

原来,汉斯的鱼槽里有一条活泼的鲇鱼到处乱窜,使沙丁鱼紧张起来,不停地加速游动,因而它们才活下来。

感悟

沙丁鱼活下来了,是因为有鲇鱼这个天然敌人的帮忙,在生与死的对抗中,是它们激发了沙丁鱼求生的欲望和斗争的意志。没有"鲇鱼来了"的危机,说不定沙丁鱼们都会在死气沉沉的安逸中走向死亡呢。

这实际上是利用了生物学的发展规律,也是自我保护心理在起作用。通常当人们的心理上有一种潜在的危机感时,他们的各种机能能发挥到最大的限度,就会激发出超强的机体能力,这就是所谓的"鲇鱼效应"。

置之死地而后生。危机感带给我们的是对自我能力的充分利用,唤发的是人们生理、心理上的最大的效能,以此达到对有限资源的充分利用与最大的盘活。

无忧无虑的生活,人们的自我保护意识就会大为减弱,自我发展的机能逐渐消失,各种免疫力也会随之失去往昔的威力,久而久之,自己就给自己做了一口"棺材"。只有在竞争中生存的人才能不断激发出创新的火花,推动生命的发展,推动生物的进化。这是外部驱动力作用的结果。

孟子说:生于忧患,死于安乐。当我们的生活变得舒适安逸时,不妨通过自我心理暗示,在心里放进一条可以让你保持活跃状态的鲇鱼。

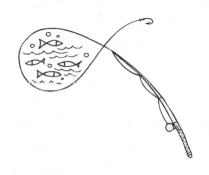

常常在无意间，我们会发现许多令我们一生也无法忘怀的东西，而它又何尝不是生命中的收获呢？

久久不忘的记忆
——无意注意效应

生活当中我们常常会在无意中感受到一种让心灵震颤的东西，在内心深处产生共鸣，甚至烙下永远无法忘记的标记。

早前，当你从北京机场坐车进城时，你就会看到矗立在首都航空港附近一个接一个高大醒目的广告牌。

那些广告画面构思不一，色彩使人眼花缭乱，目不暇接。汽车匆匆而驶，日本丰田汽车的广告上两行大字却脱颖而出，映入人们的眼帘：车到山前必有路，有路必有丰田车。而其他广告牌终因没有特点，在匆匆来去的过客头脑里没能留下深刻的印象。

外界事物和对象的新颖性，是引起人们无意注意的条件。"车到山前必有路，有路必有丰田车"的广告语，新就新在从来没有人把"车到山前必有路"这句中国俗语，同日本丰田汽车连在一起，这样给人留下很深的印象。

现实当中，一些穿着古怪的路人，商场前一些扮作动物的推销员等都是引发我们无意注意的对象。所谓无意注意，是人们不由自主地对那些强烈的、新颖的和感兴趣的事物所表现出来的心理活动的指向和集中，是个体在某些刺激物的直接影响下，不由自主地对刺激物作出反应。

无意注意与一个人的兴趣及从事的职业有密切关系。无意注意是人在一种轻松的状态下，对一些契合自己心理或较新颖别致的事物的感知，这种感知有时比有意注意更有影响。为了某一目的而关注，是搜索是探知，而不期而遇是一种欣赏的契合，属于感情一级，入心细无声。

"勿以善小而不为,勿以恶小而为之。"

及时修补生活中的"破窗"
——破窗效应

通常公共设施一旦出现人为破坏,破坏程度就会疯长起来,甚至达到无法控制的地步,为什么呢?

多年前,美国斯坦福大学心理学家詹巴斗进行了一项试验,他找了两辆一模一样的汽车,把其中的一辆摆在帕罗阿尔托的中产阶级社区,而另一辆停在相对杂乱的布朗克斯街区。他把在布朗克斯街区的那一辆车的车牌摘掉了,并且把顶棚打开。结果这辆车一天之内就被人偷走了。而停在帕罗阿尔托街区的那一辆,摆了一个星期也无人理睬。后来,詹巴斗用锤子把那辆车的玻璃敲了个大洞。结果呢,仅仅过了几个小时,它就不见了。

破窗易破的道理其实在生活中比比皆是,诸如有划痕的课桌容易被毁,弯曲的矮树易成为人们玩耍的对象,鞋从磨损到露孔几乎是一夜之间的事等,它直观地告诉我们,如果有人打坏了一个事物的"窗户玻璃",而"这扇窗户"又得不到及时的维修,那别人就可能受到某些暗示性的纵容去打烂更多的"窗户玻璃",久而久之,这些"破窗户"就给人造成一种无序的感觉,结果道德败坏和犯罪就在这种公众麻木不仁的氛围中滋生、繁衍。

心理学家研究表明,人们对于已经存在的错误有一种不以为然的心理认同感,并会从这种认同感中得到自我心理纵容,即认为错事既然他们可以做,我再做一次也没什么,由此得出"千里之堤,溃于蚁穴"的教训。

事实告诉我们,对于影响深远的"小过错",应该小题大做,以防止长江涨水,一发而不可收拾。所以应及时修补好生活中被打碎的"第一块窗户玻璃"。

人的激情很重要，如果为一味的重复所麻醉，激情和良机就会被扼杀。

不该失去的生命
——心理麻痹效应

当同一件事或类似的事反复在我们生活当中出现时，我们对它的注意力就会逐渐弱化，甚至最后漠然视之。

从前，有一位非常诚实的放羊娃，家就住在山脚下。这个村子里以发展畜牧业为主，对狼特别害怕，专门修了用于传递狼来了或其他紧急情况出现时使用的烽火台。

有一天，正在放羊的他闲来无事，寻思着找个乐。就在他扭头之际，看见村头有一烽火台。不懂世事的他点着一包狼粪，来到了烽火报警台。烽火台起烟了。

村人以为狼来了，全体出动。到地方一看，原来是小孩子戏耍之举，大家伙儿十分沮丧。

看到这个场面，放羊娃十分得意。他过一段时间就重复一次这个恶作剧，渐渐地人们对烽火台的烽火不再相信了。

一天，当狼真的来了时，烽火台的烽火却没有招来一个村人，放羊娃和他的羊被狼活活地噬杀了。

感悟

放羊娃可能从来没有想过，戏耍大家的结果竟是麻痹了大家的警惕，以至于付出生命的代价。现实生活中，事情出现第一次是新奇，第二次就是模仿，第三次是习惯，第N次就是无所谓了。一种新事物如果长时间反复出现，引起人们的注意就会逐渐减弱，最后会把人的警惕心和好奇感麻醉掉，由原先的激情逐渐弱化为后来的不以为然和熟视无睹，这就是心理麻痹效应。

人的心理作为精神活动的范畴是具有感知、记忆、注意、情感以及思维等一系列的主观反应，所以当面对对象一次次地重复出现时，人的思维特别是人的注意会呈现一

个渐次减弱的趋势。

现实生活中,这样的心理往往对人特别有害,常使人放弃原来的追求与目标,而使自己失去动力,延误了良机,酿成大祸。酒喝多了,神经会麻醉,失去知觉;心灵麻痹了,理想的翅膀就难以飞舞于蓝天,结果短暂的人生就在无聊无趣中迷失了方向。

自尊和尊重别人是一件美德,既能树立自己的形象,也能为自己营造良好的交际氛围。

自尊中的动力
——霍桑效应

每个人都想知道自己在团体和社会中所处的位置,体会自身的价值。为此,我们常常通过某些客观的参照标准来了解。位置越重要,干劲越大,位置越小,干劲也就越小。

美国心理学家霍桑在西部电器公司,对挑选的6名青年进行了一年多的心理实验。在实验的各个阶段,有系统地变更照明强度、温度、付酬方法、增减休息时间、提供午餐,发现不管如何改变,有时甚至有点儿不近情理,但6名青年的积极性依然很高。

因为,在整个过程中,他们作为实验对象始终处于一个"特殊人物"的背景下,受到极大的注意和重视,自尊心得到极大满足,心情十分愉快,所以对工作条件的变化不予计较,反而是更加努力工作。这种现象,被心理学家称为霍桑效应。

感悟

1919年,徐悲鸿在巴黎学美术,面对洋学生的挑衅他非常愤怒,勤学苦练,在多次竞赛中名列前茅,洋学生终于低头认错,这是维护自尊的力量。在霍桑的实验里,我们不难看到,自尊是促使一个人不断向上发展的原动力;自尊是一种精神需要,是人格的内核。

自尊,犹如一面旗帜,它可以超越地位尊卑、家庭贫富、能力大小、条件优劣等尘世俗念。它是一个人自觉或不自觉地表现对自己存在的价值的自信,渴望别人承认自己或欣赏自己而形成的一种心理需求。詹姆斯提出过一个公式:自尊=成就/追求。

现实生活中,自尊是一种积极的心态,当它得不到满足时,就会形成一种不安和紧张,如若再受伤害,就会产生自卫性的反应,转化成一种"化腐朽为神奇,变耻辱为光荣"的力量,转化成一种"安能摧眉折腰事权贵,使我不得开心颜"的气节。

人间不论贫与富,唯有自尊最可贵!学会自尊,练就较强的自制能力,我们就能抵挡"嗟来之食"的诱惑,就能不为高官厚禄所动,就能不受敌人的百般威胁,从而朝着既定的目标奋勇前行!

冷漠随着空间的增大、人数的增多,也在增加着它的冰冷程度。

事不关己高高挂起
——旁观者效应

一些在我们独处时可以断然决定的事,发生在团体当中,我们却没有主见或反应。当与自己无关的人的权益受到侵犯时,我们不愿意挺身而出。

美国心理学家拉塔内和达利设计种种紧急情况,以观察被试者的助人行为。

在实验中,他们让被试者或单独或与其他被试者一起,在一间房子里填写一份预备问卷。突然一股烟从墙上的小洞灌入室内,直到烟雾弥漫整个房子,并且影响被试者的视线和呼吸。主试者在单面镜后观察被试者是否向实验者报告以及报告速度,如果6分钟内不报告,实验就结束。

结果发现,当一个人单独在室内时,75%的人在6分钟之内报告,其中50%的人在2分钟内报告;当有两三个被试者在同一室时,6分钟内只有不到13%的人报告。其他如救助另一房间里"受伤"的妇女或"癫痫"病人发作的实验,都与上述结果差不多。

由此,拉塔内和达利提出了"旁观者效应"。

感悟

心理学家研究发现,当在集体场合下,人们的责任心容易出现分散现象,往往遵从与大家一致的表现,形成"集体性的坐视不理"的局面。这种效应是以自私为核心,是道

德修养和思想认识低下的集中体现。

它的产生有两个根源：一是对社会现象表现着极大的麻木，只寻求一些感官的刺激；二是对不关己利的事表现出极大的冷漠，只关注能够不引火烧身，做到明哲保身。

鲁迅曾对当时的国人的旁观现象作了深刻的描述：拼命伸长着鸭脖，以观赏这血腥的杀戮。良知与道义近乎冰封冻结，激情与勇气消失得已无影无踪，在这里，剩下的只有麻木的看客、无动于衷的冷漠。

如果说观棋不语的旁观者是君子，这种对待道义麻木不仁的人，就失去了作为人的意义。

真正的人才，关键时候往往能够拿得出，做得稳。面对特殊情况，当临危不惧，泰然处之，勇敢面对。

越到关键越出错
——目的颤抖现象

现实中我们老是出现越是关键时候速度越慢和效率越低的现象，越是快到胜利的关口反而越容易出现错误。

春秋时，有一个叫沈诸良的县令，人称叶公。他特别喜欢龙，家里到处都画着龙，并说自己平生最大的心愿就是能见到真龙。

天上的真龙闻听有如此喜欢自己的人，非常高兴，就决定到叶公家，了却其憾事。

叶公听说真龙要来拜访，心里激动无比。那天真龙终于如期而至，谁知它刚把头伸进叶公家的窗口，叶公一见，竟吓得面如土色，拔腿就逃。

感悟

爱龙深切的叶公面对真龙时却怕之深切，以致拔腿就逃。这种关键时候掉链子的心理状态就是一种目的颤抖现象。即当个体诱于情绪的变化在注意力最集中时，往往出现效率最低的反常现象。

你试过穿针引线吗？如果试过但又不熟练，你注意到，你把线头紧紧捏住，然后凑

近针眼,你的手就不由自主地颤抖起来,一下就穿歪了。你想把液体灌入一个细颈瓶里也会出现同样的现象。你手能够拿得很稳,然后去贯彻你的意图,这时候,不知道为什么,你的手却颤抖起来。

对于一个普通人来讲,生活都是在一个平稳的条件下,如果一旦被放置于一个关键紧张的场合,他平时所有的能力就会出现缩水现象。要么像面对强大对手时心提到喉咙里,要么就像战斗打响前的瞬间突然想解手。这是一种正常的心理紧张反应。

> 男人眼中,世界上只有两种女人:一种与他有关系,他希望她们都是好女人;一种是与其无关系的,他希望她们都是坏女人。

完整的人分裂的心
——雅努斯心态

大概男人都有这样的时候,看到酥胸微露、千娇百媚的女人,尽管侧目而视,但内心却想多看几眼。不过,假如自己的老婆去隆胸整形,也许那些男人多数要反对。

"雅努斯"是罗马神话中的一尊两面神,他的脑袋前后各有一副面孔,一副看着过去,一副注视未来。

如果你留心古罗马钱币,便可发现那上面常有这尊神的形象:他一手拿着开门的钥匙,一手执警卫长杖。这个神话中的人物令人想到"自相矛盾"和"相互对立"。笔者借用这一名字,正是想描述在性需求上男性对女性所持有的一种自相矛盾和相互对立的心理,并称之为男性的"雅努斯心态"。

雅努斯是神,但也是一个矛盾统一体,过去与未来的统一,也是好与坏的统一。这也是人普遍的心理。

就拿现实中男性对女性的心理来说吧,一般会有两种期待心理:凡是与他有特定联系的女性,尤其是妻子,他希望她是生活态度严肃的好女人;而对于与他没有联系的女性,或者说不需要他负任何责任的女性,他希望她们都是卖弄风情的坏女人。

对于他所爱的女人，他希望她越像圣母越好，因为他想从她那里得到感情上的安慰。而对于其他女人飞来媚眼，男人会感到得意洋洋。如此截然不同的两种态度会发生在一个男人身上，是心态分裂的结果。

人性本身就呈现出一半是天使、一半是野兽的特点。私心与私欲无时不扭曲着人的本性，撕扯着理性的天书。

如果有一种事物在你心中以神的形象存在，不是它真是神，而是你的心被神的概念框住了。

是什么引发了激情
——晕轮效应

一位如花似玉的姑娘嫁给一个身材不高、其貌不扬的男子，因为姑娘看中的是他的才华，她被他的才华深深地吸引，因此她觉得他任何方面都美，看哪儿都"顺眼"。

俄国著名的大文豪普希金狂热地爱上了被称为"莫斯科第一美人"的娜坦丽，在普希金看来，一个漂亮的女人也必然有非凡的智慧和高贵的品格，为此，他开始追求她，并最终和她结了婚。

虽然娜坦丽容貌惊人，但结婚后，普希金发现她除了拥有美丽的容貌外，智慧与品格很一般，并且跟自己也志不同道不合。当普希金每次把写好的诗读给她听时，她总是捂着耳朵说："不要听！不要听！"相反，她总是要普希金陪她游乐，出席一些豪华的晚会、舞会，普希金为此丢下创作，弄得债台高筑，最后还为她决斗而死，使一颗文学巨星过早地陨落。

感悟

普希金的悲剧始作俑者应该是晕轮效应的心理。在他没有接近娜坦丽的时候，他想当然地以偏概全，认为既然是"莫斯科第一美人"，她就一定是有智慧的、高尚的，与自己是志同道合的。像这种在人际关系中观察某一个人的时候，只抓住他的某一点比较突出的品质或特征，而对他的心理面貌作出同比的判断，也就是通常所说的，抓住一点，不及其余，造成以偏概全的错觉，就是晕轮效应，又称光环效应。

晕轮效应是一种以偏概全的主观心理臆测。当人们在判断人或事物时,总是先把人或事物分成"好"与"不好"两种。当某事物被列为"好"时,一切好的品质便都加在该事物上面;相反的,如果某事物被列为"不好"时,一切不好的品质又都加在这事物上了。这就是平常所理解的爱屋及乌或恨乌及屋。

晕轮效应的产生往往是由于在掌握有关知觉对象信息很少的情况下作出总体判断的失误,由此不可避免地造成以点代面的片面性和绝对化错误,这在生活中,特别是交际中危害很大。

专心专注才能做好一件事,否则四面开花,落得个一无所有。

被算计了的心算家
——分心效应

小猫钓鱼的故事,让人们明白一心不能二用;政治斗争中我们明白一臣不事二主;家庭里面,自古忠孝不能两全。

一位著名的心算家,可以回答任何一个复杂的算术题,并且从没有出过错。

一天,他认识了一位心理学家,心理学家说:"我可以给你出道题吗?"

于是,他说了:"从一辆车载多少人开始说起,每到一站上多少,下多少,最后问,这辆车究竟停靠了多少站?"

心算家一下子呆住了,他生气地问:"为什么不问我车上最后还剩多少个乘客?"

感悟

荀子说过:心不在焉,则黑白在前而目不见,雷鼓在侧而耳不闻。可见当你的心理活动有选择地朝向一定的对象,任何一种情况的干扰都会使其在认识、情感和意志方面在该对象上发生减弱,这就是所谓的分心效应。

心理学家难倒心算家的秘招在于把心算家关注的意识分成两半,在动态或者变换中弱化,现实中类似的例子比比皆是。篮球比赛出现罚球时,对方的观众往往用喧嚣的气氛来干扰投球者的情绪;用谈判专家来分散歹徒的注意力让狙击手将其击毙也是同

样的道理。

当注意的目标不明确时,就会对人的心理的选择性产生影响。生活中,当你将注意力过分投入某一件事时,对另一件事你就很难做到关注,一是精力有限,二是心理注意范围有限。所以对想投入的事,首先要选择好,而后就去用心做,不要多头开花,结果落得个瞎子踢毽——没着落。

第一不一定非要是真正的冠军,但总是享有类似冠军的许多待遇。

生意兴隆的秘诀
——首因效应

在生活中,总会对第一情有独钟,你会记住第一任老师、第一次恋爱,但对第二就没有那么深刻的印象。

一家专业搬家公司,为了宣传自己,很有创意地起了一个叫"阿三搬家公司"的名字,按照电话簿的编码顺序,公司的名字因为字母 A 在号码簿的同行业中列居第一个。

电话簿发行的第一天,该公司电话热线就响个不停,生意特别好。加上他们的良好运营和优质服务,10 年后年营业额翻了 100 多倍,成为同行业名副其实的老大。

据研究发现,人类对任何堪称"第一"的事物都具有天生的兴趣并有着极强的记忆能力。所以排在第一位的"阿三搬家公司"就成了顾客的首选,并印入脑海,加上搬家公司的价位没有多大差别等外因,生意自然就兴隆起来。这种由先前信息而形成的最初印象及其对后来信息的影响,就是心理学家所说的"首因效应"。

人们往往倾向于以最初的印象来解释后来出现的信息,如果后来的信息与前面的信息不一致,为了形成统一的印象,我们也会使之屈从于前面的印象,即使注意到了后来,也会认为那是偶然的。

首因效应从侧面告诉我们,社会心理学里的"第一"与"第二"的差别不只是一个算

术数字的距离,从意识、心理方面认定的话,它是天与地之间的差距。所以一位心理学家这么说:"第一个吃螃蟹的人是勇士,第二个就是模仿,第三个就是从众了。"

爱美之心,人皆有之。人不是环境的主宰者,而是环境的创造者。

瓶花的魔力
——瓶花效应

人需要引导,所谓近朱者赤,近墨者黑。美丽的东西往往有一种号召的力量,如黛安娜的服饰曾经是时尚的引导者。

一位旅行者途经一家旅馆住宿,发现这里面到处都有瓶花,环境特别干净。

晚上,老板娘亲自来为他们祝酒。

"老板娘,我能否冒昧地问一句,是什么使这里保持这么干净呀。"

"这个问题我想等到明天再回答你,好吗?"

一会儿,旅行者去了洗手间。那里同样也有非常美丽的瓶花。洗完手后,当他顺手把纸扔进纸篓,准备要走时,突然发现洗衣台上溅出许多水,与瓶花十分不协调。于是,他下意识地拿出纸来把它们揩得干干净净,才欣然离去。

这时,他才恍悟这里干净的原因。

感悟

榜样的力量是无穷的。当瓶花成为美丽的象征时,每一位爱美之人都会对它加以呵护;相反,当瓶花并非干净雅致地存在而是枯萎又脏乱,那么它将使人做出比目前更乱的行为。瓶花效应是"破窗理论"的反命题。

作为人的本性,每一个人心中都有一种对美丽的追求和期待保持的心理,当然这种思想会随着人素质的提高而日趋明显。人生的美丽是为了让生活充满温馨与和谐,为此他们可以不惜辛劳和奉献,为此他们可以心甘情愿地找来一把保护伞替人遮风挡雨,尽可能让美丽长驻,让美好永存。

如果名声和赞誉是一种光环，让自己灿烂和辉煌的话，那么同时也可以说它是框架、约束和教化。

浪子回头的秘密
——标签效应

有时候我们本来没有那么好，因为在公共场合被别人说得好，结果不得不让自己真的好起来。

在一次地震中，有一个监狱里的罪犯幸免于难，当他醒来之后，第一印象就是寻找钱财。就在他找来找去的过程中，第一时速赶来的记者拍下了他的身影，并采访他：是什么原因促使他在自己受伤的情况下，去找寻他人？

他违心地回答了一通。从此，他成了英雄。全国的媒体竞相报道。他成为人们尊敬的对象，学习的榜样，并四处为大家作演讲报告。

从此，这个人再没有赌过一回，也没有出现行为不检点的现象，一生都投身在为他人热心服务的事业中。

记得在一个《警察与小偷》的小品里，那个小偷假扮警察站岗，结果时间长了，真以为自己是真的警察，以至于面对真警察时竟忘了他小偷的身份，这就是标签效应的结果。这也是让本文中的罪犯最后成为英雄的原因。标签效应就是当一个人被一种词语名称贴上标签时，他就会作出印象管理，使自己的行为与所贴的标签内容相一致。这种现象是由于贴上标签后而引起的，故称为"标签效应"，又称之为"皮格玛利翁效应"。

在现实生活中，我们要注意不可乱贴标签。要知道，随便捞上一个标签给自己扣上似乎是很轻松的事，问题是一旦你把自己或别人看成什么样的人，你或别人就会慢慢地变成什么样的人。

当你对他人给予鼓励和帮助时，他们的自尊心和自重感就会异常活跃，表现出来

惊人的效果；但当你用讽刺挖苦对他们，用一种老眼光和刻薄的态度冷落他们时，他们的自尊心和自重感就会大大受到伤害，而感到心灰意冷、气馁自卑，以致性格孤僻、沉默寡言，长此以往，就真的秉性难移了。

"人微言轻，人贵言重。"这是人们习惯接受的一种心理惯性。

有气味是因为他是教授
——权威效应

在现实生活中，做广告请权威人物赞誉某种产品，在辩论说理时引用权威人的话作为论据等等，其目的是什么呢？

美国心理学家曾经做过一个实验：在给某大学心理学系的学生讲课时，向学生介绍一位从外校请来的德语教师，说这位德语教师是从德国来的著名化学家。

试验中这位"化学家"煞有介事拿出了一个装有蒸馏水的瓶子，说这是他新发现的一种化学物质，有些气味，请在座的学生闻到气味时就举手，结果多数学生都举起了手。

感悟

仅仅因为是化学家的结论，仅仅因为化学家说蒸馏水有气味，于是大家就放弃了实事求是的原则，以指鹿为马的愚昧屈服了权威，从而失去了自我，也失去了真理。这种用地位高、有威信、受人敬重等因素压制了其他观点的心理征服就是权威效应。

"权威效应"的普遍存在，首先是由于人们有"安全心理"，即人们总认为权威人物往往是正确的楷模，服从他们会使自己具备安全感，增加不会出错的"保险系数"；其次是由于人们有"赞许心理"，即人们总认为权威人物的要求往往和社会规范相一致，按照权威人物的要求去做，会得到各方面的赞许和奖励。

权威效应既有积极的一面，也有消极的一面。关键在于引导的主题是否健康。事实上对于权威我们当以亚里士多德的话面对之："吾爱老师，吾更爱真理。"权威的力量不过是来自于对客观规律的正确反映，否则权威只能演化成淫威和威胁。

读懂心理

当不平衡的事情降临头上时，不要忧郁，也不要着急。对于不以人的意志为转移的客观事实，需要一种自我平衡的安慰。

吃不到的是酸葡萄
——酸葡萄效应

一个公司职员，虽然他很想得到更高的职位，却总也得不到提升。为了保持内心平衡，他就自我安慰：职位越高，责任越重，还不如现在逍遥自在。

狐狸好久没有进食了，饥饿的肚子咕咕地叫了起来，它看见葡萄架上挂着一串串葡萄，于是就伸手去够架上的葡萄，却怎么也够不着。

饿坏了的狐狸尝试着顺藤摘、尝试着助跑摘，最终只是一次又一次的失败。跳不动的它只好瘫坐在葡萄架下歇息，心想要是有串葡萄掉下来该多好，但它又失望了。

它无计可施了，最后长叹一声。忽然，饿得要命的它笑了起来，对自己说："那葡萄一定是生的，又酸又涩，吃到嘴里非难受死不可！不粘住我的嘴，让我呕吐或者酸死才怪呢！哼！这种酸葡萄只有傻子才会要，要是我，送给我，我也不吃。"

说完，强忍着饥饿与对葡萄的那份欲望，装出很快乐的样子潇洒地走了。

狐狸与酸葡萄的故事，我们肯定的是狐狸非常想吃葡萄，只是葡萄太高，他无法抓到罢了。但为了让自己摆脱吃不到的痛苦，于是就用想当然的办法人为加了一个理由，葡萄太酸，吃了反而伤牙伤胃。这种个体在遭受心理挫折后，想摆脱痛苦，减轻不安，恢复情绪稳定以求重新达到心理平衡的心理倾向就是酸葡萄效应。这实质上是一种心理防卫机制，一种使解释合理化的自我安慰。

当一个人内心欲望得不到满足而产生焦虑不安时，心理防卫功能就会运作起来，以消除紧张，减轻压力，保护自己免受伤害。面对某些无法接受的现实，我们总是乐于找出一些善良、可信、也可以被理解的理由为己辩护，使自己从不满、不安等消极心理状态中解脱出来。

心理防卫功能的确能够帮助我们更好地适应生活、适应社会，然而沉溺于其间对

精神生活却有显著的副作用。比如鲁迅笔下的阿Q，总是寻找各种理由为其受到的污辱或得到的不公对待开脱，这就让人哀其不幸、怒其不争了。

一种情况，两种境遇。道不同，景不同也。

兴与衰的相邻店
——沉锚效应

生活当中常有这样的事，同样的条件下不同的方式往往产生不同的结果。当中关键的原因是什么？

山东夫妇和广东夫妇都在上海开饺子馆，并且仅一墙之隔，但生意景象却大相径庭。探究原因，原来仅在于两家服务员的问话有细微的差别而已。

山东人的餐馆内，服务员常爱这样问："吃饺子吗？""喝啤酒吗？""要菜吗？"结果有很多人只要一种。

而广东人的餐馆内，服务员常爱这样对客人讲："吃大肉饺子还是羊肉饺子？""吃特色菜还是家常菜？""喝青岛啤酒还是其他啤酒？"结果只要一种的很少。

在广东餐馆的服务员用选择的方式问话时，经营者已经把沉锚效应运用到了点菜当中。当别人问及你要喝啤酒还是喝白酒，你已经被迫地接受了要喝酒的心理确定或者暗示，这种思维被第一信息左右，并把第一印象或数据像沉入海底的锚一样沉入心海，我们的思维便被固定在了某一处。这就是心理学上所讲的"沉锚效应"，它通常会犯自欺欺人的错误。

"沉锚效应"表现方式多种多样，它可能是同事无意中的一个意见或晚报上的一个小数字，在商业中，最常见的"沉锚效应"是先例或趋势。

不同的信息需要不同的决策与选择与之相适配。所以我们要从不同的角度来看问题。看看有没有其他的选择，不要一味依赖你的第一个想法；在向别人请教前，先自己考虑一下问题，有一个基本打算，不要轻易被别人的意见左右。